地质与岩土工程矩阵离散元分析

Matrix Discrete Element Analysis of Geology and Geotechnical Engineering

刘 春 著

科学出版社

北 京

内 容 简 介

离散元法能有效地模拟岩土体的非连续性、不均匀性和大变形破坏，在科研和生产实践中具有广泛的应用价值。基于原创的矩阵离散元计算方法，作者从零开始研发了高性能离散元软件 MatDEM，实现了数百万单元的离散元数值模拟。本书在介绍离散元法基本原理和算法的基础上，详细介绍了 MatDEM 软件的基本结构、建模方法、数值计算过程、后处理和系统函数；以及在地质和岩土工程领域的应用示例，包括基本岩土工程问题、离散元试验、三维滑坡、动力作用和多场耦合作用等。本书配有相应的教学视频，软件和教学视频可由以下网站获取：http://matdem.com。

本书可供地质、岩土、水利、土木、矿山、物理等领域的科研和工程技术人员，以及高等院校高年级本科生和研究生参考使用。

图书在版编目（CIP）数据

地质与岩土工程矩阵离散元分析 / 刘春著. —北京：科学出版社，2019.6

ISBN 978-7-03-061566-4

Ⅰ. ①地… Ⅱ. ①刘… Ⅲ. ①矩阵法分析－应用－工程地质－高等学校－教学参考资料 ②矩阵法分析－应用－岩土工程－高等学校－教学参考资料 Ⅳ. ①P642 ②TU4

中国版本图书馆 CIP 数据核字（2019）第 112088 号

责任编辑：周　丹　高慧元 / 责任校对：杨聪敏
责任印制：赵　博 / 封面设计：许　瑞

科 学 出 版 社 出版

北京东黄城根北街 16 号
邮政编码：100717
http://www.sciencep.com

涿州市殷润文化传播有限公司印刷
科学出版社发行　各地新华书店经销

＊

2019 年 6 月第 一 版　开本：720 × 1000　1/16
2025 年 4 月第五次印刷　印张：16 1/4
字数：326 000

定价：199.00 元
（如有印装质量问题，我社负责调换）

序

　　由刘春博士撰写的《地质与岩土工程矩阵离散元分析》一书，即将付梓，作为他的研究生导师，一方面为他在毕业后如此短的时间内完成了这样一部专著表示祝贺；另一方面，更为他在地质与岩土工程矩阵离散元理论研究和系统开发方面取得的成果感到骄傲。

　　刘春博士 2002 年进入南京大学地球科学与工程学院地质工程专业学习。在本科期间，他就在计算机编程和应用方面显示出很强的才能。2007 年他进入研究生阶段学习和毕业留校工作后，我们根据他的特长，结合国家自然科学基金项目等，在选题、出国深造和研究条件等方面，支持他开展离散元法的理论研究、系统研发和工程应用。经过十年的努力，终于在 2018 年 5 月，由中国岩石力学与工程学会和南京大学共同主办的离散元学术会议上，他正式发布了高性能离散元软件 MatDEM。一年以来，该软件已有来自 30 多个国家和地区数千次的下载，并在地质、岩土、水利、农业和物理等领域得到了越来越多的应用，受到同行的高度认可，发展前景十分广阔。

　　MatDEM 的核心技术是高性能的矩阵离散元法和离散元材料自动训练方法。该软件基于作者原创的矩阵离散元法，突破性地实现了数百万单元的模拟，将离散元数值模拟由试样尺度推进到工程应用；通过材料自动训练，极大地降低了离散元建模的难度，促进了软件的迅速推广应用。该软件包括前处理、求解计算、后处理和二次开发，可快速构建各类数值模型，并模拟复杂的大变形破坏和多场耦合作用过程。

　　该书系统介绍了离散元的基本原理、计算方法和 MatDEM 软件的建模过程及其在地质和岩土工程领域的应用示例，包括滑坡、地面沉降、桩土作用和隧道开挖等。该书的出版为地质和岩土工程领域重要问题的离散元建模和数值模拟，提供了理论、方法和实践基础，具有重要的科学价值和工程意义。

　　目前，国内的工程数值模拟软件市场绝大部分被国外商业软件占领，国家每年耗费大量的资金购买和使用这些软件，缺乏"卡脖子"技术的核心竞争力。MatDEM 软件的成功研发和应用显著提高了我国在离散元软件方面的核心竞争力!

我衷心地期待，刘春博士能够再接再厉，持之以恒，不断完善软件的功能和提高软件的质量，形成具有完全自主知识产权和国际竞争力的高性能离散元软件，服务于国家重大需求和全人类的科学技术进步!

　　是为序!

施　斌

2019 年 4 月于南京

前　　言

　　地质与岩土工程领域的很多问题都涉及大变形破坏，应力、水分和温度等多场耦合作用，如滑坡灾害、地面沉降、隧道开挖和页岩气水力压裂等。实验和现场研究能很好地认识这些问题，但具有花费大、周期长和实现难的特点。计算机数值模拟技术是分析和认识这些问题的一种高效和可重复的手段。其中，离散元法（DEM）通过堆积和胶结颗粒来构建模型，能有效地模拟岩土体的非连续性、不均匀性和大变形破坏，在地质、岩土工程和能源开采等领域具有非常广泛的应用价值。

　　自 1979 年离散元法的第一篇论文（Cundall and Strack，1979）发表于 *Geotechnique* 以来，其已被引 1 万余次，为目前岩土领域被引次数最高的论文之一。近年来，随着大规模复杂工程建设的增加和计算机技术的提高，离散元法在工程领域得到越来越多的关注。但是，离散元法应用于工程实践还面临着三大问题：①离散元法计算量巨大，计算单元数通常在 10 万单元以内，极大地限制了其工程应用；②离散元法定量建模困难，堆积模型的宏观力学性质与单元力学参数间的关系不明确，难以直接获得特定弹性模量和强度的模型；③离散元法的多场耦合理论尚未完善，缺乏相应的数值软件。

　　在前人研究的基础上，作者从零开始研发了高性能的离散元软件 MatDEM（Matrix DEM，即矩阵离散元），围绕着这些问题，以大规模化、通用化和工程应用为目标，开展了一系列工作：①针对计算量巨大的问题，采用原创的矩阵离散元计算法，软件实现了数百万单元的离散元数值模拟，将逐步完善由试样尺度到工程尺度的应用；②针对定量建模困难的问题，推导了离散元模型的宏微观转换公式，在软件中实现了离散元材料自动训练，可自动获得指定力学性质的离散元堆积模型，极大地降低了离散元法建模的难度；③针对多场耦合问题，在软件中实现了摩擦生热和能量守恒数值模拟；基于有限差分思想，实现了热传导和热力耦合数值模拟；提出了离散元孔隙密度流方法，实现了流固耦合数值模拟。这些方法为进一步的复杂工程应用提供了良好的理论基础。

　　基于常用的 MATLAB 语言，MatDEM 提供了强大的二次开发功能，可以方便地构建适用于各类问题的数值模型。通过与专家学者的合作开发，不断地促进软件的通用化和专业化。目前，软件可以模拟大多数的地质和岩土工程问题。在各领域专家的帮助和支持下，作者制作了 20 余个应用示例，包括离散元试验、动力作用、边坡与滑坡、岩土工程、多场耦合等，取得了良好的初步应用。为了更好地提供支持服务，我们建立了 MatDEM 网站 http://matdem.com。基于网站访问数据，软件已提供六种语言支持。在专家的建议和支持下，作者撰写了这本中英文教材《地质与岩土工程矩阵离散元分析》，中文版由科学出版社出版，英文版将由 Springer 出版社出版。本书配有相应的教学视频，软件和教学视频均可从 MatDEM 网站获取。

本书分为两个部分，第一部分为基础篇。第 1 章简要介绍离散元法的基本原理、计算方法和工程应用前景。关于离散元法的系统理论和计算方法，可参阅《颗粒物质力学导论》（清华大学孙其诚和王光谦著）以及《计算颗粒力学及工程应用》（大连理工大学季顺迎著）等专业书籍；关于离散元的连续-非连续理论、接触模型和宏微观理论，可参考中国科学院力学研究所李世海研究员、同济大学蒋明镜等专家的相关论文和专著。第 2～5 章主要介绍 MatDEM 的基本结构和功能，以及建模过程和后处理功能。软件中的数据以面向对象的方式来组织，所有计算数据均可在软件中查看、编辑和保存，导入和继续计算。在基础篇中，详细地介绍了矩阵离散元计算法的基本过程、数据组织形式和意义，以及单元、连接、组、材料和荷载的概念和使用方法。特别地，MatDEM 提供了商业软件标准的后处理模块，可以方便地生成数十种图件，以及生成模拟过程的 GIF 动画。通过阅读这些内容，可以很快地掌握离散元法的基本原理和软件的使用方法。

第二部分为实践篇。第 6 章主要结合桩土作用、隧道建模和盾构滚刀破岩三个示例，详细地介绍 MatDEM 的建模和数值模拟的常规步骤，建议在阅读完此章节后，再阅读实践篇的其他章节。第 7 章以直剪、扭剪试验和真三轴试验为例，重点介绍通过函数来构建部件，并拼合整体模型，以及如何建立三维复杂裂隙和节理。第 8 章以三维滑坡建模为例，介绍如何利用数字高程数据构建复杂的三维模型。第 9 章介绍动力作用数值模拟，包括陨石撞击地面、矿山斜坡爆破和地震动力作用。第 10 章介绍高级的自定义参数和二次开发功能，实现了地面沉降、微波辅助破岩、能源桩热力耦合等复杂的多场耦合过程数值模拟。第 6～10 章由简单到复杂，共介绍了 13 个应用示例。通过修改和综合应用这些示例，可开展各类地质和工程问题的数值模拟，并辅助分析和解决各类科研与工程问题。

离散元法理论研究、系统研发和应用是一条非常漫长和艰辛的道路。在 MatDEM 软件的开发和本书的撰写过程中，得到了很多专家学者的帮助和指导。作者特别感谢导师南京大学的施斌教授，以及美国斯坦福大学的 David D. Pollard 教授。作者于 2007 年攻读南京大学研究生期间开始学习离散元法和开发离散元测试软件。于 2010～2011 年访美期间，在 David D. Pollard 教授建议下开展离散元的基本理论研究。回国后，在导师施斌教授的指导和大力支持下，开始 MatDEM 软件的研发及工程地质问题数值模拟研究，并逐步发展为通用离散元软件。作者在这里还要特别感谢南京大学王宝军教授、尹宏伟教授、唐朝生教授、朱鸿鹄教授、张巍副教授、张丹副教授和顾凯副教授等专家的指导和帮助。

本书理论部分的撰写得益于同济大学张丰收教授和黄昕副教授、中国科学院力学研究所冯春副研究员、四川大学赵涛副研究员、武汉大学张晓平教授和华中科技大学周博副教授的有益讨论，软件的功能和通用性方面也得到了非常多的宝贵建议。本书应用部分的完成得益于成都理工大学许强教授和范宣梅教授、西南交通大学程谦恭教授、浙江大学吕庆教授、同济大学薛亚东副教授、中国石油化工股份有限公司石油勘探开发研究院邓尚博士、兰州大学张帆宇副教授、中国地质大学李长冬教授、中国海洋大学刘晓磊副教授和重庆大学陈志雄副教授等专家的合作交流。感谢以上专家为 MatDEM 软件研发和工程应用提供了有力的理论支持和良好的实践条件。

作者特别感谢南京大学陈颙院士、中国科学院地球环境研究所安芷生院士和南京大学王汝成教授在软件研发和本书出版过程中给予的重要帮助。作者还要特别感谢东北大学冯夏庭教授、长安大学彭建兵教授、中国海洋大学贾永刚教授、中国科学院力学研究所李世海研究员、同济大学蒋明镜教授、中国水利水电科学研究院彭校初教授、日本九州大学陈光齐教授、法国里尔科技大学邵建富教授、河海大学高玉峰教授和西南交通大学张建经教授等专家对软件的发展提出的非常宝贵的建议。

本书的研究内容得益于南京大学施斌教授负责的国家自然科学基金重点项目"基于分布式感测的多场作用下土体结构系统变形响应和灾变机理研究"（41230636），以及国家自然科学基金中德合作项目（41761134089）、国家自然科学基金青年项目（41302216）、中国科协青年人才托举工程（2016QNRC001）、江苏省自然科学基金项目（BK20170393，BK20130377）、青岛海洋科学与技术国家实验室开放基金项目（QNLM2016ORP0110）、苏州市科技计划项目（SYG201614）等项目的资助。本书研究工作得到南京大学地球科学与工程学院、南京大学地球环境计算工程研究所和南京大学大地探测与感知研究院的大力支持。作者还要特别感谢中国岩石力学与工程学会在软件培训和推广应用上的大力支持。

在读研究生张晓宇、秦岩、黄餍欢和乐天呈参与了部分示例的开发和测试，以及本书部分内容的编写。其中，秦岩参与了第 3 章、第 5 章、6.2 节、9.1 节和 10.2 节的编写；张晓宇参与了第 2 章、第 5 章和第 8 章的编写；乐天呈参与了第 2 章、6.1 节和第 7 章的编写；黄餍欢参与了 9.3 节的编写，并校订了大部分章节。在本书的撰写过程中，研究生汤强、朱晨光、梁立唯、朱遥、刘辉和杨晓蔚也参与了部分资料整理和校订工作，并维护了软件网站和微信公众号（矩阵离散元 MatDEM）。软件公开下载一年以来，数百名专家学者和研究生参与了软件的测试和应用，不断地提高了软件的通用性、易用性和专业度。在此表示衷心的感谢！

　　由于作者水平有限，书中难免存在疏漏之处，敬请各位专家学者批评指正。

刘　春

2019 年 2 月 18 日于南京

目　　录

第二部分 实 践 篇

第一部分　基　础　篇

第1章　离散元法的原理和实现

1.1　离散元法应用领域与数值计算软件

离散元法（DEM）由 Cundall 等（1979）首次提出，用以研究颗粒状物质的运动及相互作用。近年来，随着离散元理论的发展和计算机技术的进步，离散元法已在各种领域得到广泛应用（徐泳等，2003），包括农业上的谷物堆积（贾富国等，2014），矿冶领域中的矿石粉碎，工业生产中的散体混合等过程模拟，以及固体力学领域中的颗粒堆积体力学性质研究（Goldenberg et al.，2005），地质领域中各类构造的形成和演化研究（Antonellini et al.，1995；Hardy et al.，2006；Hardy et al.，2010；Liu et al.，2015）等。

岩土体在宏观上相对连续，而在微观上是由一系列的颗粒、孔隙和裂隙组成的结构系统。其微观上的离散和不连续性问题难以通过常规的基于连续介质力学的方法来解决，而离散元法通过堆积和胶结颗粒来构建模型，能够天然地模拟岩土体的非连续性和不均匀性，适用于各类地质工程与岩土工程问题的分析（焦玉勇，1999）。

在宏观尺度上，离散元法能有效地模拟滑坡、崩塌等地质灾害过程，为评估灾害发生可能性和预估灾害破坏作用提供参考（焦玉勇等，2000；瞿生军等，2016）；能模拟地震作用，并用于研究地震波传播规律和地震影响范围等（冯春等，2012；石崇等，2013）；通过对岩石施加特定三轴应力，较好地模拟其在巨大压力下的变形和破坏（李磊等，2018）。特别地，对于复杂地质条件，难以通过物理实验来进行研究的地质过程或地质现象，如高温、高压、流体等因素同时作用的极端条件、水力压裂、岩爆过程等，可通过建立合适的离散元模型，结合室内试验调整和验证数值模型来进行研究（徐士良等，2011；顾颖凡等，2016）。在细、微观尺度上，利用离散元法模拟岩石力学和土力学试验过程，可以定量地分析岩土体宏观变形和破坏的微观机制，包括微观结构和微观力学机制等（李世海等，2003；李世海等，2004a，2004b；蒋明镜等，2012；蒋明镜等，2014）。例如，岩石的弹性模量和强度等力学性质，与微观颗粒级配、大小、分布，堆积的密实度，胶结的强度和裂隙的分布等，有什么样的关系？土体宏观上的弹塑性与蠕变又与颗粒间什么微观力学性质相联系？离散元提供了一个探索岩土体宏观力学性质的微观机制的有效方法。

目前，国际上主要的离散元数值分析商业软件包括 PFC（周健等，2016）与 EDEM（王雪等，2016），开源软件包括 Yade、ESyS-Particle 和 LIGGGHTS 等（Kozicki et al.，2008；Kloss et al.，2011）。其中，PFC 是由美国 Itasca 公司开发的一款计算软件，其原始代码由离散元法提出者 Cundall 教授编写，然后发展为 PFC2D 和 PFC3D，主要用于采矿、岩土和地球科学等领域的研究和分析；EDEM 软件是英国 DEM Solutions 公司的旗舰产品，最初由爱丁堡大学科研人员研发并维护，主要用于工业领域的颗粒处理和生产操作的模拟分析；Yade 是使用最广泛的社区驱动的开源软件，采用 C++ 和 Python 编写。而国内通过十多年的发展，也已设计出多款优秀的离散元软件，包括 2D-Block、GDEM、SDEM、StreamDEM 与 DICE2D 等。其中，2D-Block 是由王泳嘉等（2000）基于 Visual C++ 6.0 开发的二维离散元软件；GDEM 是由中国科学院非连续介质力学与工程灾害联合实验室与北京极道成然科技有限公司联合开发的一款软件，其基于连续介质力学的离散元方法，实现了从连续变形到破裂运动的全过程模拟；SDEM 由大连理工大学计算颗粒力学团队与缔造科技（大连）有限公司团队共同设计开发，可对海冰、岩石等脆性材料的破坏过程进行有效的模拟（季顺迎等，2012；季顺迎，2018）；StreamDEM 是由中冶赛迪集团有限公司推出的大型商业软件，可用于冶金、矿山、机械工程等；DICE2D 是由天津大学赵高峰教授开发的开源离散元软件，其初衷是提供一款容易上手的离散元源代码，从而使得研究生可以在短期内掌握离散元的底层原理、开发和扩展（Zhao，2015）。

南京大学自主研发了岩土体高性能离散元软件：矩阵离散元 MatDEM（刘春等，2014）。采用创新的矩阵离散元计算法和三维接触算法，软件实现了数百万颗粒的高效离散元数值模拟，使离散元法接近于工程应用；基于原创的理论，软件突破性地实现了离散元材料自动建模，以及离散元系统的能量守恒计算等；软件综合了前处理、计算、后处理和强大的二次开发，提供了完善的函数接口，可通过二次开发完成复杂的多场耦合数值模拟。目前，MatDEM 已应用于滑坡、岩爆、撞击破坏、桩土作用、滚刀破岩和水力压裂等一系列问题的模拟（顾颖凡等，2016；刘春等，2017；索文斌等，2017）。通过完善多场耦合和流固耦合模拟，为国家大规模工程建设提供高效的数值模拟仿真技术支持。

1.2　离散元法的基本原理

离散元法通过堆积和胶结一系列具有特定力学性质的颗粒来构建岩土体模型（孙其诚等，2009；蒋明镜等，2013）。在此基础上通过时间步迭代算法来进行数值模拟。

1.2.1　单元的接触模型

如图 1.2.1（a）所示，离散元法通过堆积和胶结一系列具有特定力学性质的颗粒来构建岩土体模型。在最基本的线弹性模型中，假定颗粒之间靠弹簧来相互接触和产生力的作用。颗粒间的法向力（F_n）和法向变形（X_n）可以通过颗粒间的法向弹簧来模拟（Mora et al.，1993）：

$$F_n = \begin{cases} K_n X_n, & X_n < X_b & \text{连接完整a} \\ K_n X_n, & X_n < 0 & \text{连接断开b} \\ 0, & X_n > 0 & \text{连接断开c} \end{cases} \tag{1.2.1}$$

式中，K_n 是法向刚度；X_n 是法向相对位移（图 1.2.1（b））；X_b 为断裂位移。初始时，颗粒与其相邻颗粒相互连接，受拉力或压力的弹簧力作用（式 1.2.1a）。当两颗粒之间的 X_n 超过断裂位移（X_b）时，弹簧断裂，颗粒间拉力消失（式 1.2.1c），仅可存在压力作用（式 1.2.1b）。

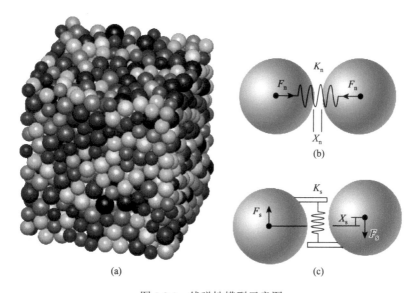

图 1.2.1　线弹性模型示意图

通过切向弹簧来模拟颗粒间的剪切力（F）和剪切变形（X）（Place et al.，1999）：

$$F_s = K_s X_s \tag{1.2.2}$$

式中，K_s 为切向刚度；X_s 为切向位移。

同样地，弹簧在切向上也存在破坏准则，其基于莫尔-库仑准则：

$$F_{smax} = F_{s0} - \mu_p F_n \tag{1.2.3}$$

式中，F_{smax} 为最大剪切力；F_{s0} 为颗粒间的抗剪力；μ_p 为颗粒间的摩擦系数。在莫尔-库仑准则里，单元间最大抗剪力与初始抗剪力（F_{s0}）相关。F_{s0} 为没有施加法向压力时单元间能承受的最大剪切力，类似于岩土体的黏聚力。法向压力越大，抗剪力也越大。当切向力超过最大剪切力的时候，切向连接断裂，此时颗粒间只存在滑动摩擦力 $-\mu_p F_n$。

在数值模拟中，通过引入法向弹簧与切向弹簧来等效真实世界中砂砾等沉积物沉积成岩时颗粒间存在的胶结，如铁质、钙质胶结等。因此在数值模拟中，当法向弹簧断裂时，对应真实世界中胶结断裂。此时，切向弹簧也应断开，反之亦然。

通过线弹性接触定义的单元，其堆积模型具有整体的弹性特征。如果要模拟材料的弹塑性、蠕变等特性，则需要定义不同的接触模型。例如，对于弹塑性的材料，需要将单元也定义为近似的弹塑性。宏微观研究是离散元法的一个非常重要的研究分支，即如何根据材料宏观的力学性质，建立合适的单元接触模型和确定相应的参数。这方面已有大量的文献介绍（李世海等，2004a，2004b；Jiang et al.，2005；申志福等，2011；蒋明镜等，2013；蒋明镜等，2016；冯春等，2016），在此不做深入探讨。

1.2.2　两个不同单元的连接

以上所述的刚度是单元间连接的刚度（K_n），而每个单元具有自身的刚度（k_n），当两单元接触时，实际上是两个弹簧的串联。对于法向刚度为 k_{n1} 和 k_{n2} 的两个单元，其连接的等效法向刚度（K_n）为

$$K_n = \frac{k_{n1}k_{n2}}{k_{n1} + k_{n2}} \tag{1.2.4}$$

对于切向刚度为 k_{s1} 和 k_{s2} 的两个单元，其连接的等效切向刚度（K_s）为

$$K_s = \frac{k_{s1}k_{s2}}{k_{s1} + k_{s2}} \tag{1.2.5}$$

同样地，每个单元具有自身的断裂位移和摩擦系数，连接的力学性质取决于较小的单元抗拉力或抗剪力。所以，如果两单元刚度相同，则串联连接的刚度（K_n，K_s）为单元刚度（k_n，k_s）的一半，而串联连接的断裂位移（X_b）为单元断裂位移（x_b）的两倍。在数值计算中，均采用单元的刚度和断裂位移等，并通过计算得到连接的力学性质。

1.2.3　时间步迭代算法

在得到每个颗粒受力的基础上，通过时间步迭代算法来计算颗粒的位移。设

定时间步 dT（dT 通常很小，具体参考 1.3.4 节），计算颗粒的受力、加速度、速度和位移。当完成当前时间步计算后，再向前推进一个时间步，从而实现离散元法的迭代。具体操作为：基于传统牛顿力学方法，在已知每个颗粒所受合力的基础上，用合力除以颗粒质量，从而得到颗粒在这个时刻的加速度。在时间步 dT内，把当前速度加上速度增量（加速度乘以时间），即可以得到下一时间步的初始速度，并且通过该时间步内的平均速度可以计算得到相应的单元位移。然后进入新的迭代计算，通过反复迭代实现离散元法动态模拟。例如，在一个立方离散元模型上表面施加一个很小的位移，上表面的第一层颗粒会向下移动一点，并挤压相邻下层颗粒，使其向下运动。通过不断的时间步迭代，就可以实现应力波的传播，同时使力传递到底部。所以，离散元法数值模拟中有时间和运动的概念，这也存在于真实世界中。

1.3 单元的阻尼简谐振动

1.3.1 单元的阻尼力

真实世界中力的作用常常伴随着应力波的产生和消散。当用手推动放置于地面上高 1m 的课桌时，课桌表面由于突然受到力的作用，将于作用处产生应力波并向外传播。假设其以 1000m/s 的速度向下传播至地面，那么手对桌子的推动，以及地面对桌子的反力则需要 0.001s 的时间才能产生作用。由此可知，力的作用是一个过程，且有应力波存在。

当应力波在介质中传播时，由于摩擦和散射等作用，应力波的能量会逐渐消散并转化为热。当应力波在地质体中传播时，宏观上的断层、裂隙和节理，微观上的微裂隙和缺陷等因素，均会导致机械能向热量的转化；同时，流体的存在也会对颗粒的运动产生阻力，并加速应力波能量的消耗。

离散元法模拟真实世界的物理过程，数值模拟当中也会产生应力波，其本质是机械能的传递（主要为动能和弹性应变能）。相应地，离散元法也需要对真实世界中能量消散的过程进行模拟，以避免应力波能量在系统中累积。在离散元法中，通常采用添加阻尼来模拟机械能的消散。阻尼有多种定义方法，其中全局阻尼（F_v）是一种简单的定义阻尼力的方式（Liu et al.，2013）：

$$F_\mathrm{v} = -\eta x' \qquad (1.3.1)$$

式中，x' 为颗粒当前时刻的速度；η 为阻尼系数。即单元受到的阻尼力等于阻尼系数乘以速度，并且方向与单元运动方向相反。以上为 MatDEM 软件所采用的阻尼力的定义。还有其他阻尼力定义，如不平衡力法等，具体可参考相关文献。

在离散元法中，单元上的阻尼力作用，表征了真实世界的流体阻尼消耗以及单元更小尺度上能量的消耗（如微裂隙和缺陷），而单元更大尺度上的能量消耗，可通过单元间的摩擦等作用来自然实现。在实际模拟中，针对准静态问题、动态和冲击问题，需要设置不同的阻尼力，以准确高效地获得模拟结果。

1.3.2 阻尼简谐振动方程

MatDEM 软件中默认采用线弹性接触模型（1.2.1 节），并且采用全局阻尼（1.3.1 节）对能量进行消耗。从本源思考 MatDEM 中离散元堆积体受力变形时，可归纳为弹簧振子的阻尼简谐振动，其方程为

$$mx'' + \eta x' + kx = 0 \tag{1.3.2}$$

式中，m 为单元质量；x'' 为单元加速度；x' 为单元速度；k 为弹簧刚度系数。即单元质量与加速度的乘积，加上阻尼力和弹簧力等于 0。这就是阻尼简谐振动的平衡方程，它保证了单元运动符合牛顿力学的规则。

这个方程是有解析解的，其解为

$$x = (c_1 \cos \beta t + c_2 \sin \beta t)\mathrm{e}^{\alpha t}, \quad \alpha = -\frac{\eta}{2m}, \quad \beta = \sqrt{\frac{k - \eta^2 / (4m)}{m}} \tag{1.3.3}$$

最后，可以得到阻尼简谐振动的周期（T_η）的计算公式：

$$T_\eta = \frac{2\pi}{\beta} = 2\pi \sqrt{\frac{m}{k - \eta^2 / (4m)}} \tag{1.3.4}$$

这个公式包含两个信息：①单元振动周期与单元质量、刚度和阻尼系数有关：当单元质量（或密度）增大，刚度减小或阻尼系数增大时，单元的振动周期增大；②存在一个临界阻尼（η_c），使得周期趋于无穷大，即 $\eta_c = \sqrt{4mk}$。当阻尼系数为 0 时，得到

$$T = 2\pi \sqrt{\frac{m}{k}} \tag{1.3.5}$$

1.3.3 单元振动周期与半径的关系

不考虑单元间的切向力作用，则单元的振动周期可由单元法向刚度定义。由 1.6.2 节的紧密堆积模型的连接法向刚度（K_n）公式得到单元的法向刚度为

$$k = \frac{\sqrt{2}Er}{1 - 2\nu} \tag{1.3.6}$$

式中，r 为单元的半径；E 和 ν 为整体模型的杨氏模量和泊松比。单元半径越大，单元的刚度越大，二者呈正比关系。而单元（球）的质量为 $m = 4/3\pi r^3$，结合式（1.3.6）和单元振动周期公式，可得

$$T = 2\pi\sqrt{\frac{2\sqrt{2\pi}(1-2\nu)}{3E}} \cdot r \qquad (1.3.7)$$

由此可见，当材料不变（即 E 和 ν 不变）时，单元振动周期与其半径呈正比关系。所以，越小的单元，其振动周期越小，相应地，每次数值模拟迭代的时间步也越小。

1.3.4　单元运动过程的微分

图 1.3.1 给出了单元振动一个周期的位移-时间曲线。离散元法数值模拟基于时间步迭代，并假定在很小的时间步内，单元的加速度是不变的。为此，必须选取足够小的时间步，以精确模拟一个简谐振动的过程。例如，在牛顿运动方程里，位移等于 $V_0\Delta t + 0.5a\cdot\Delta t^2$，其假定加速度在时间步内是不变的。若要保证其不变，时间步和位移就必须足够小。对于一个正弦振动来说，时间步要比周期小很多才可以满足要求，即在图 1.3.1 中，要用足够多的位移-时间小线段来拟合出一个周期的正弦曲线。如果时间步为周期

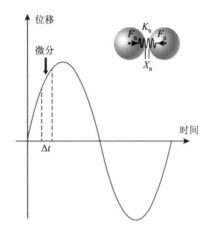

图 1.3.1　单元在一个振动周期中的运动

的一半，显然计算会产生极大误差，离散元系统甚至会在很短的时间内发生"爆炸"。为了正确拟合一个正弦曲线，时间步必须要小于周期的 10%。一系列数值模拟结果表明：当时间步为周期的 2%时，可以满足通常的计算速度和精度；当时间步为周期的 1%时，能较好地模拟能量守恒过程；当时间步为周期的 0.5%时，模拟结果非常精确。

1.3.5　阻尼作用和最优阻尼系数

阻尼力的主要作用是消散系统能量。图 1.3.2 为两个相同的颗粒粘在固定边界上振动的模拟结果（由 MatDEM 示例代码 TwoBalls 生成）。其中，图 1.3.2（b）为采用了临界阻尼的模拟结果能量曲线。临界阻尼使单元刚好能不做周期性振动，而又能最快地回到平衡位置。例如，打开带阻尼的弹簧门再松开，门会加速返回，最后缓慢地关上，这个阻尼力接近于临界阻尼。如果没有阻尼作用，弹簧门就会不断地摇摆振动。另一个例子是电流表的指针运动，测电流时，电流表指针会在

真实值附近摆动并逐渐平衡，但给它一个很合适的阻尼时，电流表指针示数会最快地停在平衡位置。为了较快地获得稳定的模型，通常会使用较高的阻尼。对于单个单元，当使用临界阻尼时，能量会迅速收敛（图 1.3.2（b））；如果用 1/10 的临界阻尼（图 1.3.2（c）），动能会在波动中不断衰减。

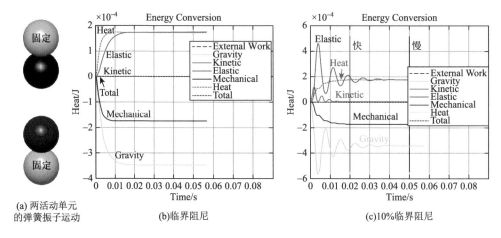

(a) 两活动单元的弹簧振子运动　　(b) 临界阻尼　　(c) 10% 临界阻尼

图 1.3.2　单元的阻尼简谐振动过程

　　真实世界中，能量的消散需要一定的时间过程。冲击爆炸作用或敲击岩石，以及缓慢压岩石所产生的作用是不一样的。所以，在试验准则中，要求压一个岩石试样要 15min，做剪切试验也需要一定的时间。在利用离散元法模拟岩石压缩试验时，需要把加压过程进行微分。假设从 0kPa 加压 1000kPa，把加压过程分为 10 步，每次增加 100kPa 压力。在每一步压缩试样时，首先会在其表面产生一个压缩应力波。如果加压完 100kPa，很快又加到 200kPa，则上一级荷载所产生的应力波还没有消散，这会使动能和弹性应变能在岩石里累积，所测得的抗压强度和破坏现象则会发生变化。能量的快速累积会影响岩石的强度，具体影响可以通过霍普金森杆试验来研究。在准静态过程的离散元模拟中，通常会设置较高的阻尼系数，以使离散元模型的系统能量迅速收敛。因此，当研究岩石在准静态条件下的力学强度和破坏性质时，为了尽快地降低离散元模型的动能，通常可采用比真实值更高的阻尼系数，以迅速消耗动能，避免动能累积对数值模拟造成影响，并减少数值模拟所耗费的计算时间（详见 4.3.4 节）。

　　另外，在数值模拟中可通过协调阻尼系数和迭代步数，以模拟试验加载速度。假如使用 1/10 的临界阻尼系数，对单元施加位移并迭代计算 100 次后，应力波还未消散，立即再加新的位移荷载，这样的压缩过程为快速加载（相当于图 1.3.2（c）的快）。如果对单元施加位移并迭代计算 1000 次，应力波和动能已经消散，就能达到慢速压缩或准静态的效果（相当于图 1.3.2（c）的慢）。另外，如果采用临界阻尼，则迭代计算 100 次时，能量已经平衡（图 1.3.2（b）），也可以实现准静态的模拟（详见 4.3.4 节）。

使用临界阻尼可使单个单元振动能量最快消散，即最优阻尼为单元临界阻尼。基于临界阻尼公式，对于多单元系统，可通过以下半经验公式来获得最优阻尼（Liu et al.，2017）：

$$\eta = \frac{d}{V^{1/3}}\sqrt{8mk} \tag{1.3.8}$$

式中，V 为模型体积；d 为单元直径；m 为单元质量；k 为单元刚度系数。所以，在准静态问题中，要让系统能量迅速收敛，所采用的最佳阻尼系数约等于单元临界阻尼除以模型在一个方向上的单元数。例如，一个包含 100 万颗粒的块体，每个维度上有 100 个颗粒，这时单元临界阻尼除以 100，获得的阻尼系数能使系统的能量迅速收敛。我们已经对最优阻尼系数的半经验公式测试了数千次，具有较好的效果。

1.4　离散元系统的能量转换与能量守恒

在离散元数值模拟中，机械能在阻尼力、摩擦力和断裂作用下逐渐转化为热量。各类机械能和热量均可在离散元系统中得到精确的计算，并且机械能与热量的总和始终保持恒定。

1.4.1　系统的机械能

离散元模型中的机械能包括动能、弹性势能和重力势能，并且上述三种形式的能量可相互转换（Liu et al.，2017）。

1）弹性势能

颗粒间法向弹簧和切向弹簧的应变能的总和：

$$E_e = 0.5K_n X_n^2 + 0.5K_s X_s^2 \tag{1.4.1}$$

式中，K_n 和 K_s 为颗粒间法向和切向刚度；X_n 和 X_s 为颗粒间法向和切向相对位移。

2）重力势能

颗粒因重力作用而拥有的能量：

$$E_g = mgh \tag{1.4.2}$$

式中，m 为颗粒质量；g 为重力加速度；h 为颗粒距离参考平面的高度。在细观尺度模拟中，由于 E_g 值非常小，一般可以忽略（$g = 0$），在大规模模拟的情况下则必须考虑。

3）动能

颗粒因运动而拥有的能量：

$$E_k = 0.5mv^2 \tag{1.4.3}$$

式中，m 是颗粒质量；v 是颗粒速度。

1.4.2 热量的计算

模型中产生的热量包括阻尼热、断裂热和摩擦热，它们分别对应于阻尼、连接断裂和摩擦力作用。在离散元数值模拟中，通过时间步迭代运算来模拟离散元系统的动态演化，并在每个时间步中计算和累积各种热量。

1）阻尼热

由于摩擦、散射等因素的作用，弹性波在颗粒间传播时，部分机械能会逐渐转化为热能。在离散元法中，通过阻尼来减弱模型中的弹性波，并消散离散元系统中的动能，作用在颗粒上的阻尼力（F_d）由式（1.4.4）给出：

$$F_d = -\eta v \tag{1.4.4}$$

式中，η 是阻尼系数；v 是颗粒速度。由于模拟的时间步长非常小，假设颗粒的速度在一个步长中恒定。阻尼热可通过式（1.4.5）计算得到：

$$Q_d = -F_d dx \tag{1.4.5}$$

式中，dx 是当前时间步内颗粒的位移。

2）断裂热

在真实世界中，弹簧断裂后，弹性势能通过弹簧的阻尼振动部分或全部转化为热能，但该过程无法在 DEM 中进行实现。因此，在 DEM 中假定弹簧在连接断裂时立即停止振动，且其弹性势能直接转换为热量，即颗粒连接断裂时所产生的断裂热等于其弹性势能的减少量。为此，可得到以下结论。

当颗粒间连接在拉伸状态下断裂时，法向和切向弹簧的弹性势能均立即减小到零，所减少的弹性能 $E_{e,t}$ 为法向弹簧和切向弹簧的弹性势能总和：

$$E_{e,t} = 0.5K_n X_n^2 + 0.5K_s X_s^2 \tag{1.4.6}$$

当颗粒间连接在压缩状态下断裂时，其法向弹簧力和相应弹性势能不变。根据式（1.2.3），切向力由 F_{smax} 减小到 F'_{smax}，减小的 $E_{e,c}$ 可表示为

$$E_{e,c} = 0.5(F_{smax}^2 - F_{smax}'^2) / K_s \tag{1.4.7}$$

式中，K_s 是颗粒间连接的切向刚度。

断裂热是颗粒连接断裂时所减小的弹性势能的总和，即

$$Q_b = \begin{cases} E_{e,t}, & F_n > 0 \\ E_{e,c}, & F_n \leq 0 \end{cases} \tag{1.4.8}$$

3）摩擦热

当两颗粒间的切向力大于最大内摩擦力时，颗粒开始相对滑动。滑动过程中产生的摩擦热（Q_f）定义为平均滑动摩擦力与滑动距离的乘积：

$$Q_f = |0.5(F_{s1} + F_{s2}) \cdot dS| \qquad (1.4.9)$$

式中，F_{s1} 和 F_{s2} 分别是在当前时步开始和结束时的滑动摩擦力，即连接断裂时的最大切向力；dS 是滑动距离。在一个时间步内，颗粒间法向力可能发生变化，根据式（1.2.3），摩擦力也相应变化，因此在式中使用平均摩擦力。

式（1.4.9）中的滑动距离（dS）为颗粒沿摩擦表面的滑动距离。如图 1.4.1（a）所示，在连接断裂前，颗粒由接触点 P 处的静摩擦力锁定。当切向力（F_{s0}）为零时，颗粒的中心最初位于点 O（对应于虚线圆）。当外部切向力 f 作用在颗粒上时，切向弹簧被压缩且颗粒中心移动到点 O'（对应于实线圆）。然而，接触点仍然锁定在点 P 处，滑动距离（dS）为零。图 1.4.1（b）给出了颗粒发生滑动摩擦时的实际滑动距离。颗粒最初位于点 O_1，在一个时间步长之后滑动到点 O_2。随着颗粒间法向力增加，摩擦力（即切向力）从 F_{s1} 增大到 F_{s2}，并且切向弹簧被压缩。因此，在计算滑动距离时应考虑切向弹簧的变形。图中，实际滑动距离为 P_1P_2 的长度，可通过式（1.4.10）计算：

$$dS = dS' - (F_{s2} - F_{s1}) / K_s \qquad (1.4.10)$$

式中，dS' 为沿切向的相对位移，即图 1.4.1 中的 O_1O_2；K_s 为颗粒间切向刚度。

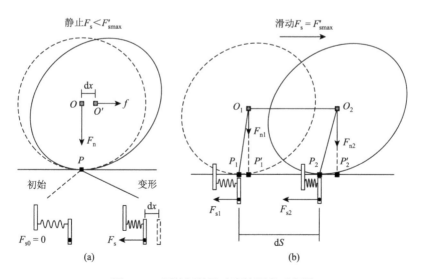

图 1.4.1　颗粒间的滑动摩擦距离示意图

1.4.3　能量守恒与外力做功

模型中的热量是阻尼热（Q_v）、断裂热（Q_b）和摩擦热（Q_f）的总和，其可以表示为

$$Q = Q_v + Q_b + Q_f \qquad (1.4.11)$$

离散元模型的总能量是所有机械能和热量（Q）的总和：

$$E_{total} = E_e + E_g + E_k + Q \qquad (1.4.12)$$

根据能量守恒定律，在没有外力做功的情况下，E_{total} 应保持不变。当模型在外力作用下变形时，系统的总能量发生改变。模型总能量的增量必须等于外力所做功（W_e）。当模型被压缩时，外力的做功由式（1.4.13）定义：

$$W_e = 0.5(\boldsymbol{F_{b1}} + \boldsymbol{F_{b2}})\mathrm{d}\boldsymbol{L} \qquad (1.4.13)$$

式中，$\boldsymbol{F_{b1}}$ 和 $\boldsymbol{F_{b2}}$ 是一个时间步内压缩之前和压缩之后的边界受力；$\mathrm{d}\boldsymbol{L}$ 是边界位移；$\boldsymbol{F_{b1}}$、$\boldsymbol{F_{b2}}$ 和 $\mathrm{d}\boldsymbol{L}$ 是向量，当边界力和位移沿着相同方向时，W_e 为正。

1.5　离散元法的计算尺度和工程应用可行性

离散元法的基本思想起源于分子动力学，并与分子动力学模拟具有类似的特征。在原子尺度上，原子间仅存在简单的法向引力和斥力，而不存在切向力（摩擦力）等作用。在更大的尺度上，原子（或颗粒）间由于黏附和啮合等作用而能承受切向力，并产生摩擦作用，以及各类复杂的力学特性。

在离散元法中，岩土体由一系列的颗粒堆积胶结而成。同样地，由一系列光滑的玻璃球胶结而成的材料表面具有一定的摩擦系数。这表明岩土体等颗粒聚合体在不同尺度上具有不同的力学特性（孙其诚等，2010）。例如，石英具有很高的强度，而由石英颗粒堆积并胶结而成的石英砂岩则强度相对较低，且不同的石英砂岩力学性质也存在着较大差异。这是由于不同的颗粒堆积方式、密实度、颗粒级配、形态、胶结强度、微裂隙的含量和分布等，均会对岩石的力学性质有所影响。而离散元法可以有效地模拟这种多尺度的特性，并被广泛地应用于认识岩土体宏观力学特性的微观机制，即宏微观研究。

颗粒通过简单的胶结和特定的堆积能够在宏观上表现出各种力学性质，如弹性、弹塑性和各向异性等，还可以实现剪胀和剪缩等过程的模拟。从理论上讲，如果把足够多简单的颗粒按特定的方式堆积和胶结起来，可以模拟岩土体各类复

杂的变形和破坏过程。但这在大尺度的离散元数值模拟中还存在着困难。例如，每个颗粒直径为 1mm，那么 $1m^3$ 空间内的颗粒就会达到 10 亿量级。而在更大的工程尺度上，需要的单元数更是巨大的。目前，通常的离散元数值模拟的单元数还在几万到几百万的量级。因此，很多的离散元数值模拟研究还是集中在试样尺度上。

物质在不同尺度上均存在着不连续性和特定的结构。在宏观尺度上，岩体中存在节理等结构面；细观上，岩石颗粒间存在着微裂隙；即使对于岩石中的一个颗粒，内部仍然存在着微小的裂隙和孔隙结构，并可能形成颗粒的非线性力学特征；在原子尺度上，由于晶格的缺陷，在受力时产生位错，并可能在宏观上表现为材料的蠕变。显然，任何数值模拟和分析方法都无法精细地考虑细观和微观上的每一个细节。在有限元法等连续介质力学方法中，通过网格划分，岩土体被分成一系列的基本计算单元，每一个单元代表一块区域的岩土块体。由于更小尺度上的物质组成和结构作用等因素，这一块体的力学性质并不一定是完全弹性的。因此，在有限元法中，需要为基本单元定义不同的本构模型，以综合描述和反映更小尺度上的因素，及其造成的力学性质的变化。

对于试样尺度的离散元数值模拟，可采用一个单元代表真实岩石的一个颗粒，并通过研究单元接触模型，探索岩石宏观变形和破坏的微观机制。而对于工程尺度的问题，如滑坡的离散元模拟，显然无法模拟岩石中的每个颗粒。此时，与有限元法类似，每个离散单元可代表一个岩块，并需要赋予相应的接触模型和力学性质。所以，在进行大尺度的离散元数值模拟时，需要确定好单元的尺寸，并设定在这个尺寸下，单元应当具有的力学性质。

在地质领域，离散元法已被广泛地应用于构造演化过程的数值模拟。在大的尺度上，单元会被赋予相对较小的模量和强度，正是基于上面的思想。传统的构造演化离散元数值模拟通常还是定性的，而工程上需要更高精度和定量化的数值模拟。从上面的分析可以看到，这需要更多的单元数和设定合适的单元力学性质，即需要解决计算量和定量化建模的问题。

1.6　离散元法三大问题的认识和解决

目前，离散元法还主要用于学术研究，在岩土工程中的实际应用还相对较少。为将其应用于实际工程，首先需解决以下三大问题：①计算量巨大，建模尺度及研究领域受限。离散元法在空间上将岩土体分解为一系列的颗粒，在时间上进行迭代计算，其计算量非常巨大。三维数值模拟的计算单元数通常限于几万个，导致试样尺度过小，难以满足实际工程需求。②宏微观力学性质不明确，建模困难。在离散元法中，地质模型由大量离散颗粒堆积胶结而成。在传统的建模过程中，需要通过反复的调整和测试操作来确定合适的颗粒间微观力学参数，以获得具有特定力学性质的数值模型。其定量化建模的复杂性极大地影响了其实际应用。③多场和流固耦合理论不完善，缺乏模拟软件。现代的大规模工程建设常常涉及复杂的多场耦合（水热力）和流固耦合（固液气），例如，水力压裂、隧道开挖等。离散元法在处理这些问题上，还不及有限元等方法成熟，缺乏相关数值软件。

1.6.1　矩阵离散元和高性能矩阵计算

近年来的研究表明，基于图形处理器（GPU）的高性能计算技术能有效地提高数值计算的速度，其已在分子动力学、石油勘探、计算力学、材料科学和人工智能等领域取得了广泛的应用，能够提高 10～50 倍的计算效率。GPU 即通常所说的显卡，如 NVIDIA 的独立显卡即包含用于 GPU 计算的 CUDA 计算核心。普通显卡通常有几百个 CUDA 计算核心，即相当于同时在数百个核上进行计算。对于专业 Tesla GPU，如 P100、V100，其计算核心数达数千个，能数十倍地提高计算效率。

针对离散元法巨大的计算量，作者自主研发了通用离散元模拟软件——矩阵离散元 MatDEM（刘春等，2014），采用创新的离散元 GPU 矩阵计算法和三维接触算法，实现了百万颗粒的离散元模拟，在计算效率和单元数上达到了国外商业软件的 30 倍，较好地解决了计算量、建模尺度问题，使得离散元法接近于工程应用。软件综合了前处理、计算、后处理和二次开发，可方便地进行各类地质和工程问题大规模离散元模拟，并已应用于砂岩破坏、滑坡和地面沉降等研究。结合该成果，已申请和获得多项国家发明专利与软件著作权。

图 1.6.1（a）给出了在一台普通笔记本电脑（ThinkPad T470）上采用 CPU 和 GPU 计算的速度对比曲线。可以看到，当颗粒数量较少时，GPU 计算速度低于 CPU 计算速度，这是由于主要的计算时间耗费在二者之间的通信上。而随着颗粒数量的增加，GPU 计算速度迅速提高。当颗粒数量多于 1 万个时，GPU 计算速度明显高于 CPU；在颗粒数为 10 万个时，GPU 计算速度约为每秒 100 万次颗粒运动，达到 CPU 计算速度的 5 倍。图 1.6.1（b）为 MatDEM 在专业 GPU 服务器上的速度测试结果，采用的 GPU 为 P100，具有 16GB 内存，支持 150 万个单元 MatDEM 离散元模拟。同样地，当颗粒数量超过 1 万个时，GPU 速度显著高于 CPU；当颗粒数量达到 100 万个时，GPU 计算速度达到 CPU 的约 50 倍。从图中可以看到，当颗粒数多于 1000 个时，CPU 计算速度基本不变，而 GPU 速度随着颗粒数增加而迅速增加。因此，GPU 矩阵计算特别适用于大规模的离散元模拟。

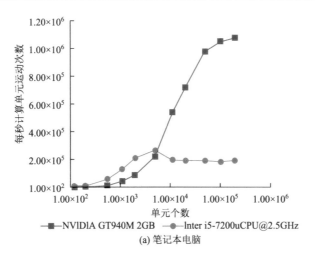

(a) 笔记本电脑

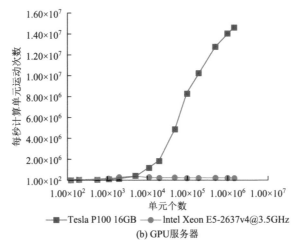

(b) GPU服务器

图 1.6.1　不同单元数时的 CPU 和 GPU 计算速度

1.6.2　离散元法的定量化建模问题

连续介质力学方法通过建立宏观本构方程来描述模拟材料的力学性质。在有限元法中，通过设定宏观力学性质（如杨氏模量和泊松比）即可得到所需的数值模型。而离散元法通过堆积特定力学性质的颗粒来建模，模型宏观力学性质受到颗粒性质、堆积过程和胶结情况的影响，这一特点使得离散元理论能够用于岩土体宏微观研究，但是也给离散元的定量化建模带来困难和不确定性（孙其诚等，2011）。当构建特定宏观力学性质的离散元材料时，需要认识其不确定性和多解性：①通常无法直接得到具有特定力学性质的离散元模型；②与宏观力学性质对应的堆积和胶结模型通常不是唯一的。

第一个特性涉及如何建立具有特定力学性质的离散元堆积模型。离散元堆积模型的力学性质受堆积结构和胶结情况（裂隙）的影响。离散元数值模拟表明，一组颗粒重新堆积和胶结后，其力学性质会有所变化；而岩石中的裂隙和节理对其整体力学性质有较大影响。当堆积结构确定且胶结完整时，模型的力学性质主要受单元的接触模型及其参数控制。在先前研究中，我们给出了紧密规则堆积离散元模型宏微观力学参数转换公式（Liu et al., 2013；Liu et al., 2017）。对于线弹性模型，应用转换公式，模型中五个颗粒力学参数——法向刚度（K_n）、切向刚度（K_s）、断裂位移（X_b）、初始抗剪力（F_{s0}）和摩擦系数（μ_p）——可以由材料的五个宏观力学性质计算得到，包括杨氏模量（E）、泊松比（ν）、抗压强度（C_u）、抗拉强度（T_u）和内摩擦系数（μ_i）。转换公式揭示了这五个常规宏观力学性质与颗粒间力学参数之间的关系。结合转换公式，以及数值测试和自动调整，可以自动训练具有特定力学性质的离散元模型（见 Box_MatTraining）。三维转换公式如下：

$$K_n = \frac{\sqrt{2}Ed}{4(1-2\nu)} \tag{1.6.1a}$$

$$K_s = \frac{\sqrt{2}(1-5\nu)Ed}{4(1+\nu)(1-2\nu)} \tag{1.6.1b}$$

$$X_b = \frac{3K_n + K_s}{6\sqrt{2}K_n(K_n + K_s)}T_u d^2 \tag{1.6.1c}$$

$$F_{s0} = \frac{1-\sqrt{2}\mu_p}{6}C_u d^2 \tag{1.6.1d}$$

$$\mu_p = \frac{-2\sqrt{2}+\sqrt{2}I}{2+2I}, \quad I = [(1+\mu_i^2)^{1/2}+\mu_i]^2 \tag{1.6.1e}$$

第二个特性涉及岩土体的结构性研究。在真实世界中，两块颗粒组成和胶结强度均不相同的岩块可能具有很相近的力学性质。在岩石的单轴压缩和拉伸试验中，多块同种岩石即使测试强度非常接近，也可能有多种不同的破坏形态。离散元法通过模拟岩土体的天然堆积和胶结来建模，由于岩土体内部存在着一定结构，离散元建模也存在着不确定性和多解性。例如，在真实试验中，测试得到一块岩石的抗拉强度为 T；然后，利用离散元法堆积胶结和测试调整，得到一个测试抗拉强度为 T 的模型。此时，在模型中增加节理或随机微裂隙（降低强度），并适当增加单元间胶结的抗拉力（提高强度），或者再适当调整单元胶结力大小的分布，可能得到具有相同抗拉强度的模型。

单个石英和由石英堆积胶结而成的石英砂岩具有不同的泊松比，且石英砂岩的泊松比也分布于一定范围，这说明颗粒堆积结构对岩石整体的泊松比有重要影响。多数岩石和土体的泊松比在 0.1～0.4。由式（1.6.1b）可知，由于切向刚度

K_s 不能为负，所以公式输入的泊松比 ν 必须小于等于 0.2。转换公式适用于三维紧密规则堆积的离散元模型，其最大可能泊松比为 0.2，而岩土体更大泊松比则需要通过特定的堆积结构来实现。

所以，离散元法通过颗粒的堆积和胶结来建模，保留了天然岩土体的结构性和复杂性。在岩土体宏微观研究中，需要精细地考虑堆积方式、接触模型和胶结情况等，并且控制某一因素的变化来探究岩土体宏观变形破坏的微观机制。这类研究通常为试验和试样尺度的。对于更大的工程尺度的数值模拟，通常我们所关心的是其在特定应力作用下的变形和破坏是否符合要求，即堆积模型是否具有特定的弹性模量和强度，而不在乎岩石宏观力学性质的内在机制和破坏模式。这种情况下，可以通过堆积、胶结和测试调整来建立特定力学性质的离散元堆积材料，并应用于离散元的定量化建模。

1.6.3　基于离散元法的多场耦合方法

很多岩土工程问题涉及多场耦合和流固耦合问题，如水力压裂、隧道突水突泥、库岸滑坡失稳过程，包括应力场、温度场、渗流场等作用。常规的渗流场计算主要是针对宏观的连续介质，通过连续的差分法来模拟渗流。但是从微观角度来说，岩土体由颗粒、孔隙和孔隙中的流体组成，又构成了流固耦合问题。随着国家工程建设规模和复杂度不断增加，多场耦合和流固耦合已成为岩土工程研究的热点，同时也是难点。

目前，离散元法在多场耦合方面的应用还相对较少，理论还在不断发展中。在利用有限元法研究多场时，通常将渗流力、各种场等效到有限元单元上，并认为一个有限元单元是代表很多孔隙和颗粒组成的结合体。将同样的思想应用至离散元法中，将一个离散元单元视为若干孔隙和颗粒组成的结合体，并具有含水量和温度等性质，这样便可对渗流场、温度场等多场问题展开研究。目前，这种思想已经应用于多场作用下土体开裂模拟（张晓宇等，2017），通过把水分添加到离散元单元上，使其具有一定的含水量。当土层表面蒸发失水时，其含水量发生变化；在单元之间通过有限差分法计算渗流；建立土层单元强度、单元半径与含水量的关系，当含水量降低时，单元强度提高，半径减小。通过这样的过程，就可以模拟土的蒸发失水和开裂过程。然后我们可以改变含水量与单元的强度、半径的关系，调整土层单元的不均匀性和厚度，研究各类因素对土体开裂的影响。这一基本思想也可以沿用到热传导数值模拟中，如能源桩热力耦合数值模拟、微波破岩模拟等。在微波破岩中，通过微波照射，辉石受热膨胀，并在辉石颗粒附近产生应力集中和微裂隙。在离散元法中，将这个作用等效到颗粒上，建立辉石颗粒半径和温度的关系，以实现微波破岩的数值模拟。此外，还可以采用有效应力原理来计算水的作用，把水的压力作用到每个单元上，实现水位变化对土层变形影响的模拟，以及地面沉降和地裂隙的数值模拟。基于 1.4.3 节的理论，MatDEM 也实现了离散元系统热量计算和能量守恒的模拟，相关示例见第 10 章。

上述示例代码和模拟结果均可在网站 http://matdem.com 上下载。

1.7　矩阵离散元的发展和展望

矩阵离散元 MatDEM 由作者历时 11 年研发完成。作者于 2007 年在南京大学研究生学习期间开始离散元法程序算法学习和研究，开发了最初的基于 C#语言的理论测试软件。在 2011 年，基于矩阵计算的思想，开始采用 MATLAB 语言建立二维离散元的测试计算引擎。取得成功后，2012 年开始三维离散元软件的研发，并于 2013 年实现了完全矩阵计算和 GPU 高性能计算，数十倍地提高了其计算效率，使得有效计算单元数达到百万单元。软件正式命名为 MatDEM，其英文含义为 fast GPU matrix computing of discrete element method。软件名取其核心 Mat 和 DEM，即矩阵离散元软件。

2014～2016 年，MatDEM 软件首次实现大规模离散元热量计算和能量守恒计算；建立起商业软件级别的完善的后处理模块；通过不断地优化核心求解器，软件的计算效率以每年两倍的速度增长；逐步完善多场耦合模拟，并初步应用于地质和岩石力学问题模拟。2017 年起，在中国岩石力学与工程学会的支持下，MatDEM 开始向通用化和工程应用方向发展，按照商业软件的标准建立了窗口程序，突破性地实现了离散元材料自动建模，解决了离散元法应用的最重要问题之一。2018 年 5 月 4～6 日，中国岩石力学与工程学会和南京大学联合主办了"第二届岩石力学与工程青年论坛"，会议主题为"地质与岩土工程离散元法"。会议期间，MatDEM 软件 1.0 版正式发布！

MatDEM 已被成功应用于一系列的工程和地质问题研究中。例如，采用 MatDEM 来研究不同形态的砂岩压密破坏带的成因，发现砂岩不同的颗粒分选性导致了其不同的屈服特性，并产生不同形态和方向的压密带（Liu et al.，2015）；在地面沉降区土层压缩作用的研究中，通过 MatDEM 数值模拟来验证理论，证明砂层排水后，黏土层中出现的负孔隙水压力会促进黏土层的压缩应变，并加剧了地面沉降；以及基坑稳定性分析（索文斌等，2017）、土体失水开裂过程模拟（张晓宇等，2017）、砂土侧限压缩试验模拟（秦岩等，2018）、三维滑坡模拟（刘春等，2017），等。这些应用研究表明：通过 MatDEM 数值模拟，可以重现物理过程，测试理论，分析和解决科学问题！

现代大型工程中面临着大量水热力多场和固液气多相耦合问题。综合离散元法、格子玻尔兹曼法和有限差分法，可实现大变形破坏、多场和多相耦合数值模拟，但是仍存在着系统开发难度大，建模困难和计算量巨大等问题。综合大变形破坏、多场和多相耦合的数值模拟是世界性技术难题。进一步，基于 MatDEM 软件，将离散元法与 CFD 和 LBM 等流体数值计算方法耦合，考虑固体颗粒与不同流体（气、水、油等）的相互作用，实现流固耦合数值模拟（郭照立等，2009；景路等，2019）。这样，我们能够像电影《黑客帝国》一样，在计算机中构建出一个虚拟的物理世界，能有效地重现很多物理过程和地质现象，如岩浆入侵、水力压裂和工程注浆过程等，并促进很多领域研究的发展。

我们将不断优化 MatDEM 计算内核，完善系统模块，并提供标准和开放的软件接口；与各领域专家学习、交流与合作，通过二次开发深入完善专业应用模块，服务国家重大工程需求；通过加强国内外合作，开展专业领域内的重大科学前沿问题研究；与各领域专家一起努力，共同打造具有完全自主知识产权和国际竞争力的高性能离散元软件！

第 2 章　MatDEM 的基本结构

本章将详细阐述 MatDEM 的软件基础、程序与数据结构，以及 MatDEM 中单元的类型、接触模型，并介绍弹性团簇 clump 的原理与使用。这些内容是理解软件的基本，也是进行建模和数值模拟的基础。

2.1　软　件　基　础

2.1.1　运行环境和软件安装

1）硬件配置

MatDEM 支持 CPU 计算和 GPU 计算，并可在程序运行时随时切换 CPU 计算和 GPU 计算。通常，当单元数大于 5000 个时，GPU 计算速度开始超越 CPU。随着单元数的增加，CPU 速度不会有大的变化，但 GPU 速度近似呈线性增加。所以，单元数越多，GPU 计算的速度优势越明显。当单元数达 100 万个时，如使用 Tesla P100 计算卡，最大计算速度能达 CPU 单核的 70 倍。

MatDEM 的硬件配置建议如下。

GPU：GPU 计算需要 NVIDIA 独立显卡（包含 cuda 核心），一般笔记本电脑也可以计算，但效率提升仅 5 倍左右，较好的台式计算机显卡，能提升十几二十倍效率。如果需要数十倍的效率提升，则需要 NVIDIA 生产的专业 Tesla GPU 计算卡，如 Tesla P100，以及目前性能最高的 Tesla V100。1GB 的显卡内存能计算约 10 万个三维单元，P100 有 16GB 显卡内存，最多能计算约 150 万个单元。GPU 工作站和服务器的成本主要在 GPU 计算卡上。

CPU：GPU 计算需要 CPU 来控制，因此也需要有较高主频的 CPU。一个 GPU 通常需要两个 CPU 核即可，所以对 CPU 核数要求不高。如双路 CPU 至强 E5-2637v4 有比较高的性价比。当然，更高主频与核数的 CPU 则有更好的计算表现。

显卡：MatDEM 模拟结果的三维显示对显卡有较高的要求。如果要显示数十万个三维颗粒，需要有较好的专业显卡。对于服务器，目前建议至少为 Quadro M2000（性价比高），或 Quadro P4000，即中高端专业显卡。

内存和硬盘：系统内存容量最好是 GPU 显存容量的 2 倍以上，若只有一个

GPU 则最好达到 3~4 倍。若需进行大规模计算，可购买 1TB 或更多的 SSD 硬盘，搭配 8TB 或更多的机械硬盘。

若使用普通台式计算机，建议采购大显卡内存的游戏显卡。通常情况下，高性能游戏主机的配置即可。

2）软件配置

操作系统：MatDEM 采用 MATLAB 语言编写，因此理论上只要能运行 MATLAB 的操作系统就可运行 MatDEM，包括 Windows、Linux、UNIX 以及 Mac OS 等。目前绝大多数 MatDEM 用户使用 Windows 系统，故只编译和维护 Windows 版的 MatDEM，如有需求，今后会增加针对其他系统的版本。

GPU 驱动：从专业厂家采购的 GPU 服务器，通常会安装好 CUDA 运行库。如果个人笔记本电脑和台式计算机出现 GPU 无法识别和使用提示，需要到 NVIDIA 网站上更新最新的驱动程序或咨询厂家。如果计算机上没有 NVIDIA 独立显卡，需要把 GPU 功能关闭，仅用 CPU 进行计算。如不存在可用的 GPU，MatDEM 也会自动关闭 GPU 计算。

MatDEM 运行环境：MatDEM 以面向对象程序设计思想为基础，采用 MATLAB 语言编写，封装为独立运行的可执行文件（MatDEM.exe），使用时无须安装完整的 MATLAB 软件，只需安装免费的 MATLAB 运行环境（类似于 Java 运行环境）。如 MatDEM1.32 版本需安装 R2017a（9.2）版的运行环境，用户可自行访问 MathWorks 官方网站，下载并安装 MATLAB 运行环境。

2.1.2　MatDEM 窗口程序

打开软件文件夹根目录下的 MatDEM.exe，运行 MatDEM 窗口程序。

1）MatDEM 启动界面

如图 2.1.1 所示，启动界面中包含主程序、后处理、材料、数值模拟箱以及数值试验室共五个子窗口，并且可以选择语言。子窗口分为 A 和 B 两部分，其中 A 是系统模块，B 是应用模块。A 模块中的主程序包含一系列的示例代码，可开展各类问题的建模和数值模拟。基于这些示例代码可构建相应的窗口程序。应用模块 B 中的窗口程序均基于 A 模块中的示例代码，目前包括数值模拟箱（基于 BoxModel 示例）和数值试验室（基于 3AxialNew 示例）。

软件的高性能计算基于矩阵离散元算法（Matrix DEM），其为整个软件的基础与核心，也是软件标志的由来。启动界面的中部为软件的标志，其背景的正方网格代表矩阵计算，网格上面为离散元法的三个代表字母 DEM，三个字母即构成了离散元最简单的一种切向弹簧接触。标志整体的含义为基于高性能矩阵计算的离散元软件，即矩阵离散元 MatDEM。

图 2.1.1 MatDEM 启动界面

2）主程序窗口

单击模块 A 中的"主程序"按钮，打开图 2.1.2 所示的主程序窗口。其中间是命令编辑器和数据查看器。分别用于代码查看编辑和模拟数据的查看，可单击上方按钮来切换。用户可直接在命令编辑器中输入并运行二次开发代码。命令编辑器和数据查看器中均可打开多个标签页，方便用户快速切换。

左侧上方为数据表格区。程序运行时产生的各类变量都会在其中显示。如图 2.1.2 所示，左边的数据表格中包含 B 和 d 两个常用对象，单击变量 d，在中间的数据查看器中显示 d 对象中的参数，再单击参数 d.mo，则会出现新的标签页 d.mo，并显示其内部的参数。右侧为文件管理区，双击即可载入存放于根目录之下的各个代码文件，文件会在中间的命令编辑器中显示。如果双击子文件夹会进入次级目录，双击数据文件则会将数据读入至工作空间中。

窗口的下部是命令行和消息输出区。用户可在命令行中逐句输入命令，并按回车来执行。程序运行时的各类信息提示则会显示在下方的消息输出区中。窗口左下角还有一个图像显示区。在默认情况下，程序运行过程中生成的一切图像都会在其中显示，用户也可以通过 MATLAB 的 figure 函数生成新窗口显示图像。当需要保存图像或制作动画时，可单击右下角的"后处理模块"按钮。窗口右下角的"小窗口"按钮用于缩小窗口。单击后，整个窗口将缩小为命令行和消息输出区。当同时运行多个 MatDEM 程序时，可将窗口缩小，以监测模拟的运行状态。

图 2.1.2　主程序窗口

3）后处理窗口

除了可以通过主程序窗口进入后处理模块，用户也可以在启动界面中直接打开后处理窗口，如图 2.1.3 所示。后处理窗口同时支持控件交互与输入命令两种方

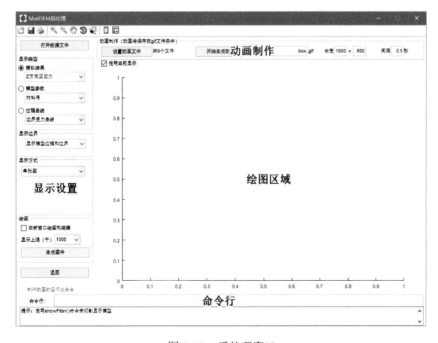

图 2.1.3　后处理窗口

式。窗口左上方的三个下拉框给出了三组后处理显示类型，包括：①模拟结果，用于显示 d.data 中的计算数据；②模型参数，用于显示 d.mo 中的参数数据；③过程曲线，用于显示 d.status 中的记录数据。在后处理窗口中还可以实现 GIF 动画制作，具体操作与注意事项详见 5.1 节。

4）材料窗口

材料窗口如图 2.1.4 所示，该窗口用于查看和编辑材料宏微观力学参数。用户可新建材料，或导入已有的.txt 或.mat 材料文件，进行宏微观力学参数的编辑与转换。在该窗口中，各材料显示在窗口左侧的列表中。在完成编辑后，可将列表中的材料以.mat 文件的形式保存下来，用于后续数值模拟。

图 2.1.4　材料窗口

5）数值模拟箱

B 应用模块中的数值模拟箱（图 2.1.5）主要用于帮助用户更好地理解 MatDEM 建模和数值模拟的步骤。数值模拟箱中的第一、二、三步依次对应于代码文件 BoxModel1～3 三个文件，即几何建模、分组和设置材料、迭代数值模拟。在建立数值模拟箱窗口程序时，实际上是将 BoxModel 的代码文件分块并作为各按钮的处理函数，单击按钮，则运行若干行代码。采用 MatDEM 进行学术研究时，应在主程序窗口中通过二次开发代码进行数值模拟。

在未来的版本中将提供自定义窗口功能，即在完成二次开发代码的基础上，可以自定义窗口界面，方便普通用户使用。岩土工程各个领域的专家学者，可以自行编写适用于实际工况的二次开发代码集，然后将其打包并加密，即可拥有自己的知识产权。MatDEM 实际上是为用户创造了一个开发平台，MatDEM 本身以及研发团队所提供的示例代码都是开源和共享的。

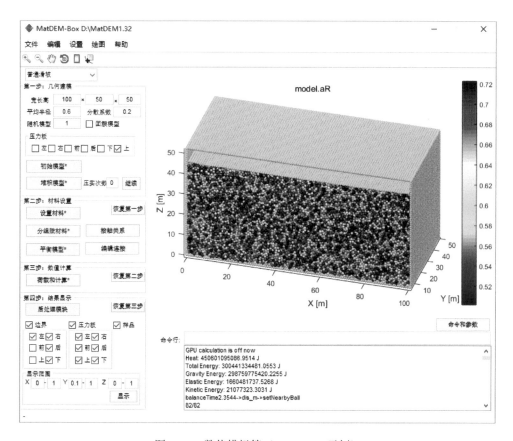

图 2.1.5　数值模拟箱（BoxModel 示例）

6）数值试验室

与数值模拟箱的原理相似，数值试验室（图 2.1.6）的第一、二、三步依次对应于代码文件 3AxialNew1～3，用户可通过该窗口界面进行单轴、三轴以及固结试验，但建议用户通过二次开发代码进行各类离散元试验，相关内容详见第 7 章。

2.1.3　软件运行和中止

1）代码运行

在启动界面中打开主程序，如图 2.1.2 所示。MatDEM 二次开发基于 MATLAB

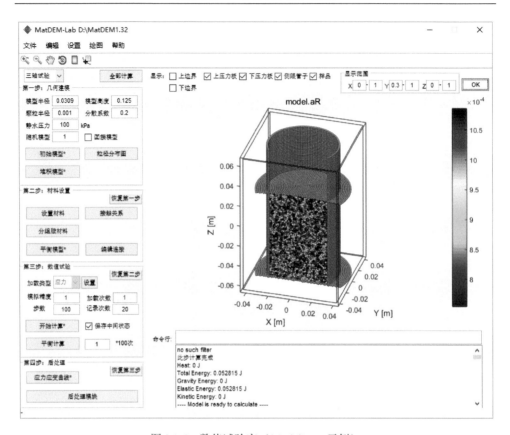

图 2.1.6　数值试验室（3AxialNew 示例）

语言，在安装运行环境后，支持多数 MATLAB 命令。前已述及，用户可直接在命令编辑器中输入代码，或通过菜单栏中的"命令"一栏打开在其他软件中编写的命令文件，也可双击窗口右侧列表中的文件名读入代码。单击窗口中的"运行以上命令"即可运行命令编辑器中的代码。MatDEM 的命令编辑器功能非常简单，建议使用专业的代码编辑器来编写代码，如 MATLAB、Notepad＋＋、Ultra Edit 等。

　　MatDEM 支持标准的 MATLAB 函数，用户可编写自定义函数，并通过函数 f.run 来运行存储的函数文件。同时，MatDEM 还可通过函数 MatDEMfile 实现文件批处理，具体请参见 5.4.3 节。

　　2）程序结束

　　在 MatDEM 中，一旦开始运行代码，就无法直接关闭窗口或中断执行，直至代码被全部执行完毕。MatDEM 支持多个程序同时运行，在主程序 A 计算的同时，可以打开另一个主程序 B 来查看 A 计算时生成的中间数据。如发现数值模拟结果不符合预期而需要提前终止当前模拟，则必须在任务管理器中强制结束相应的进程才能关闭程序。每当用户打开一个新的主程序窗口时，程序都会自动生成一个在 1～99 不断递增和循环的编号，并显示在标题栏以及任务管理器的进程名之中，以方便用户找到所需结束的特定进程。注意，当程序正在计算时，如果直接关闭窗口程序，其线程仍会在后台运行，并占用计算资源，只能在任务管理器中结束相应进程。

3）中断恢复

在 MatDEM 中，可使用 save 命令保存数值模拟数据。通过菜单栏中"数据"一栏打开数据文件，或在窗口右侧的列表中直接双击.mat 文件加载数据。然后适当修改代码，即可以当前数据为基准，继续数值模拟计算，而不会对模拟结果产生任何影响。例如，正在进行一个需要 7 天才能完成的模拟，在第 6 天却突然停电了，则此时无须从头重新模拟，而只需加载未断电时保存的中间数据文件，并继续计算即可。又如，在三轴试验的数值模拟中，在前 100 万次迭代时，试样尚未破坏，然而在第 110 万次迭代时试样破坏了。那么可以使用 load 命令读入第 100 万次迭代时的数据文件，并进行精度更高的数值模拟，从而细致地研究试样从变形到破坏的发展历程。

2.1.4　软件应用示例简介

1）示例代码的组成

在 MatDEM 根目录下已提供一系列的二次开发示例代码，大多数示例代码由三个.m 文件组成，并大体对应于离散元数值模拟的三大步骤。①几何建模。生成模型单元，并使它们在重力作用下沉积，建立初始的几何模型。②分组和设置材料。切割模型或将模型划分成不同的部分，并将实际的材料赋予模型，赋完材料后，由于单元的性质突变，需重新进行平衡。③迭代数值模拟。将模型初始化，记录各类参数的初值，重置系统记录信息，设置力和位移荷载，然后正式加载，随时保存中间数据，以供后续分析研究使用。

图 2.1.7 给出了主要示例的模拟结果，详情请参见软件的帮助文件或访问官方网站：http://matdem.com。这些示例中，部分大规模三维数值模拟因其计算量巨大，需使用 GPU 服务器或工作站，如示例 2"三维滑坡 1"和示例 11"盾构滚刀破岩"，其余示例均可通过笔记本电脑完成。

2）快速建立新的数值模型

首先需要考虑所要模拟的问题与哪个已有示例最接近，然后以这个示例代码为基础进行修改，同时参考其他示例代码，借鉴其中有用的部分。在不断改进代码时，建议定期备份代码文件，这样当某次模拟出现异常时，仍可找回先前能够正确运行的代码，进行检查与调试。同时，用户可以在代码中插入 return 命令

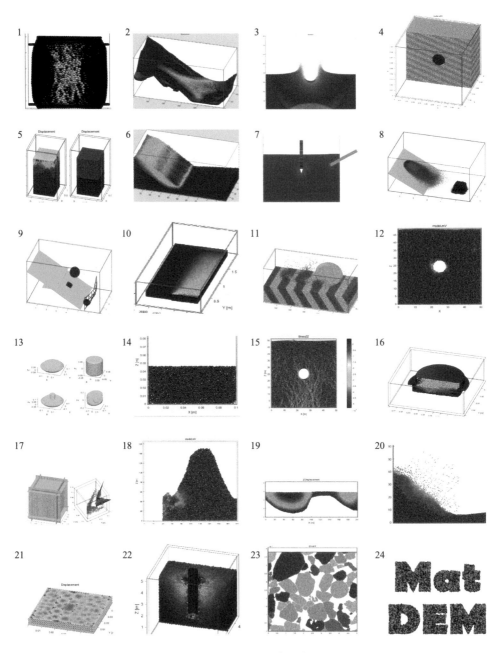

图 2.1.7　MatDEM 二次开发示例

1. 常规三轴试验；2. 三维滑坡 1；3. 陨石撞击地面；4. 软硬互层建模；5. 自动训练材料；6. 三维滑坡 2；7. 桩土作用；8. 斜坡上颗粒团滑动；9. 滚石飞跃撞击挡网；10. 构造沙箱模拟；11. 盾构滚刀破岩；12. 隧道和岩爆；13. 建立复杂模型；14. 微波辅助破岩；15. 隧道和地面沉降；16. 直剪试验；17. 真三轴试验；18. 地震动力作用；19. 地面沉降和地裂缝；20. 爆破作用；21. 土体失水开裂；22. 能源桩热力耦合；23. 微观图像建模；24. 利用图像切割模型

使得模拟在运行至特定步骤时中止，从而能够随时查看数据、各类图像和曲线，并判断某条命令是否起到了预期的效果。MatDEM 二次开发基于 MATLAB 语言，当程序报错时，MatDEM 内置编译器会给出错误的位置和原因，可以在网上搜索具体的报错原因。代码的调试是一个艰难而漫长的过程，有时需要较长时间的思考才能解决一个看似很微小的问题。通过这一过程，用户能够逐步理顺逻辑，深度剖析问题的实质，从而解决问题并不断提高数值模拟的能力和效率。

2.1.5　帮助文件简介

MatDEM 的帮助文件是一个位于根目录之下的 Excel 文件：MatDEM 帮助.xlsx。所有的二次开发命令、相关注意事项以及示例代码都已在帮助文件中做了详细说明。打开帮助文件后，可以看到它由多个表格构成。在帮助文件首页的左下角有一个说明，如图 2.1.8 所示，用户可以按这个说明中的顺序来学习 MatDEM 的各个类的属性和函数。

图 2.1.8　MatDEM 帮助文件说明

以下为第 1.36 版的帮助文件中各个表格所涉及内容的概述，其余一些次要内容并未列出。

（1）第 1 个表格（程序结构）相当于一个目录，它简要地介绍了 MatDEM 软件及其层次结构，源程序主要组成部分的含义，帮助文件、示例代码以及根目录下各个文件夹的索引等内容。

（2）第 2 个表格（示例代码）简要地介绍了使用 MatDEM 进行二次开发时可供参考的示例代码的主要内容、层次结构，以及部分辅助函数。

（3）第 3 个表格（后处理）介绍了后处理模块所涉及的命令，它们绝大多数都是类 build 的对象 d 的函数。

（4）第 4～14 个表格介绍了 MatDEM 对象类的属性和函数，以及静态函数类的使用，具体请参见 2.2.3 节。

2.2　MatDEM 程序结构

2.2.1　MatDEM 软件文件夹

进入 MatDEM 软件根目录，其下各个子文件夹的用途如表 2.2.1 所示。

表 2.2.1　MatDEM 软件文件夹及其用途

文件夹	用途	备注
data	存储模拟时的数据文件	可定期清理
data\step	存储循环加载的临时文件	可定期清理
fun	存储用户自定义的函数	不可删除其中的.p 文件
gif	存储后处理时生成的 GIF 动画	可定期清理
Mats	存储记录材料性质的.txt/.mat 文件	可任意增删文件
Resources	存储程序图标及启动时的图片	不可删除
slope	存储结构面的数字高程数据文件	可任意增删文件
TempModel	存储每一步中产生的临时模型	可定期清理
XMLdata	存储程序基本设置及本地化文件	不可删除

除上述子文件夹外，在根目录下还存放了一系列的二次开发示例代码，供用户参考。这些示例代码也可根据需求存放在任意文件夹中。事实上，除部分系统文件夹和系统文件不可删除外，用户可任意增删文件夹或文件，程序仍能正确运行。通常只需定期清理 data 与 TempModel 文件夹中不再使用的文件即可。

2.2.2　MatDEM 的层次结构

MatDEM 的层次结构如表 2.2.2 所示。

表 2.2.2　MatDEM 软件的层次结构

类别	类和代码文件	层级
MatDEM 二次开发	二次开发代码 user_*	4（顶层）
MatDEM 建模器	模拟箱 obj_Box，试验室 obj_3Axial 材料类 material，切割工具 Tool_Cut	3

续表

类别	类和代码文件	层级
MatDEM 控制与求解	控制中心 build，求解器 model，记录类（modelStatus）	2
MatDEM 函数集	基础函数集 fs，建模函数集 mfs	1
MATLAB 函数	矩阵运算	0（底层）

程序最底层基于 MATLAB 矩阵运算函数，MatDEM 基本上只调用最常用的 MATLAB 函数和运算操作；向上为 MatDEM 函数集（包括基础函数集 fs 和建模函数集 mfs）；再向上为 MatDEM 控制中心（build）、求解器（model）和记录类（modelStatus）；再往上为 object，前缀 obj 代表对象，其中 obj_Box 是程序中的一个最基本的类，而 obj_3Axial 则是试验室类，未来可能会被 Box 取代。最顶层的是以 user 为前缀的二次开发代码，这些代码通常都基于 MatDEM 函数。软件根目录下的示例代码中，只有 3AxialNew 基于类 obj_3Axial，其余的均基于类 obj_Box。将类 obj_Box 实例化为对象 B（当然也可以自定义其他参数名）会建立一个默认的三维箱子，如图 2.2.1 所示。在这个箱子里，可以通过重力沉积、压实样品、消减重力等方式，建立初始的几何模型。该模型的尺寸、单元的粒径分布以及模型的分层等都可以自定义，这些将在后续的章节中详细介绍。

MatDEM 的层次结构如上所述，先通过建模器（如 obj_Box）构建模拟对象（如 B），然后其下所有的体系都会被自动建立起来。MatDEM 根目录下的每个二次开发示例代码通常只有 150～300 行，但依然能建立各种不同的数值模型，而如此少量的代码正是通过其下庞大的体系来构建数值模型的。

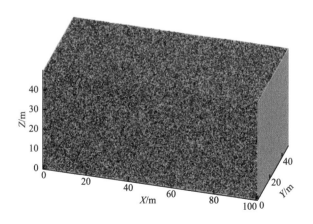

图 2.2.1　数值模拟箱和堆积的单元（obj_Box 类的对象 B）

2.2.3　MatDEM 中主要的类

MatDEM 基于面向对象程序设计思想，将客观物质和实际问题抽象化为类。在进行数值模拟时，将类（如 obj_Box）实例化为对象（如 B），相较于面向过程程序设计，更便于用户学习、修改和维护。可参考示例代码来认识类（如 obj_Box）、类的实例对象（B）和类的函数（B. buildInitialModel）。现将 MatDEM 中主要的类分述如下，关于类的属性和函数，详见附录 A 和 B。

1）模拟箱建模器类 obj_Box

obj_Box 为模拟箱建模器类，其功能是构建一个长方体三维空间，用户可在其中建立各种模型，绝大多数二次开发示例代码均基于该类。在初始几何建模阶段，通常使用 obj_Box 类创建其实例对象 B，即模拟箱。B 最重要的属性是 B.d，即由 build 类所创建的对象。试验室建模器类 obj_3Axial 则与类 obj_Box 较为相似，但由于仅示例 3AxialNew 使用该类，故此处不再赘述。

2）控制中心类 build

类 build 为控制中心和数据中心，用于修改模型、中转数据、控制数值模拟以及显示模拟结果。创建对象 B 后，在调用类的函数 B.buildInitialModel 时，程序将自动通过 build 类创建对象，并保存在 B.d 中。在二次开发示例代码中，通常使用命令 d = B.d 创建变量 d，即可在之后的代码中直接使用 d.*的方式调用 build 类中的函数，进行数据处理、控制对象、前处理和后处理等操作。build 类中的方法是 MatDEM 中最重要、最常用的方法（即类的函数），详见附录 B。

3）求解器类 model

类 model 为离散元求解器，也是 MatDEM 程序的核心，其记录了离散元模型所有单元的当前信息，包括单元的各类参数、与邻居单元的相互作用力、模拟的设置信息等；并包含邻居查找、平衡迭代以及 GPU 设定等离散元计算基本函数。在建立数据中心 d 对象后，通过 d.setModel 创建 model 对象，并保存在 d.mo 中。

4）模拟状态记录类 modelStatus

类 modelStatus 主要用于模拟过程记录与模拟结果处理。该类对象在创建 model 类对象时，由程序自动创建，并保存在 d.status 中。该类的属性主要用于保存模拟过程中的各类信息，在每次运行命令 d.recordStatus()时，程序都会将当前时刻（d.status.Ts）、边界受力（如 leftBFs、rightBFs）、系统能量（如 kineticEs、elasticEs）等记录下来并保存在 d. status 对应属性中。在完成数值模拟后，可通过该类的方法对保存数据进行操作（具体参见帮助文件），并得到数值模拟中边界受力和系统能量随时间的变化情况，也可直接通过后处理函数 d.show 来显示这些信息。

5）材料类 material

类 material 用于记录单元的材料信息，包括宏观材料力学性质和微观单元力学参数。在建立类 material 对象时，将根据输入的材料宏观参数得到单元微观力学性质，单元微观力学参数通常由转换公式确定（Liu et al.，2017）。然而由转换公式直接得到的微观参数通常会使得模型的整体力学性质偏弱，需要进行材料训练。经过训练就能得到合适的比率（mat.rate，其中 mat 为 material 对象），模拟时先将宏观参数乘以 rate 然后代入转换公式，从而得到合适的单元力学参数，详见 BoxMatTraining。材料类的对象中给出了宏观材料力学性质，以及单元直径为 mat.d 时，根据转换公式得到的微观单元力学参数。需要特别注意的是，在转换公式中，K_n 是两个单元之间两根弹簧相互串联的刚度，而在材料类中的 k_n 则是单个单元弹簧的刚度，所以 $k_n = 2K_n$，其他参数同理，如对断裂位移有 $x_b = 0.5X_b$。

6）模型切割工具类 Tool_Cut

类 Tool_Cut 主要功能是利用 Excel 中折线表数据、数字高程数据、多边形和三角面等来切割模型，从而将离散元堆积体分成不同的地层，或生成裂隙和节理，详见示例 BoxModel、3DJointStress（第 7 章）、3DSlope（第 8 章），其对象通常命名为 C。

7）函数集 fs 与 mfs

在 MATLAB 中，函数集属于特殊的类，它只有方法而没有属性。使用函数集将相互关联的函数归并在一起，有利于函数的调用。在 MatDEM 中，最重要的两个函数集是基础函数集 fs 和建模函数集 mfs。其中，fs 函数集主要为程序的基本函数，包括基本绘图函数、基本的矩阵变换、参量计算等，大多数函数均为系统内部函数，供其他类或函数集调用。而 mfs 函数集则主要包含了用于建模的各类函数。

用户也可将自定义函数放在同一个文件夹中，建立函数集，以便模拟时调用（详见 5.4.2 节）。例如，可以建立一个 tunnelFun 文件夹，保存隧道建模相关的函数，并可共享给他人使用。

2.3　MatDEM 中的单元类型

2.3.1　活动单元、固定单元、虚单元

MatDEM 中主要有两种基本的单元类型，即活动单元（模型单元）和固定单元（也称墙单元），如图 2.3.1 所示。

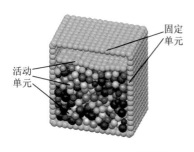

图 2.3.1　MatDEM 中的两种
基本单元类型

在数值模拟时，软件计算活动单元受力，并使之运动（除非单元被锁定自由度），单元编号为 1～mNum（2.3.3 节）；而对于固定单元，不直接计算单元的受力，且单元保持不动（除非通过命令移动它），单元编号为 mNum + 1～aNum–1。其中，固定单元又分为两种：第一种固定单元是程序预设的边界单元，如模拟箱（obj_Box）的 6 个边界面上的单元，它们是特殊的固定单元；第二种固定单元是普通的固定单元（wall），用于构建模型中间不动的物体。

在 MatDEM 后处理模块生成的图件中，固定单元默认以绿色来显示。但需要注意的是，绿色的单元不一定都是固定单元。例如，在执行命令 d.show('aR')时，由于压力板单元的半径接近单元平均半径（B.ballR），因此常显示为绿色，但压力板单元均为活动单元。由于软件不计算固定单元的受力和运动，当向模型中添加大量固定单元时，基本不会增加数值模拟的计算量。在使用函数 d.addElement 向模型中添加单元时，可通过第三个输入参数声明所添加单元的类型，其取值为'model'（活动单元）或'wall'（固定单元），默认为'model'。在将单元加入模型后，可通过函数 d.defineModelElement 和 d.defineWallElement 重新定义活动单元和固定单元。

模型中还有一个非常特殊的虚单元，其编号为 aNum。它并不是实际单元，与其余的实际单元之间没有力的作用，也不会在运行后处理命令时显示出来，只起标记作用。MatDEM 的高效率离散元数值模拟基于矩阵计算，由于每个单元的邻居单元数不一致，为了构建邻居矩阵，需要将邻居矩阵中长短不一的位置用编号 aNum 来填充，即引入了虚单元，所有前缀为 a 的参量数组的最后一个元素都属于虚单元。MatDEM 在计算某一单元的受力时，先计算该单元与其所有邻居单元间的作用力，然后判别邻居单元的编号，如果为 aNum，则把它与该单元之间的作用力赋为零，以准确地计算单元与其邻居单元间的作用力。虚单元坐标始终与第 aNum–1 号单元重合，同时半径为其 1/4。

2.3.2　锁定单元自由度

活动单元的自由度可以通过 build 类中 addFixId 函数锁定。通过锁定单元自由度可以限制物体的运动方向，命令为 d.addFixId(direction, gId)，其中 direction 为需要锁定自由度的方向，可取'X'、'Y'或'Z'，gId 为单元编号数组。或者，修改对象 d.mo（通过 model 类创建）中的 FixXId、FixYId 和 FixZId 矩阵也可以直接锁定单元某方向自由度。例如，在示例 BoxPile 中，将桩体沿 X 方向的自由度锁定，从而使得二维平面内的桩只能沿 Z 方向上下运动。此外，在通过压力板对模型施加定向压力时，也需通过命令 B.setPlatenFixId()锁定除压力板法线方向以外的自由度，以免压力过大时压力板从样品边缘滑落。

当活动单元的全部自由度均被锁定时，其效果与固定单元一致，但仍属于活动单元。锁定单元自由度的本质是通过 d.mo 中的 FixXId、FixYId 和 FixZId 来记录单元锁定信息，在平衡迭代时，这些单元不会在被锁定自由度的方向上产生位移。但是，仍可通过函数 d.moveGroup 或修改 d.mo 中的单元坐标来直接移动它们。可以通过函数 d.removeFixId 解锁单元的自由度。

2.3.3　单元编号的规则

在 MatDEM 中，单元总数为 aNum，记录在 d.aNum 和 d.mo.aNum 中。每个单元都有唯一的编号，编号为 1~aNum。其中活动单元的个数为 mNum，记录在 d.mNum 和 d.mo.mNum 中，编号为 1~mNum；而编号为 mNum + 1~aNum–1 的单元为固定单元；编号为 aNum 的单元为虚单元。因此，在 MatDEM 中，活动单元的编号永远比固定单元的小。若将活动单元通过函数 d.defineWallElement 转化为墙单元，如把某压力板的单元重新声明为墙单元，则其编号也会发生变化，反之亦然。编号变化及其带来的一系列数据调整均由 MatDEM 自动完成。

2.4　MatDEM 的数据结构

2.4.1　单元属性数组

单元的各类属性信息主要记录在 d（build 类的对象）和 d.mo（model 类的对象）中的属性数组中。其中，d 中的属性数组记录了单元的初始状态，而 MatDEM 的核心计算模块是 d.mo，其记录了模型单元当前的状态。

d.mo 中的很多基本属性是活动单元和固定单元所共有的，如三维坐标（aX、aY、aZ）、单元半径（aR）、微观力学性质参数（法向刚度系数 aKN、切向刚度系数 aKS、临界断裂力 aBF、初始抗剪强度 aFS0、粒间摩擦系数 aMUp）等。这些属性数组名均以字母 a 开头（all），数组的长度为 aNum，数组行号对应单元的编号，数组值记录了对应单元的属性值，如 d.mo.aX（1）记录了第一个单元的 x 坐标。

固定单元不会运动，因此在运动相关的属性数组中只需记录活动单元的值，此类数组包括：单元的质量（mM）、阻尼（mVis）、三个方向的速度（mVX、mVY、 mVZ）、加速度（mAX、mAY、mAZ）、阻尼力（mVFX、mVFY、mVFZ）、体力（mGX、mGY、mGZ，其中 mGZ 相当于重力）。这些属性数组名均以字母 m 开头（model），数组的长度为 mNum，以此表明它们是活动单元所独有的参数。关于这些参数，详见帮助文件中的 build 属性和 model 属性表。

2.4.2 邻居矩阵和连接信息矩阵

单元的邻居矩阵（d.mo.nBall）是 MatDEM 中的一个重要概念。邻居矩阵共有 mNum 行，且与活动单元一一对应，逐行记录了每个活动单元的邻近单元编号。邻居矩阵的列数通常为几列至几十列。图 2.4.1 为一个二维模型的邻居矩阵，为 757 行 10 列的矩阵。邻居矩阵的列数由最多邻居单元的行所决定，三维模型的单元会有更多的邻居单元，其邻居矩阵通常为数十列。当大直径单元附近有大量小直径单元时，其邻居单元数会显著增加。nBall 矩阵的列数通常随着最大最小粒径比的增加而增加。为了保证合适的计算量，建议 MatDEM 中基本单元半径比不要超过 5，并可以使用 clump 来构建较大的颗粒（详见 2.6 节）。

由于每个单元（每行）的邻居单元数不一致，为了构建列长度相同的邻居矩阵，需要将邻居矩阵中长短不一的位置用编号 aNum（虚单元）来填充。例如，在图 2.4.1 中，aNum 为 898，数据表明：第一个单元有 9 个邻居单元（除去 898 单元），同理第二个单元有 7 个邻居单元。本质上，nBall 矩阵记录了单元间的连接关系，即哪些单元间构成连接。

	d		d.mo		d.mo.nBall					
	1	2	3	4	5	6	7	8	9	10
1	2	26	27	626	627	658	692	693	724	898
2	1	3	27	28	692	693	694	898	898	898
3	2	4	28	29	694	695	696	898	898	898
4	3	5	29	30	695	696	697	898	898	898
5	4	6	30	31	696	697	698	898	898	898
6	5	7	31	32	697	698	699	898	898	898
7	6	8	31	32	33	698	699	700	898	898
8	7	9	32	33	700	701	702	898	898	898
9	8	10	33	34	35	701	702	703	898	898
10	9	35	36	703	704	898	898	898	898	898
11	12	36	37	704	705	706	898	898	898	898
12	11	13	37	705	706	707	898	898	898	898
13	12	14	38	39	706	707	708	709	898	898
14	13	15	39	40	708	709	710	898	898	898
15	14	16	40	709	710	711	898	898	898	898

图 2.4.1 邻居矩阵 d.mo.nBall

数值代表单元编号

　　MatDEM 的迭代计算基于 nBall，通过 nBall 可以得到一系列与 nBall 相同大小，记录单元与其邻居单元间连接关系和属性值的矩阵，称为连接信息矩阵，包括过滤器矩阵和属性矩阵。

　　过滤器矩阵为布尔矩阵，以 d.mo.cFilter 为例（图 2.4.2），cFilter 与 nBall 矩阵中的单元编号一一对应，记录了单元与其邻居间是否处于压缩状态（当其值为 1 时则处于压缩状态）。结合 nBall 和 cFilter 矩阵可以得到所有单元连接的压缩状态。如 nBall 矩阵的第一行第一列值为 2，而 cFilter 相应位置的值为 1，说明单元 1 和单元 2 的连接目前处于压缩状态。同样地，利用 bFilter 矩阵可以得到单元间是否胶结，利用 tFilter 矩阵可以得到单元间是否处于张拉状态。这些过滤器矩阵记录了单元间连接的状态。

«	d		d.mo		d.mo.nBall		d.mo.cFilter			
	1	2	3	4	5	6	7	8	9	10
1	1	1	1	1	0	0	1	0	0	0
2	1	1	0	0	0	1	0	0	0	0
3	1	1	1	0	0	1	0	0	0	0
4	1	1	0	1	0	1	0	0	0	0
5	1	1	1	0	0	1	0	0	0	0
6	1	1	0	0	0	1	0	0	0	0
7	1	1	0	1	0	0	1	1	0	0
8	1	1	0	0	0	1	0	0	0	0
9	1	0	0	1	0	0	1	0	0	0
10	0	0	0	1	1	0	0	0	0	0
11	1	1	1	0	1	0	0	0	0	0
12	1	1	1	1	1	0	0	0	0	0
13	1	0	0	1	0	1	1	0	0	0
14	0	1	0	0	0	1	0	0	0	0
15	1	1	1	0	1	0	0	0	0	0

图 2.4.2　单元连接压缩状态过滤器矩阵 cFilter

1 代表连接处于压缩状态

　　属性矩阵通常为数值矩阵（双精度浮点数），以 d.mo.nFnX 为例（图 2.4.3），nFnX 与 nBall 矩阵中的单元编号一一对应，记录了单元间法向弹簧力在 X 方向上的分量。同样地，结合 nBall 和 nFnX 矩阵可以得到所有单元连接的法向弹簧力在 X 方向上的分量。如 nBall 矩阵的第一行第一列值为 2，而 nFnX 相应位置的值为 -0.0145，说明单元 1 受单元 2 法向弹簧沿 X 负方向 0.0145N 的力。同样地，利用 nFsX 矩阵可以得到单元间切向弹簧力在 X 方向上的分量；nFsX 与 nFnX 相加得到 nFX 矩阵，即单元受其邻居总作用力在 X 方向上的分量；将 nFX 在水平方向上求和后，则可得到每个单元受邻居单元的合力在 X 方向上的分量。

　　这类属性矩阵包括：连接的残余强度系数（nBondRate）、连接的刚度矩阵

（nKNe、nKSe、nIKN、nIKS）、法向弹簧力的三个分量（nFnX、nFnY、nFnZ）、切向弹簧力的三个分量（nFsX、nFsY、nFsZ）、clump 连接的初始重叠量（nClump）等。这些属性矩阵记录了单元间连接的属性。以 nFnX 为例，其命名法则为：**n**eighboring **F**orce of **n**ormal spring in **X** direction。

	d		d.mo	d.mo.nBall	d.mo.nFnX				
	1	2	3	4	5	6	7	8	9	10
1	-0.0145	0.0095	-0.0093	0.0106	0	0	0.0039	0	0	0
2	0.0145	-0.0155	0	0	0	9.6187e-04	0	0	0	0
3	0.0155	-0.0174	0.0101	0	0	-0.0083	0	0	0	0
4	0.0174	-1.8066e-04	0	-0.0165	0	-8.2588e-04	0	0	0	0
5	1.8066e-04	-9.1296e-04	5.1487e-04	0	0	2.4837e-04	0	0	0	0
6	9.1296e-04	-9.5839e-04	0	0	0	5.1437e-05	0	0	0	0
7	9.5839e-04	-0.0019	0	-0.0043	0	0	0.0086	-0.0033	0	0
8	0.0019	-0.0019	0	0	0	-4.7287e-05	0	0	0	0
9	0.0019	0	0	-0.0024	0	0	5.0151e-04	0	0	0
10	0	0.0015	0	5.4046e-04	-0.0021	0	0	0	0	0
11	-0.0063	0.0098	-0.0037	0	2.4243e-04	0	0	0	0	0
12	0.0063	-0.0071	4.5696e-04	0	2.3333e-04	0	0	0	0	0
13	0.0071	0	0	-0.0141	0	0.0078	-5.2907e-04	0	0	0
14	0	-0.0041	0.0049	0	-8.3566e-04	0	0	0	0	0
15	0.0041	-0.0109	0.0058	0	0.0011	0	0	0	0	0

图 2.4.3　单元间法向弹簧力在 X 方向上的分量 nFnX

数值代表受力值

2.4.3　组的数据结构和操作

1）组的数据结构

在 MatDEM 中，可以将任意一组编号的单元定义成组，然后对组进行各类操作。例如，在初始化建模时，自动生成的边界组（如 lefB），以及压力板组（如 topPlaten）。如图 2.4.4 所示，这些组的单元编号记录在 d.GROUP 中，如 d.GROUP.lefB 记录了左边界的单元编号，d.GROUP.sample 记录了模型箱中间样品的单元编号等。

d. GROUP 记录了模型中所有的组和组的信息，主要包括以下三类。

（1）边界组，即由建模器产生的 6 个默认边界（左边界 lefB、右边界 rigB、前边界 froB、后边界 bacB、底边界 botB、顶边界 topB），边界组均为固定单元。

（2）普通组，包括：①由系统自动建立的 6 块压力板，当压力板不存在时，其相应的矩阵为空，即[ ]；②初始建模时，模拟箱内部的样品组 sample；③使用

| | d | d.GROUP | | |
	1	2	3	4
1	lefB	240×1 double	1170	1409
2	rigB	240×1 double	1410	1649
3	froB	240×1 double	1650	1889
4	bacB	240×1 double	1890	2129
5	botB	225×1 double	2130	2354
6	topB	225×1 double	2355	2579
7	lefPlaten	0×1 double		
8	rigPlaten	0×1 double		
9	froPlaten	0×1 double		
10	bacPlaten	0×1 double		
11	botPlaten	0×1 double		
12	topPlaten	169×1 double	1001	1169
13	sample	1000×1 double	1	1000
14	groupId	2580×1 double	-6	10
15	groupProtect	6×1 cell		
16	groupMat	1×1 struct		

图 2.4.4 MatDEM 中的组

函数 d.addGroup 可自定义新的组，它们都会被自动记录在 d.GROUP 中。注意：自定义的组名不能以'group'开头。

（3）d.GROUP 中以 group 开头的矩阵记录了组和组单元的信息，包括：①groupId：记录每个单元所属组的编号，模型中每个单元都有一个组编号，数组长度为 aNum。MatDEM 的单元组号准则如下：未进行分组的单元组号为 0；左、右、前、后、下、上边界单元的组号为–1～–6；左、右、前、后、下、上压力板单元的组号为 1～6；sample 的组号为 10。在使用 d.addElement（matId，addObj）命令增加单元时，如果结构体 addObj 中存在 addObj.groupId 数组时，则新单元的组号由结构体里的 groupId 定义；如果不存在 groupId，则组号为 0。groupId 在建立 clump 的过程中有重要作用，具体请见 2.6.2 节；②groupProtect：记录受保护组的组名，其单元不会被 d.delElement 删除。groupProtect 默认会记录 6 个边界组名，以防止切割模型时将边界单元删除，并造成活动单元飞出模型箱区域。也可以将普通组的组名加入 groupProtect 中，防止其被误删；③groupMat：记录模型中所有单元的材料编号。groupMat 为结构体，通过 d.setGroupMat 命令来设置，并通过 d.groupMat2Model 命令将组的材料赋到模型中。

2）组的操作函数

MatDEM 的 build 类提供了一系列组的操作函数。表 2.4.1 给出了部分组操作函数，其具体用法请参见附录或 MatDEM 根目录下的帮助文件。

表 2.4.1　MatDEM 中的部分组操作函数

函数名	功能
addGroup	在当前模型中定义一个新组
breakGroup	断开指定组内连接或两个组间的连接
breakGroupOuter	断开指定组向外的连接
connectGroup	胶结指定组内连接或两个组间的连接
connectGroupOuter	胶结指定组向外的连接
delGroup	删除指定名称的组（并不会删除单元）
removeGroupForce	忽略两个组间的所有作用力
rotateGroup	旋转指定组的单元
minusGroup	将两个相互重叠的组相减
moveGroup	强制移动某组，包括固定单元和锁定自由度的单元
protectGroup	将组声明为受保护，并记录于 groupProtect 中

使用 addGroup（gName，gId，varargin）可以将指定的单元定义一个组，其中 gName 为组名；gId 为单元的编号数组；varargin 为可选参数，可以输入组的材料号（即 d.Mats 中的序号）。组是特定单元编号的集合，当新增或删除某个组时，模型中的单元数并不会增减。

在建立复杂模型的过程中，还可能会用到组相减函数 minusGroup，该函数的第一个输入参数是要被移除单元的组（被减），第二个是保持完整的组（减），而第三个输入参数则是完整组的半径比率，具体见 6.1.2 节。另外，可以通过函数 group2Obj 将组转化成结构体，供其他模型使用，具体见 3.2.1 节；也可以利用过滤器筛选出特定的单元，然后快速建组，具体见 3.2.2 节。

2.5　单元的接触模型

MatDEM 默认采用线弹性接触模型，但仍提供了定义法向接触力的接口，即类 model 的属性 d.mo.FnCommand。用户可以自定义 FnCommand 的内容来实现其他非线性接触模型的定义。根据用户的需求，MatDEM 将开放接触模型的接口，用户可自由定义各类接触模型，实现复杂材料的定义。

2.5.1　线弹性模型

在 1.2.1 节中，我们已经介绍了线弹性模型的基本原理。在程序中，当接触模型为线弹性时，FnCommand 参数的取值如下：

```
FnCommand='nFN0=obj.nKNe.*nIJXn;';
```

2.5.2　赫兹接触模型

当颗粒表面光滑无粘连，接触面与总表面积相比极小，接触力垂直于接触面，且仅有弹性形变发生时，单元之间的法向接触力可采用赫兹接触模型计算。如图 2.5.1 所示，半径分别为 R_1、R_2 的两单元发生弹性接触，法向重叠量 A 满足

$$A = R_1 + R_2 - |\boldsymbol{r_1} - \boldsymbol{r_2}| > 0 \tag{2.5.1}$$

式中，$\boldsymbol{r_1}$、$\boldsymbol{r_2}$ 分别为两单元的位置矢量。接触面为圆形，其半径 a 满足

$$a = \sqrt{A \frac{R_1 R_2}{R_1 + R_2}} \tag{2.5.2}$$

在离散元法中单元泊松比 v 为 0，且单元弹性模量 E 与法向刚度 K_n 之间存在如下关系：

$$E = \frac{K_n}{\pi R} \tag{2.5.3}$$

故法向力 F_n 为

$$F_n = \frac{4(R_1 + R_2)k_{n1}k_{n2}}{3\pi R_1 R_2 (k_{n1}R_2 + K_{n2}R_1)} a^3 \tag{2.5.4}$$

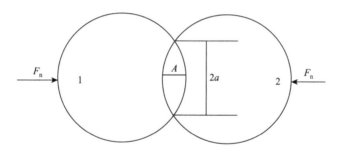

图 2.5.1　赫兹接触模型示意图

关于赫兹接触模型，可参考颗粒介质力学相关专著。在程序中，通过修改 d.mo.FnCommand 字符串来定义赫兹接触模型，如在示例文件 3AxialNew2 中，将 FnCommand 赋值为（MatDEM1.32 的编译器暂不支持续行功能，因此以下代码实际应写在同一行中）：

```
d.mo.FnCommand='nFN1=obj.nKNe.*nIJXn;
nR=obj.aR(1:m_Num)*nRow;
nJR=obj.aR(obj.nBall);
Req=nR.*nJR./(nR+nJR);
```

```
nE=obj.aKN(1:m_Num)*nRow./(pi*nR);
nJE=obj.aKN(obj.nBall)./(pi*nJR);
Eeq=nE.*nJE./(nE+nJE);
nFN2=-4/3*Eeq.*Req.^(1/2).*abs(nIJXn).^(3/2);
f=nIJXn＜0;
nFN0=nFN1.*(～f)+nFN2.*f;';
```

2.6　弹性 clump 团簇

2.6.1　弹性 clump 的原理

MatDEM 的基本单元均为小球，可以将若干小球相互交叠构成 clump（团簇），以实现对非球形颗粒和物体的建模。如图 2.6.1 所示，在 clump 模型中，两个单元相互重叠，且重叠量为 l_0，单元直径为 d，设定其平衡距离为 $d-l_0$，两单元球心之间的距离为 r，则单元间相对位移由式（2.6.1）计算得到：

$$X_n = r - (d - l_0) \tag{2.6.1}$$

根据此公式，在图 2.6.1（a）的状态时，两单元的相对位移 X_n 为零，处于平衡状态。而图 2.6.1（a）中，竖向线段处可视为两单元的接触表面。在图 2.6.1（b）中，当两单元间距离增加后，X_n 增加，单元间产生拉力。同样地，当相对位移达

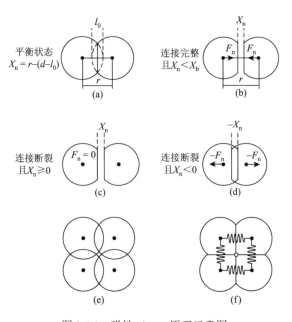

图 2.6.1　弹性 clump 原理示意图

到断裂位移 X_b 时，连接断裂（图 2.6.1（c）），紧接着会再胶结（见后）。当两单元相互挤压时，单元间产生压力（图 2.6.1（d））。事实上，团簇模型将两单元间的平衡距离缩小，在计算相对位移时减去其初始的重叠量。通过这种方法，可以实现较为复杂模型的建立。如图 2.6.1（e）所示，四个单元相互重叠，令其受力平衡，其实际接触如图 2.6.1（f）所示。通过重叠单元，可以构建表面较为光滑的团簇模型。

当一个连接被声明为 clump 时，会将连接对应的单元重叠量设为初始重叠量（即此时弹簧变形量为 0，颗粒间无相互作用），并记录在 d.mo.nClump 矩阵中。在计算两单元受力时，会将单元间的实际重叠量减去初始重叠量，clump 单元之间的相对位置不是固定不变的，仍然存在受力和变形。因此，MatDEM 中的 clump 团簇是可变形的。

初始重叠量仅针对两个特定单元的连接，当连接断开，两单元与其他单元接触时，初始重叠量将不复存在，并错误地导致模型总体积增加，因此需要保证 clump 连接不可断裂。在每次平衡迭代时，若 nClump 矩阵中某个值不为零，软件会自动地把 bFilter 中对应位置的值设置为 1，并使其不可断裂（除非应变非常大，见后）。但是，邻居矩阵 nBall 仅包含一定距离内的邻居单元编号（由 d.mo.dSide 决定），这个距离默认约为 0.4 倍的平均单元半径。如果 clump 连接的两个单元的距离超出邻居范围，clump 连接也会断裂。大多数岩土体材料的抗拉应变无法达到这种程度。如果需要模拟橡皮筋等抗拉应变特别大的材料，可以让单元间的初始重叠量大一些，例如，在 BoxSlopeNet2 中，通过以下命令来构建网：

```
netObj=mfs.denseModel(0.8,@mfs.makeNet,B.sampleL*2,B.sampleL/3*2,
cellW,cellH,B.ballR);
```

将第一个输入参数 0.8（Rrate）改小一些，则可提高 clump 材料的抗拉应变。通常 Rrate 应大于 0.5，以避免相隔较远的 clump 单元间产生作用。同时，较小的 Rrate（如 0.1）会导致大量单元拥挤在一起，并增加计算量（nBall 列数增加）。

此外，构成 clump 连接的单元也可以是分开无接触的，即超距作用。当然 clump 单元不能间隔太远，否则需要增大 d.mo.dSide（搜索邻居单元时的查找范围）。这个功能极少使用，在此不做深入介绍。

2.6.2　弹性 clump 的使用

在建立初始几何模型时（B.buildInitialModel），如设置 B.isClump = 1（默认为 0），软件会通过 B.createClump（B.distriRate）自动生成一系列团簇颗粒 clump，其分散系数 B.distriRate 越大，生成的 clump 越不规则。示例 BoxSlope1-2 演示了如何自动生成 clump。图 2.6.2 为 BoxSlope1 示例生成的 clump 堆积体，每个 clump 由 2～8 个基本单元组成。系统通过 d.GROUP.groupId 来区分不同的 clump，这些

自动生成的 clump 的组号均从–11 开始递减。在运行 d.setClump()命令时，组号等于–11 的单元会被视为属于同一个 clump，同样地，–12、–13 等同样组号的单元会被视为同一个 clump，并将其初始重叠量存储在 d.mo.nClump 中，从而实现自动构建 clump 颗粒。

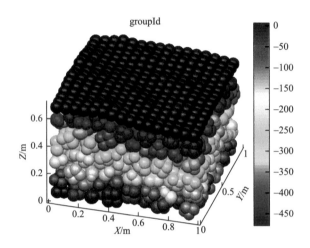

图 2.6.2　MatDEM 自动生成的团簇 clump

这些 clump 颗粒都属于 sample 组，通过命令 d.group2Obj 可以将组转成结构体，并进一步导入新的模型中。例如，在 BoxSlope2 中，通过以下代码实现组和结构体的转化：

```
packBoxObj=d.group2Obj('sample')
...
boxObjId=d.addElement(1,packBoxObj);
```

当运行 group2Obj 命令后，将 sample 组中单元信息转成结构体 packBoxObj。从图 2.6.3（a）中可以看到，结构体中包括了单元的坐标、半径和 groupId，其中，groupId 由–11 递减到–406。图 2.6.2 中的左下角的第一个 clump 包含 8 个基本单元，其对应于 groupId 的第 1～8 个组号，均为–11（图 2.6.3（b））。用户可以根据实际需求，编写特定的 clump 颗粒函数，生成结构体中的单元坐标、半径和组号，并将结构体导入模型中，生成各种形态的 clump 团簇，以及 clump 与基本单元的混合堆积体。

在 MatDEM 中，clump 的实现原理基于 2.6.1 节所述的 nClump 矩阵。如果 nClump 矩阵中值为 0，则程序不认为相应的两单元构成 clump，连接会受拉断裂。因此，如需将没有重叠量的单元连接设为 clump，可以在 nClump 中将相应连接赋予极小的重叠量。关于 clump 有较为丰富的应用，可参考 BoxSlopeNet 示例。

‹	packBoxObj	..xObj.groupId		
	1	2	3	4
1	X	1622×1 double	0.0216	0.7788
2	Y	1622×1 double	0.0237	0.7785
3	Z	1622×1 double	0.0208	0.5207
4	R	1622×1 double	0.0279	0.0426
5	groupId	1622×1 double	-406	-11

‹	packBoxObj	..xObj.groupId
		1
7		-11
8		-11
9		-12
10		-12
11		-12
12		-13
13		-13
14		-13

(a) clump的结构体　　　　　　　　　(b) 结构体中的groupId定义不同clump颗粒

图 2.6.3　clump 的结构体的数据结构

第 3 章　几何建模和材料设置

如第 2 章所述，MatDEM 的建模和数值模拟通常分为三步，并对应于三个代码文件：堆积建模、分组赋材料和迭代数值模拟。本章将主要介绍前两步代码的建模过程，按建模操作的顺序，包括堆积建模、分组赋材料、平衡模型和节理设置操作，并通过这几个步骤完成前处理。

3.1　建立数值模拟箱

3.1.1　建立堆积模型

1）建立初始模型

MatDEM 建模的第一步通常是堆积建模，即通过模拟真实世界的重力沉积过程，建立一个基本的初始地层堆积模型。以 SlopeNet 1 代码建立三维模型为例：

```
clear;
fs.randSeed(1);% build random model
B=obj_Box;% build a box object
B.name='box';%name of model
B.sampleW=1;%width of model,X
B.sampleL=1;% length of model,Y
B.sampleH=1.2;% height of model,Z
B.ballR=1;%mean radius of elements
B.distriRate=0.2;
```

首先需要建立一个 Box 建模器对象 B，即一个长方体的模型箱，相当于数值模拟的容器，后续的模拟都在这个模型箱中进行。通过 sampleW、sampleL、sampleH 来定义模型箱的宽、长、高，即 X、Y、Z 方向的尺寸，当 sampleL 为 0 时，得到二维模型。通过 ballR 设置初始的样品单元平均半径和边界单元半径。distriRate 是单元半径的分散系数，用于控制样品粒径的分布，即最大粒径和最小粒径的比值为 $(1 + \text{distriRate})^2$。

```
B.isSample=1;%input 0 to get an empty box
B.isClump=0;%input 1 to get clump particle
B.BexpandRate=8;%expand the boundary
B.PexpandRate=8;%expand the platen
```

```
B.type='topPlaten';
B.setType();
B.buildInitialModel();
```

B.isSample = 1（或 0）命令可选择是否在模型箱中生成样品单元（地层），默认为 1，当其为 0 时，则只生成一个空箱子，见 3.1.2 节。B.isClump = 1（或 0）命令可选择是否生成团簇颗粒，具体见 2.6 节。B.BexpandRate 和 B.PexpandRate 分别定义边界和压力板的宽度，即边界和压力板向外延伸的单元数。在三轴试验中，有时样品会产生侧向膨胀，并使侧向压力板向外推移，此时单元可能从上下压力板与侧向压力板之间的间隙里漏出来。为防止这种情况发生，需要增大压力板尺寸，即用 B.BexpandRate 和 B.PexpandRate 来定义向外延伸的单元数。

此时建立的扩展边界模型如图 3.1.1 所示。可以看到，压力板单元和边界单元间相互重叠。为了避免单元重叠产生的巨大应力，MatDEM 通过 removeGroupForce 函数消除组与组之间的作用力。例如，以下命令将消除左和下压力板之间的作用力：

```
d.removeGroupForce(d.GROUP.lefPlaten,d.GROUP.botPlaten);
```

在运行 B.buildInitialModel()命令时，会自动执行此类命令，并将相关信息记录于 d.mo.SET.groupPair 中。在系统计算单元受力时，会根据记录的信息，自动消除这些组之间的受力。这个命令也可应用于建模过程，如以下命令来自 TBMcutter2 示例代码：

```
d.removeGroupForce(d.GROUP.Hob,[d.GROUP.topB;d.GROUP.rigB]);
```

通过这条命令，消除了滚刀与上边界和右边界间的受力。

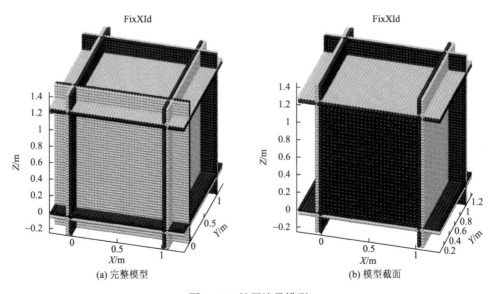

(a) 完整模型   (b) 模型截面

图 3.1.1 扩展边界模型

B.setType 命令用于控制压力板的模式。模型箱可设置左、右、前、后、下、上 6 块压力板，用于压实模型、施加应力荷载或作为边界施加位移荷载的缓冲器。当进行不同的数值模拟时，可以根据需要选择性地生成压力板。如图 3.1.2 所示，B.type = 'topPlaten'会生成上压力板，B.type = 'TriaxialCompression'会生成所有压力板。压力板的状态实际上记录在 B.plantenStatus 矩阵里面，此矩阵共有 6 个值，依次对应于左、右、前、后、下、上 6 块压力板，值为 1 则生成相应压力板。当运行 B.setType 命令时，会修改这个矩阵。当直接给 B.platenStatus 赋数组[0; 0; 0; 0; 1; 1]时，则生成具有下、上压力板的模型（图 3.1.2（c））。

基于上面的设置，B.buildInitialModel 命令会生成如图 3.1.2 所示的初始模型。在运行此命令时，将自动调用 B.setSoftMat 函数，使用 material 类创建材料对象，并保存在 B.Mats 中。为加快后续堆积的速度，程序初始堆积采用软球材料。后续可再使用 material 类创建新的材料对象，并赋给单元（详见 3.4 节）。同时，这个命令的最后也会自动执行 B.setPlatenFixId()命令，其设置每个 Platen 边缘单元的自由度，使边缘单元只能在压力板法向方向上运动，防止试样不平整时，压力板从侧面滑落。图 3.1.1 为 d.show（'FixXId'）显示结果。图 3.1.2 中的单元颜色代表其半径，在执行完函数 B.buildInitialModel 后，可修改单元半径矩阵 d.mo.aR，以获得自定义的单元半径分布。

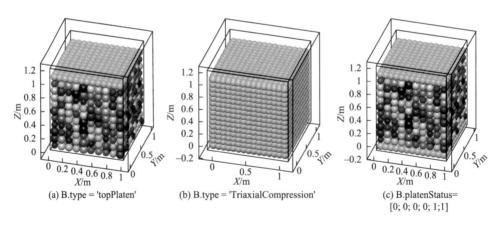

(a) B.type = 'topPlaten'　　　(b) B.type = 'TriaxialCompression'　　　(c) B.platenStatus=
　　　　　　　　　　　　　　　　　　　　　　　　　　　　　　　　　　　　　　[0; 0; 0; 0; 1;1]

图 3.1.2　不同的压力板形式

2）重力堆积和压实样品操作

```
B.gravitySediment();
B.compactSample();
mfs.reduceGravity(d,n);
```

如图 3.1.2 所示，初始模型中单元均排列在规则的网格上。进一步，通过重力沉积函数 B.gravitySediment 来模拟自然界随机的颗粒堆积过程。在重力沉积的过程中，程序首先会给这些规则排列的单元施加随机的初速度（无重力作用），让单元运动一段时间到达随机的位置上；然后给单元施加重力，使之在重力作用下向下沉积，以模拟自然界重力沉积的过程。MatDEM 中已经对重力沉积的过程进行了精确计算，程序可以自动而高效地完成重力沉积过程。gravitySediment 函数可以输入参数 rate，以调整重力沉积的迭代次数，默认为 1，具体请见帮助文件。

岩土体颗粒在重力沉积后可能经历压实作用，并产生欠固结土和超固结土等。为模拟不同应力历史和不同压密程度的土样，MatDEM 提供了 B.compactSample 函数，其通过上压力板产生荷载并压实模型。当只输入压实次数时，默认压力为两倍的单元重力，当输入压力时则以指定压力来压实样品，具体请见帮助文件。

3）消减重力操作

由第 1 章可知，当单元的刚度较小时，其简谐振动周期和保证计算精度的对应时间步较大。在建立初始模型时，为加快单元堆积的速度、提高计算效率，模型均采用较小刚度的单元（类似于橡胶球），并会产生相对较大的单元间挤压变形量（重叠量）。在第二步赋材料操作时，通常给定的材料会有较大的刚度，并导致单元间的弹性应变能突然增加。

若第二步建模中不需要考虑重力和预应力作用，则在第一步的最后可将重力作用逐渐消除，使单元间的挤压变形量趋于 0。所采用的命令为 mfs.reduceGravity (d, n)，其第一个输入参数为对象 d，第二个输入参数控制消减后的重力系数，即 $1/(10^{2n})$，当 n 大于 4 时，基本上就可以把重力作用消除。当建立滑坡、基坑这些受重力作用的模型时，不需要运行重力消减。重力消减主要是减少第二步赋材料时产生的弹性应变能，以便快速建模。

经建立初始模型、重力沉积、压实作用和消减重力后，一个地层堆积体就建立完成了。

3.1.2 生成空箱子

当设置 B.isSample = 0 时，初始模型里不会生成样品单元，只得到一个图 3.1.3 所示的空箱子，其仅包含 6 个边界和下压力板。由于 MatDEM 不允许活动单元数为零，空箱子中需要保留下压力板。如果模型中不需要下压力板，则可在加入新的单元后，再将下压力板删除。空箱子建立后，可在其中添加自定义部件结构体以完成建模（详见 3.2 节和 SlopeNet 示例）。

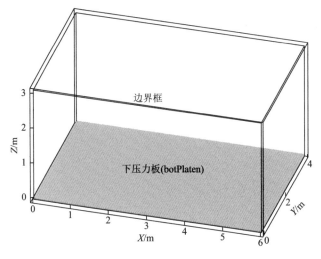

图 3.1.3 空箱子模型

3.2 模块化建模基础

3.2.1 利用结构体建模

当需要构建特定形状的模型时，难以通过简单的堆积命令实现，这时需要利用结构体来建模：通过处理建立的堆积地层模型或者自定义函数建立特定形状的结构体，然后将结构体数据导入模型。本节以 SlopeNetNew2 代码为例，介绍不同结构体的建立，并模拟滚石和圆柱从斜坡上滑下撞击挡网的过程。

1）切割地层建立结构体

MatDEM 可以通过切割现有的地层模型建立结构体，其本质是建立特定的单元过滤器，通过筛选单元得到特定形状的结构体。首先运行 SlopeNet1 代码获得用于建立球体的堆积模型。再运行 SlopeNetNew2 代码，其中包括以下主要命令：

```
sampleObj=B.d.group2Obj('sample');
sampleObj=mfs.moveObj2Origin(sampleObj);
sphereObj=mfs.cutSphereObj(sampleObj,0.5);
fs.showObj(sphereObj);
```

通过 sampleObj = B.d.group2Obj('sample')命令把堆积模型转化为一个结构体，随后才能进行切割操作。MatDEM 在 mfs 类中内置了基本的结构体切割函数，例如，mfs.cutSphereObj 函数可以切割已有结构体，得到一个球形的滚石结构体。由于 mfs.cutSphereObj 函数会以 sampleObj 的坐标原点为中心进行切割，而任何通过堆积建立的模型，其默认的坐标原点都在模型左下角。因此，在进行切割前需将

sampleObj 结构体的中心移动至坐标原点。mfs.cutSphereObj 函数的第二个输入参数为球体的半径，通过 fs.showObj 命令可以查看切割得到的半径约为 0.5m 的球体，如图 3.2.1（a）所示。

图 3.2.1（b）为结构体 sphereObj 的数据，其中 X、Y、Z 为单元的坐标，R 为单元半径，groupId 为其组号，利用组号可以定义不同的 clump（2.6.2 节）。这个球体共包含 1884 个单元，单元半径在 2.51～3.61cm。

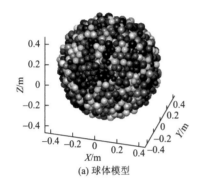

‹	sphereObj			
	1	2	3	4
1	X	1884×1 double	-0.4259	0.4303
2	Y	1884×1 double	-0.4363	0.4334
3	Z	1884×1 double	-0.4342	0.4384
4	R	1884×1 double	0.0251	0.0361
5	groupId	1884×1 double	10	10

(a) 球体模型　　　　　　　　　　(b) 结构体的数据

图 3.2.1　球体及其结构体数据

用户也可以手工建立结构体，并导入 d 对象中。例如，运行以下代码即可定义并显示一个由三个单元构成的部件。基于这种定义规则，可编写函数来生成各种部件。

```
P.X=[1;1;1];
P.Y=[1;1;1];
P.Z=[1;1.04;1.08];
P.R=[0.02;0.02;0.02];
fs.showObj(P);
```

2）内置函数建立结构体

MatDEM 还可以利用函数直接建立结构体，其本质是根据结构体形状计算单元坐标，通过离散元单元相互组合得到特定形状的结构体。

```
netObj=mfs.denseModel(0.8,@mfs.makeNet,4,2,0.5,0.3,0.05);
fs.showObj(net);
```

mfs 类中内置了一系列建立基本结构体的函数，其中 mfs.makeNet（4, 2, 0.5, 0.3, 0.05）函数可直接建立一个网的结构体，网宽度 4m，高度 2m，网孔宽度 0.5m，高度 0.3m，单元半径 0.05m。由于网需要较大的弹性和较高的强度，通过 mfs.denseModel 函数将单元重叠加密，以实现这种效果。mfs.denseModel 函数的第一个输入参数为单元的重叠系数 Rrate，Rrate 用于定义生成模型中相邻单元间距与单元直径的比值，值为 0.5 时单元间有一半的重叠量。后面的输入参数实现对 mfs.makeNet 函数的调用，建立的挡网结构体如图 3.2.2 所示。同样地，利用内置函数 mfs.makeBox 可以建立斜坡 slope 结构体。

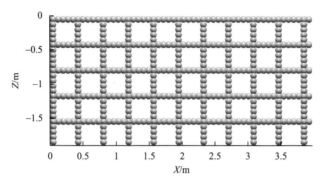

图 3.2.2　挡网结构体模型

3）自定义函数建立结构体

考虑到建模需求的多样性，MatDEM 支持自定义函数建立结构体。MatDEM 中提供了函数解译器 f.run，通过这个工具，MatDEM 可以运行标准的 MATLAB 自定义函数。可采用 MATLAB 语言定义建立结构体的函数，函数需返回结构体中单元的坐标和半径数组。以下代码为建立圆柱的自定义函数：

```
function column=makeColumn(columnR,columnHeight,ballR,Rrate)
    columnR2=columnR-ballR;
    columnHeight2=columnHeight-ballR;
    ballR2=ballR*Rrate;
    disc=f.run('fun/makeDisc.m',columnR2,ballR2);
    column=mfs.make3Dfrom2D(disc,columnHeight2,ballR2);
    column.R(:)=ballR;
    column.columnR=columnR;
    column.columnHeight=columnHeight;
    column.ballR=ballR;
end
```

第 1 行中 function 为 MATLAB 定义函数的关键字，column 为函数的返回值（结构体），makeColumn 为函数名，columnR、columnHeight、ballR 和 Rrate 为输入参数，分别为圆柱半径、圆柱高、单元半径和重叠系数 Rrate。为了实现 Rrate 的重叠作用，此函数先将单元半径乘以 Rrate，生成紧密接触的模型后，再重设原始半径。第 5 行通过运行自定义函数 makeDisc.m（fun 文件夹中），在 XY 平面内生成一个圆盘结构体（单层）；第 6 行命令将二维的圆盘沿 Z 方向进行移动和复制，生成圆柱体。

　　fun 文件夹中的自定义函数 makeDisc 如下。同样地，这个函数根据圆盘的半径和单元半径来生成圆盘结构体的坐标和半径。系统提供的自定义函数示例均保存在 fun 文件夹下，用户可根据需要新建文件夹，通过编写一系列自定义函数，建立各类复杂的离散元模型。

```
function disc=makeDisc(discR,ballR)
    rate=1;%increase the radius of ball
    circleNum=ceil(discR/(ballR*2/rate));
    dCircleR=discR/circleNum;
    X=0;Y=0;Z=0;R=ballR;
    for i=1:circleNum
        circleR=i*dCircleR;
        circle=mfs.makeCircle(circleR,ballR);
        X=[X;circle.X];
        Y=[Y;circle.Y];
        Z=[Z;circle.Z];
        R=[R;circle.R];
    end
    disc.X=X;disc.Y=Y;disc.Z=Z;disc.R=R;
    disc.discR=discR;disc.ballR=ballR;
end
```

　　在 SlopeNetNew2 代码中，通过 column = f.run（'fun/makeColumn.m'，0.5, 0.5, B.ballR，0.8）命令调用自定义的 makeColumn 函数，此时会得到一个名为 column 的结构体（图 3.2.3 和图 3.2.4）。结构体建立完成后可对其进行移动、旋转和复制，

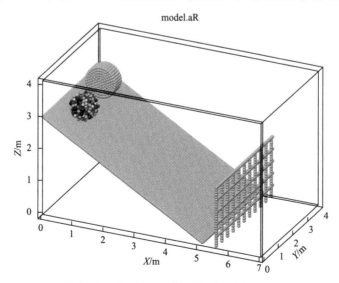

图 3.2.3　多个结构体组成的 SlopeNet 模型

还可将不同的结构体进行拼合形成新的结构体，详细内容请见 7.1 节，以及附录中的 mfs 函数集。

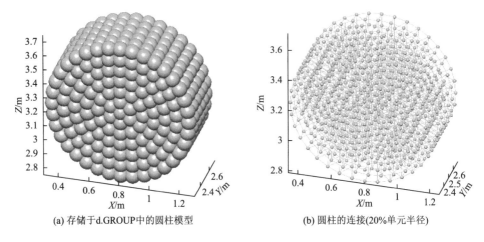

(a) 存储于d.GROUP中的圆柱模型　　　　　　　(b) 圆柱的连接(20%单元半径)

图 3.2.4　圆柱模型及其连接

4）将结构体导入模型

本小节以向模型中添加 column 结构体为例讲解如何将结构体导入模型，并移动到预定位置。在 SlopeNetNew2 代码中新建一个空的模拟箱，然后往里面添加结构体。

```
column=f.run('fun/makeColumn.m',0.5,0.5,B.ballR,0.8);
columnId=d.addElement(1,column);
d.addGroup('column',columnId);
d.rotateGroup('column','YZ',90);%rotate the group along XZ plane
d.moveGroup('column',0.8,2.5,3.25);
d.setClump('column');
```

d.addElement 函数是向模型中添加单元，其第一个输入参数是材料名（或者材料编号，如 1），第二个输入参数是结构体的名称，这样结构体就会被加载到模型中。结构体被加载到模型中后可以通过 d.addGroup 命令把导入的结构体设置为一个组，其第一个输入参数为自定义的组名，第二个输入参数为单元编号，之后就可以得到名为 column 的组；d.rotateGroup 函数可以旋转模型，第三行代码表示将 column 组以它的形心为原点，在 YZ 平面旋转 90°；d.moveGroup 命令可以移动组，即把导入后的结构体移动到需要的位置，其第一个输入参数为组名，后三个输入参数为在 X、Y、Z 方向上移动的距离。将本节中建立的结构体逐个导入模型，得到图 3.2.3 所示 SlopeNet 模型。最后，再运行 SlopeNet3 代码，即可完成圆柱和球撞击挡网的数值模拟。

在结构体被导入模型后（定义为组），可通过以下命令实现 column 组（图 3.2.4 （a）），及其胶结连接的显示（图 3.2.4 （b））。为显示单元间的胶结，需将单元显示得小一些，属性 d.Rrate 定义了显示单元的半径比率。关于后处理命令，请详见 5.2 节。从图 3.2.4 （b）可以看到，当模型以连接的形式展示时，形成了类似有限元模型的三维网络结构。

```
d.showB=0;
d.showFilter('Group',{'column'},'aR');
figure;
d.Rrate=0.2;
d.showFilter('Group',{'column'},'-aR');
```

3.2.2　单元过滤器和单元筛选

1）单元过滤器的定义和使用

在建模和数值模拟中经常要选择特定的单元，以便进一步完成赋值、移动和计算等操作。MatDEM 通过定义过滤器来筛选特定的单元，过滤器为布尔数组，根据筛选的属性，其长度为 aNum 或 mNum。数组中的值为 true（显示为 1）或 false（显示为 0），当值为 true 时，表示相应的单元被选中。例如，在生成模型对象 d 后，运行以下代码生成过滤器：

```
f1=abs(d.mo.mVZ)>0.1;
f2=(d.mo.aMatId==1);
f1Id=find(f1);
```

以上第 1 行命令筛选 Z 方向速度大于 0.1m/s 的单元，获得长度为 mNum 的过滤器 f1；第 2 行命令筛选材料号为 1 的单元，获得长度为 aNum 的过滤器 f2。图 3.2.5 （a）为运行代码后，窗口程序中生成的过滤器数组 f1 和 f2。从左侧的参数列表中可以看到，f1 为 2269×1 的布尔数组（mNum 为 2269），在数组中，行号代表单元编号，其中 f1 的第 10 个元素为 1，表明 10 号单元的 Z 方向速度大于 0.1m/s，而第 1～9 个单元的速度小于 0.1m/s。而 f2 为 5366×1 的布尔数组，因为 aNum 为 5366。

第 3 行命令通过 MATLAB 的 find 函数将过滤器 f1 转化为单元编号数组 f1Id （图 3.2.5 （b）），即获得 f1 中值为 1（true）的行号的数组。如 f1 的第 10 行为 1 （true），所以 f1Id 的第一个元素值为 10。

在建模函数集 mfs 中提供了若干个过滤器函数，如 getColumnFilter、getWeak-LayerFilter 等。通过使用这些过滤器函数，可以根据模型单元的坐标筛选出特定区域内的单元。例如，在 BoxLayer2 示例中，使用以下代码筛选出模型中心区域的单元：

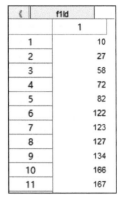

参数	值	最小值	最大值
B	1×1 obj_Box		
d	1×1 build		
f1	2269×1 logical		
f1Id	1461×1 double	10	2269
f2	5366×1 logical		

⟨	f1	
		1
1		0
2		0
3		0
4		0
5		0
6		0
7		0
8		0
9		0
10		1
11		0

⟨	f1Id	
		1
1		10
2		27
3		58
4		72
5		82
6		122
7		123
8		127
9		134
10		166
11		167

(a) 过滤器数组f1　　　　　　　　　　　　　　　　(b) 筛选的单元编号数组f1Id

图 3.2.5　单元过滤器数组的定义

```
centerFilter=mfs.getCenterFilter(sX,sY,sZ,r);
d.addGroup('Pore',find(centerFilter));
```

其中，第 1 行 getCenterFilter 利用输入的样品单元坐标（sX，sY，sZ）和圆的半径，筛选出了模型中心圆形区域的过滤器；第 2 行使用 addGroup 函数将这些单元定义为"Pore"组。

堆积模型的表面通常会略有起伏，为了获得较为平整的表层，在示例代码的第二步中，通常会对表层单元进行过滤和切割，如BoxCrash2、BoxPile和TBMcutter等示例。以下代码取自BoxCrash2示例：

```
mZ=d.mo.aZ(1:d.mNum);%get the Z of elements
topLayerFilter=mZ>max(mZ)*0.5;
d.delElement(find(topLayerFilter));
```

第 1 行获得了活动单元的 Z 坐标，其中 1：d.mNum 得到了 1~mNum 的整数数组，将这个数组代入 aZ 数组中，筛选出 aZ 数组中从第 1 个到第 mNum 个单元的 Z 坐标，即 mZ（关于 MATLAB 矩阵操作和索引，详见 5.3.3 节）。第 2 行进一步生成活动单元上半部分的过滤器 topLayerFilter。第 3 行利用 find 函数得到要被删除的上半部分单元的编号，并通过 d.delElement 函数来删除单元。

综上所述，过滤器数组的每行记录了相应单元是否被选中，通过 find 函数，可以得到单元的编号，并进一步用于建模操作。

2）利用 showFilter 生成过滤器

后处理函数 d.showFilter 可以根据切片位置、组名、材料号等获得过滤器，并自动存储于 d.data.showFilter。关于此函数的使用，详见 5.2.2 节。

3.2.3　Tool_Cut 和数字高程建模

数字高程建模需要使用 Tool_Cut 切割工具。这个工具可以利用导入的坐标点，生成曲线和曲面，并用来切割和定义组，从而构建复杂的几何模型。在 9.2.1 节、10.1 节和 10.4.1 节中，均使用了折线表数据来切割模型。

1）利用 Excel 折线表数据建模

下面以 LandSubsidence 为例，简单介绍二维数字高程建模。在 LandSubsidence2 代码中，主要的切割代码如下：

```
C=Tool_Cut(d);%cut the model
lSurf=load('slope/LandSubsidence.txt');%load the surface data
C.addSurf(lSurf);%add the surfaces to the cut
C.setLayer({'sample'},[1,2,3]);
gNames={'lefPlaten';'rigPlaten';'botPlaten';'layer1';'layer2'};
d.makeModelByGroups(gNames);%build new model using layer1 and 2
```

C 为 Tool_Cut 对象，高程面的点集数据存储于 LandSubsidence.txt 文件中。在"slope/滑坡高程.xlsx"文件中，给出了这个高程面的折线图，可在这个 Excel 文件里查看修改高程面，并更新到 txt 文件中。采用 C.addSurf 可将 lSurf 矩阵中的折线数据点读入到 C.surf 数组中。C.surf 数组的数据类型为 scatteredInterpolant，其数据结构和意义可参见 MATLAB 的 scatteredInterpolant 命令。例如，通过运行 LandSubsidence1 和 2 代码，得到切割后的地层模型如图 3.2.6（b）所示，示例中输入 3 个高程面，模型被分为 2 层，从下往上编号依次为 layer1 和 layer2。其中 layer1 被定义为固定单元。

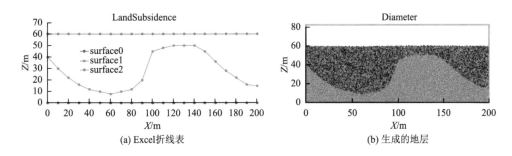

(a) Excel折线表　　　　　　　　　　(b) 生成的地层

图 3.2.6　数字高程切割模型示意

2）利用数字高程数据建三维模型

MatDEM 支持数字高程数据建模，其本质是利用三维的面（二维的面是一条线)来切割模型,定义不同的组,并进行组的移动和删除等操作。通过使用 Tool_Cut 工具和数字高程建模,可以建立非常复杂的三维几何模型。数字高程数据是描述地表起伏形态特征的空间数据,由地面规则格点的高程值构成矩阵,并形成栅格数据集,栅格数据包括 X、Y 坐标和高程 Z。实地采集的高程数据可能为单列的坐标值,需经过数据处理得到 Tool_Cut 对象所需的矩阵形式。关于三维数字高程数据建模,详见第 8 章。

3.3   基于数字图像建模

通过 MATLAB 语言和二次开发,可以将外部的复杂几何模型导入 MatDEM 中,建立相应的离散元模型。

3.3.1   导入黑白图像切割模型

MatDEM 可以加载外部二维图像来切割模型,得到相应形状的组。其本质是根据图像中黑色区域制作单元过滤器,然后筛选并生成相应的单元组。在堆积模型中选出一个复杂形状的区域很困难,通过导入图片定义区域可以很方便地解决这个问题。

1)导入图像函数的原理

软件自带的 mfs.image2RegionFilter(fileName,imH,imW)函数可以根据图像制作过滤器,这个函数也保存在软件 fun 文件夹中,其输入参数为图片名称 fileName、生成的图片矩阵高 imH、宽 imW。关于自定义函数的使用,请详见 5.4.2 节。

```
function regionFilter=image2RegionFilter(fileName,imH,imW)
    source=imread(fileName);
    source=imresize(source,[imH,imW]);
    sumS=flipud(sum(source,3));
    regionFilter=sumS==0;
end
```

以上给出了 fun 文件夹中的 image2RegionFilter 函数源代码,函数返回 regionFilter 矩阵,将图像黑色部分判断为 1,其余部分判断为 0,得到一个 imH×imW 的图像布尔矩阵 regionFilter。

2)筛选模型单元函数的原理

在得到 regionFilter 矩阵后,采用 mfs.applyRegionFilter(regionFilter,sX,sZ)函数来筛选对应于图像黑色部分的离散单元。这个函数同样也提供于软件 fun 文件夹中。

```
function sFilter=applyRegionFilter(regionFilter,sX,sZ)
    [imH,imW]=size(regionFilter);%get height and width
    sNum=length(sX);
    x1=min(sX);x2=max(sX);
    z1=min(sZ);y2=max(sZ);
    imBallI=floor((sX-x1)/(x2-x1)*(imW-1))+1;
    imBallJ=floor((sZ-z1)/(y2-z1)*(imH-1))+1;
    sFilter=false(sNum,1);
    for i=1:sNum
        sFilter(i)=regionFilter(imBallJ(i),imBallI(i));
    end
end
```

函数的输入参数为图像布尔矩阵和用于筛选的样品单元的 X、Z 坐标。函数先将 X 和 Z 坐标进行归一化处理，然后将归一化后的 X 和 Z 坐标分别乘以 imH、imW，即将模型单元坐标投影到图片坐标，最后结合根据图片生成的过滤器矩阵 regionFilter，在单元坐标对应过滤器为 true（1）的位置选中单元，生成单元过滤器 sFilter。这个过滤器记录了坐标为 sX 和 sZ 的这些单元是否在图像的黑色区域内。

3）导入图像切割模型的应用示例

通过使用这两个函数，软件的 BoxWord 示例实现了"MatDEM"字母的建模。首先利用 BoxWord1 代码堆积一块"薄板"（图 3.3.1（a）），利用图 3.3.1（b）和以下代码即可切割出"MatDEM"字母（图 3.3.1（c））。BoxWord2 的切割代码如下，具体应用可见 8.3.2 节。

```
pictureName='slope/MatDEM.png';%word should be in black color
sX=d.mo.aX(1:d.mNum);sZ=d.mo.aZ(1:d.mNum);
imH=400;imW=420;%image will be resized to imW*imH
%read the image and change the size,image is in black and white color
regionFilter=mfs.image2RegionFilter(pictureName,imH,imW);%white
is true
sFilter=f.run('fun/applyRegionFilter.m',regionFilter,sX,sZ);
sId=find(sFilter);
sId(sId>d.mNum)=[];
d.addGroup('word',sId);
d.showFilter('Group',{'word'},'aR');
view(0,-15);
```

(a) 原始模型　　　　　　　(b) 图像信息　　　　　　(c) 切割后的模型

图 3.3.1　图像切割示意图

3.3.2　导入彩色图像分块建模

1）从微观图像得到灰度编号矩阵

利用 PCAS 软件（详见 http://matdem.com）可以进行岩土体微观结构分析。通过二次开发，MatDEM 可以利用 PCAS 处理的岩土体微观结构图像，根据图像中不同区域的颜色，建立岩土体微观结构离散元模型。图 3.3.2（a）给出了原始的砂岩薄片图像，利用 PCAS 获得了微观结构识别图（图 3.3.2（b）），图中颗粒以不同颜色来区分。基于不同的区域颜色，使用 BoxMicroParticle 示例代码可建立相应的离散元模型。

(a) 原始的砂岩薄片图像　　　　　　　　　(b) PCAS获得的微观图像

图 3.3.2　使用 PCAS 软件识别砂岩薄片中的颗粒

BoxMicroParticle1 代码堆积了一个二维的初始模型。在 BoxMicroParticle2 代码中，结合微观结构图像对模型进行切割，最终得到微观结构模型。这个代码第一部分涉及较多的矩阵操作，其基本思想是获得像素的颜色值（RGB），找出唯一颜色，并根据这些颜色的灰度值从 1 开始排序，生成图像对应的灰度编号矩阵，如下：

```
load('TempModel/BoxMicroParticle1.mat');
···%initialize the model
%---------------get the gray rank matrix---------------
fileName='slope\micro particle.PNG';
source=imread(fileName);
source=double(source);
imH=size(source,1);imW=size(source,2);
RGB=(source(:,:,1)*256+source(:,:,2)*256)+source(:,:,3);
RGB=flipud(RGB);%flip data along vertical direction
```

第 1 行通过 load 函数加载第一步的初始模型，并进行常规的初始化操作。第 4、5 行读取名为 micro particle.PNG 的图片（图 3.3.2），并将图片数据（三维矩阵，uint8 格式）储存在 source 中。然后将 source 中的数据由 uint8（无符号 8 位整数）转换为 double（双精度），以便图像数据处理。imH 和 imW 分别为图像的高度和宽度（像素）。source 是一个三维矩阵，其包括三个 imH×imW 二维矩阵，分别记录了图像的 R（红）、G（绿）、B（蓝）信息。最后，将图像像素三维矩阵的 R、G、B 值转化为一个数值矩阵 RGB，以便进一步区分不同颜色的块。

```
[uColor,iA,iC]=unique(RGB);%find unique color
Gray=mean(source,3);%get gray level
Gray=flipud(Gray);%flip data along vertical direction
uGray=Gray(iA);%unique gray level
[v,grayI]=sort(uGray);%sort the groupId according to gray level
GrayRank=reshape(grayI(iC),size(Gray));%gray rank matrix
```

以上代码通过 unique 函数得到 RGB 矩阵中的唯一值，储存于 uColor，iA 表示 uColor 中的值在 RGB 中出现的第一个位置，iC 表示 RGB 中的值在 uColor 中的位置（可查阅 MATLAB 帮助文件）。第 2 行将 source 中的 3 个 RGB 值取平均，获得灰度矩阵 Gray。第 4 行筛选出 Gray 矩阵中的唯一值，并将其储存在 uGray。然后，通过 sort 函数对 uGray 进行升序排列，得到排好序的矩阵 v，以及 v 在 uGray 中的索引 grayI。最后，生成一个矩阵 grayI（iC），它是 n 行 1 列的矩阵，元素个数与 Gray（大小为 imH×imW）相同，然后通过 reshape 函数将 grayI（iC）重排为 Gray 的行列，储存于 GrayRank。GrayRank 与输入的图片等大，图像中颜色相同的像素在 GrayRank 中表现为相同的数值。图 3.3.3 给出了 GrayRank 矩阵的截图，其中 1 代表灰度最高的区域（即黑色），随着值的增加，灰度降低。GrayRank 矩阵灰度编号为 1 的区域对应于图 3.3.2 中左下角的黑点。

GrayRank	1	2	3	4	5	6	7	8	9	10	11	12	13	14	15	16	17	18
1	23	1	1	1	1	1	1	1	1	1	1	1	1	8	8	8	8	8
2	23	23	1	1	1	1	1	1	1	1	1	1	8	8	8	8	8	8
3	23	23	1	1	1	1	1	1	1	1	1	1	8	8	8	8	8	8
4	23	23	23	1	1	1	1	1	1	1	1	1	8	8	8	8	8	8
5	23	23	23	1	1	1	1	1	1	1	1	1	8	8	8	8	8	8
6	23	23	23	1	1	1	1	1	1	1	1	1	8	8	8	8	8	8
7	23	23	23	1	1	1	1	1	1	1	8	8	8	8	8	8	8	8
8	23	23	23	23	1	1	1	1	1	1	8	8	8	8	8	8	8	8
9	23	23	23	23	23	1	1	1	1	1	8	8	8	8	8	8	8	8
10	23	23	23	23	23	23	23	23	1	8	8	8	8	8	8	8	8	8
11	23	23	23	23	23	23	23	1	8	8	8	8	8	8	8	8	8	8
12	23	23	23	23	23	23	23	1	8	8	8	8	8	8	8	8	8	8
13	23	23	23	23	23	23	23	1	8	8	8	8	8	8	8	8	8	8
14	23	23	23	23	23	23	23	1	8	8	8	8	8	8	8	8	8	8
15	23	23	23	23	23	23	23	23	1	8	8	8	8	8	8	8	8	8

图 3.3.3　灰度编号矩阵 GrayRank

2）由灰度编号矩阵建立模型

图片信息处理完成后，需要根据 GrayRank 将颜色相同的部分设置为相同的 clump，然后将黑色部分（孔隙）删除：

```
%---------------get the groupId of clump by image----------------
sampleId=d.GROUP.sample;%the sample group will be used
sampleX=d.mo.aX(sampleId);
sampleZ=d.mo.aZ(sampleId);
sampleR=d.mo.aR(sampleId);
x1=min(sampleX-sampleR);%get the four limits of the model
x2=max(sampleX+sampleR);
z1=min(sampleZ-sampleR);
z2=max(sampleZ+sampleR);
sFilter=false(d.mNum,1);
sFilter(d.GROUP.sample)=true;%filter of elements
```

第 1～4 行提取样品颗粒的 Id 和 X、Z 坐标；第 6～9 行分别得到 X 和 Z 方向坐标的最大最小值。最后，创建一个逻辑矩阵 sFilter，长度为颗粒总数，其中样品颗粒对应的值为 1，其余值为 0。

```
dX=(x2-x1)/imW;
dZ=(z2-z1)/imH;
imageXI=ceil((sampleX-x1)/dX);%get the location of element in image
imageZI=ceil((sampleZ-z1)/dZ);
```

```
startId=min([d.GROUP.groupId;-10])-1;
GrayGId=-GrayRank+1+startId;
imageIndex=(imageXI-1)*imH+imageZI;%element index in image
imageGId=GrayGId(imageIndex);%element groupId in image
```

以上前 4 行代码将颗粒的坐标投影到图像坐标系中，imageXI 和 imageZI 分别表示模型颗粒在图像上的 X 和 Z 坐标。由于要将这些砂岩颗粒设置为 clump，在第 5 行中，clump 颗粒的 groupId 小于等于–11（原因见 2.6 节），所以要设置一个 groupId 的开始值 startId（–11 或更小）。第 6 行根据图像灰度编号矩阵，获得图像组号矩阵 GrayGId，即图像点处的单元将被赋以相应的组号。第 7 行 imageIndex 表示各个离散元单元在图像矩阵中的索引。最后，imageGId 为根据 imageIndex 得到的各个单元的 groupId。

获得单元的 groupId 后，将 sample 中的单元按照 groupId 生成 clump 团簇。

```
%----------------set the clump by groupId------------------
d.GROUP.groupId(sFilter)=imageGId;%assign groupId to the group
d.setClump();%set clump for groupId<=-11
delFilter=d.GROUP.groupId==startId;%groupId of pores is startId
d.delElement(find(delFilter));%delete pores
```

第 2 行将 sample 的 groupId 设置为 imageGId，即由图像确定的组号，这些组号均小于等于–11。在第 3 行 d.setClump（）命令中，组号小于等于–11 的单元将被转化为 clump（根据需求，也可不将各颗粒组定义为 clump）。第 4～5 行将 groupId 为 startId 的单元（孔隙）筛选出来，然后删除，得到最终的微观结构模型（图 3.3.4）。

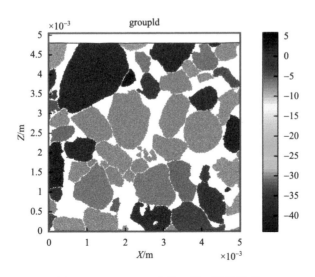

图 3.3.4　MatDEM 离散元微观结构模型

从这个示例可以看出，利用 MatDEM 的二次开发功能，可以自行编写函数来构建各类的数值模型。

3.4　材　料　设　置

3.4.1　材料设置概述

如 1.6.2 节所述，离散元紧密堆积模型的宏观力学性质与微观力学参数之间存在解析解，即转换公式。线弹性接触模型的五个微观力学参数，包括法向刚度（K_n）、切向刚度（K_s）、断裂位移（X_b）、初始抗剪力（F_{s0}）和摩擦系数（μ_p），可以通过转换公式，由材料的五个宏观力学性质计算得到，包括杨氏模量（E）、泊松比（ν）、抗压强度（C_u）、抗拉强度（T_u）和内摩擦系数（μ_i）。转换公式适用于等大球体单元紧密规则堆积的模型，对于随机堆积的颗粒，其宏观力学性质通常会比理论值小，如杨氏模量通常为理论值的 20%～40%，抗压强度和抗拉强度为理论值的 10%～20%。同样地，随机堆积模型的密度也会比紧密堆积的要小。

MatDEM 通过 material（matName，matTxt，ballR）命令来生成离散元材料，其中 matName 为材料名，matTxt 为材料性质矩阵，ballR 为材料单元平均半径，通常取 B.ballR。matTxt 矩阵中依次记录了材料的 E、ν、C_u、T_u、μ_i 和密度。当运行 material 函数时，会自动利用转换公式和单元半径 B.ballR 生成单元的微观力学参数和质量。为减少随机堆积模型的力学性质与设定值之间的差异，函数会自动将设定值乘以 material.rate 再代入转换公式。默认情况下 rate 矩阵为[2.7, 0.8, 6, 6.5, 1, 1.19]（由于 MatDEM 目前暂不对内摩擦系数进行训练，rate(5)始终为 1）。但在实际运用过程中，在默认的 rate 的条件下通过转换公式获得的微观力学参数，其对应的堆积模型的力学性质可能仍与设定值存在较大差异。因此，为了获得力学性质更准确的材料，需要进行自动训练材料操作。自动训练材料的基本原理为：直接输入材料性质来建立随机堆积的块体；通过自动的单轴压缩、抗拉强度、抗压强度测试，获得块体实际的弹性模量和强度；利用实测值和设定值之间的比率来重新设定 material.rate，直至各力学性质收敛于设定值。通常情况下，经过三次训练和自动调整，实测值与设定值之间的误差即可小于 2%。

需要注意的是，转换公式中的 K_n 是两个单元弹簧串联得到的法向刚度，而 material 中为单元自身的法向刚度（k_n），所以 $K_n = k_n/2$。具体请见 1.2.2 节。

3.4.2　直接输入材料性质

在示例文件中，通常第二步会进行赋材料操作。以下代码主要取自 BoxModel2

（也可参考 BoxMixMat2），读取 Soil1 和 Soil2 两种材料，并赋给 group1 和 group2
两个组。

```
matTxt=load('Mats\Soil1.txt');
Mats{1,1}=material('Soil1',matTxt,B.ballR);
Mats{1,1}.Id=1;
matTxt2=load('Mats\Soil2.txt');
Mats{2,1}=material('Soil2',matTxt2,B.ballR);
Mats{2,1}.Id=2;
d.Mats=Mats;
d.setGroupMat('group1','Soil1');
d.setGroupMat('group2','Soil2');
d.groupMat2Model({'group1','group2'},1);
```

使用 load 命令读取文本，存储于 matTxt 矩阵中。通过 material 函数计算得到
相应的微观力学参数，并直接生成材料，随后将其保存在 Mats 元胞矩阵中，例如，
Mats{1, 1}表示将生成的材料存储在 Mats 元胞矩阵的第一个位置。同时，记录材
料的编号 Mats{1, 1}.Id = 1。然后添加材料 2，并存储在 Mats 元胞矩阵的第二个
位置 Mats{2, 1}。

进一步，使用 d.setGroupMat 函数来声明各组的材料号。注意：setGroupMat 命
令只是声明组的材料号，并没有真正地将材料应用到单元上，需要使用 d.group-
Mat2Model 函数将材料应用到模型。通过以上命令，将设置 group1 和 group2 的
材料，并将其余单元的材料号设为默认材料号 1。

3.4.3　自动训练材料

1）建立用于测试的堆积模型
MatDEM 的自动训练材料功能由 MatTraining 文件实现：

```
%----------------set parameters for material training
matName='mxRock2';
matFile=['Mats\' matName '.txt'];%material file
sampleW=100;sampleL=100;sampleH=200;ballR=10;
distriRate=0.2;%
interationNum=4;%number of interation,value from 3 to 6
randSeed=2;%change the seed to create a different model
saveFileLevel=2;% 1:save important files,0:save one result file,
-1:do not save
uniaxialStressRate=1;%default value is 1,generally do not have to
change it
StandardBalanceNum=50;%define the balance number of simulation,1-50
```

首先设置训练参数，matName 为要训练的材料名；sampleW、sampleL 和 sampleH 为所要训练模型的尺寸；ballR 为单元半径；为了得到较为稳定的结果，单元总数在 6000～10000 为宜；interationNum 为训练次数，每次训练中，代码会测试模型的力学性质，并更新材料的 rate，这个参数一般不小于 4 次。当训练次数不小于 4 次时，训练误差通常会小于 1%，可满足大部分的精度需求，如需获得更高的训练精度，可以增加训练次数。saveFileLevel 为信息记录等级，取值为 1 时将测试中主要步骤的文件存于 data 文件夹中，取值为 2 时将测试中每一压缩步和拉伸步的文件存于 data/step 文件夹中，StandardBalanceNum 为标准平衡的每步平衡次数，默认为 50，如增大这个数值，会增加数值模拟对应的真实世界的时间，并使模拟更趋于静态过程；反之则趋于动态过程（具体请参见 3.5.1 节标准平衡）。

```
%---------------build initial model-----------------
B=obj_Box;%build a box object
B.GPUstatus='auto';
B=mfs.makeUniaxialTestModel0(B,sampleW,sampleL,sampleH,ballR,dis
triRate,randSeed);
B.name=matName;
B.saveFileLevel=saveFileLevel;%save all related files
B.SET.uniaxialStressRate=uniaxialStressRate;
B.d.SET.StandardBalanceNum=StandardBalanceNum;
%--------------assign material to model
B=mfs.makeUniaxialTestModel1(B);
B.save();%save file in 'TempModel',file name end with 'Step-1'
```

进一步，采用 mfs.makeUniaxialTestModel0 函数来建立初始模型，这个函数通过 3.1.1 节所述的步骤建立初始模型。这个命令之后，可以再增加代码来修改模型单元的半径分布，并可用于不同级配和堆积状态对模型力学性质影响的研究。mfs.makeUniaxialTestModel1 函数完成重力沉积、压实模型和消减重力操作，从而建立堆积模型。通过 B.save（1）命令将堆积模型存于 TempModel 文件夹中，并用于后续多次加载和测试。

2）自动测试和调整材料

```
mfs.makeUniaxialTestModel2(B,matFile);%set the material of the
model
mfs.makeUniaxialTest(B);
for i=1:interationNum
    data=B.d.Mats{1}.calculateRate();
    matSet=B.d.Mats{1}.SET;%rate data is recorded in B.SET;
    B.load(1);%load the saved file in 'TempModel'
```

```
        mfs.makeUniaxialTestModel2(B,matFile,data.newRate);%apply
        the new rate
        B.d.Mats{1}.SET=matSet;%assign the material rate data
        mfs.makeUniaxialTest(B);
end
B.d.Mats{1}.setTrainedMat();
B.d.Mats{1}.save();
```

mfs.makeUniaxialTestModel2 函数的作用是设置材料，这个函数执行以下操作：①通过 3.4.2 节所述的步骤给模型设置材料；②胶结模型；③将模型左、右、前、后和上边界向外侧移动模型最大尺寸的 20%（保证不与样品接触），仅留下边界和上压力板，以便于后面做单轴试验；④做两次标准平衡以消减系统动能；⑤重新胶结模型；⑥将模型数据保存于 data 文件夹中，并以"*-MatUniaxialTestModel2"命名。通过以上步骤得到了给定微观力学参数的堆积模型。

mfs.makeUniaxialTest 函数进行一系列的数值模拟试验，包括单轴压缩测试、单轴拉伸测试、杨氏模量和泊松比测试，并将当前测试使用的力学参数系数 rate 和测试结果记录于 d.Mats{1}.SET.UniaxialRate 和 UniaxialPara 中，完成第一次测试。进一步，在 for 循环通过 calculateRate 函数确定材料新的 rate（3.4.1 节），调整后再次通过 mfs.makeUniaxialTestModel2 函数设置材料，并进行新的单轴试验。

每次测试的 rate 和实测力学参数均会记录在 d.Mats{1}.SET 中。在循环测试结束后，setTrainedMat 函数会根据记录的力学参数，选取误差最小的测定结果的 rate，并赋给 material.rate。通常迭代次数越多，测试误差越小。材料训练完成后，B.d.Mats{1}.save()命令会将材料的数据文件自动保存在 Mats 文件夹，文件名为 (matFile).mat。在数值建模时，可将这个文件读入软件（load 命令），然后将其增加到材料矩阵 d.Mats 中即可，具体请参见 8.3 节。

3）训练材料的结果数据

如图 3.4.1 所示，通过自动训练得到了 mxRock2 材料，并记录在 Mat_mxRock2 变量中，变量中包含了材料的各类力学和物理性质，具体请参见软件材料窗口的

《	Mat_mxRock2	.._mxRock2.SET	..ialParaValue	
	1	2	3	4
6	rate	1×6 double	0.9470	7.0729
7	E	1.6000e+10	1.6000e+10	1.6000e+10
8	v	0.0650	0.0650	0.0650
9	Tu	3000000	3000000	3000000
10	Cu	30000000	30000000	30000000
11	Mui	0.5000	0.5000	0.5000

图 3.4.1　材料的设定值

E：杨氏模量；ν：泊松比；Tu：抗拉强度；Cu：抗压强度；Mui：内摩擦系数

说明和软件帮助文件。其中参数 rate 记录了使用转换公式时，下方各力学参数和密度所需要乘以的系数。图 3.4.2 为 Mat_mxRock2.SET 的数据表，其中记录各次测试的相关参数。图 3.4.3 为 SET 中的参数 UniaxialParaValue，记录了各次测试得到的力学参数。

«	Mat_mxRock2	.. mxRock2.SET	..ialParaValue	
	1	2	3	4
1	distriRate	0.2000	0.2000	0.2000
2	UniaxialRate	7×6 double	0.8000	11.0722
3	UniaxialPara	7×1 struct		
4	UniaxialParaValue	7×6 double	0.0560	1.6422e+10
5	UniaxialParaDIV	7×6 double	-0.3612	0.7495
6	saveFileName	1×11 char		

图 3.4.2　Mat_mxRock2.SET 中记录的材料测试结果信息

«	Mat_mxRock2	.. mxRock2.SET	..ialParaValue			
	1	2	3	4	5	6
1	1.4938e+10	0.0638	2.0108e+06	2.7883e+07	0.5000	2.6544e+03
2	1.6293e+10	0.0560	3.7969e+06	3.2957e+07	0.5000	2.5000e+03
3	1.5720e+10	0.0675	1.9164e+06	2.8618e+07	0.5000	2.5000e+03
4	1.6376e+10	0.0576	5.2484e+06	3.0469e+07	0.5000	2.5000e+03
5	1.5518e+10	0.0732	1.9570e+06	2.8893e+07	0.5000	2.5000e+03
6	1.6422e+10	0.0583	4.4179e+06	3.0900e+07	0.5000	2.5000e+03
7	1.5596e+10	0.0726	1.9439e+06	2.9853e+07	0.5000	2.5000e+03

图 3.4.3　UniaxialParaValue 中记录的 7 次材料测试结果

3.5　平　衡　模　型

3.5.1　迭代计算函数和标准平衡

1）d.balance 函数

MatDEM 的基本迭代计算函数为 d.mo.balance()。每运行一次这个函数，则进行一次迭代计算，同时数值模拟的时间向前推进了 d.mo.dT。通常情况下利用 d.balance 函数来调用 d.mo.balance 函数进行迭代计算。这个函数广泛地用于重力沉积、强胶结平衡和数值计算等，是最重要的系统函数。d.balance 函数具有多种输入形式：如 d.balance()运行一次迭代；d.balance（balanceNum）运行 balanceNum 次迭代；d.balance(balanceNum, balanceTime)表示平衡迭代 balanceNum× balanceTime 次，且每平衡迭代 balanceNum 次记录一次系统状态。具体使用请参见附录 B 和帮助文件。

在运行 d.balance(balanceNum，balanceTime)命令时，每运行完 balanceNum 次迭代计算后，程序会在下方提示框中显示当时已经完成的 balanceTime 和总 balanceTime。

2）标准平衡

在数值建模过程中，我们通常会先建一个相对粗糙（单元半径较大）的模型，以方便测试和改进模型。而在进行高精度数值模拟时，则需要将模型单元半径取较小的值（更精细）。由于单元振动周期与半径成正比（1.3.3 节），当单元半径减小时，数值模拟的时间步（d.mo.dT）也会减小。那么，使用 d.balance 函数迭代一定步数时，较精细的迭代计算对应的真实世界时间也会较少。例如，某个模型的单元平均半径为 R，时间步为 10^{-4}s，进行 20 万次迭代，对应真实世界时间为 20s；当单元平均半径减为 $0.5R$ 时，时间步相应减少为 0.5×10^{-4}s，20 万次迭代对应的真实世界时间为 10s。所以，当模型平均单元半径减小时，相同迭代步数对应的真实世界时间也成比例减少。模拟时间的变化会导致数值模拟结果的显著变化，如原来 20s 可以完成某个滑坡数值模拟，而 10s 时滑坡可能还在加速滑动。

为了解决时间问题，MatDEM 引入了标准平衡函数，它会根据单元半径的变化自动调整迭代的次数，使得整个系统的模拟时间趋于统一。标准平衡函数为 d.balance('Standard', 1)，表示进行一次标准平衡，其实际迭代次数为 d.SET.StandardBalanceNum×d.SET.packNum。其中，d.SET.StandardBalanceNum 默认为 50，一般不需要修改，d.SET.packNum 为模型在最长维度上的堆积单元数，系统会自动计算得到；第二个输入参数为标准平衡的次数，当为 1 时表示进行 1 次标准平衡，通常情况下一次标准平衡就能得到比较好的效果。如果需要更高的精度可以增加标准平衡次数，但此时计算量会加倍；而如果需要快速地得到模拟结果可以设置标准平衡次数小于 1，但此时模拟精度会降低。由于系统默认的时间步约为单元振动周期的 1/50，因此当 d.SET.StandardBalanceNum 为 50 时，每次标准平衡对应的真实时间为 d.SET.packNum 次振动周期。因此，我们可以这样理解，一次标准平衡相当于应力波从模型的一端传至另一端。在施加位移边界条件后，若采用系统默认的阻尼系数，那么一次标准平衡即可将系统中绝大部分的动能消耗完。

3.5.2　强胶结平衡

在将材料应用到模型中之后，通常需要用强胶结平衡来处理模型。如前所述，初始模型由类似橡胶球的"柔软"单元堆积而成，单元间的变形量（重叠量）大。当给单元设置真实岩土体的力学性质后，相当于突然把软球变成了钢球，离散元堆积体可能因为急剧增大的单元间应力而发生"爆炸"。为了平衡受力，需使用强胶结平衡函数，将单元连接赋予极大的抗拉力（d.mo.aBF）和初始抗剪力（d.mo.aFS0），并进行迭代平衡，将系统的能量迅速耗散，获得稳定的堆积模型。

强胶结平衡函数包括 d.balanceBondedModel 和 d.balanceBondedModel0。在迭代计算时，d.balanceBondedModel0 函数忽略单元间的摩擦力，这就意味着平衡完成后模型单元间不存在摩擦力作用，并获得相对更密实的堆积模型。而 d.balanceBondedModel 函数则考虑单元间的摩擦力，堆积体中可能会有一定的预应力。这两个函数对应于真实世界中不同的堆积环境，单元间无摩擦力类似于在水中沉积的砂粒；单元间有摩擦力类似于干燥砂粒堆积的过程。不同的堆积方式对岩土体的力学性质会有一定的影响，具体可进行数值模拟测试和参考已有文献。

需要特别注意的是，强胶结平衡后，一般需要再进行标准平衡才能获得稳定的模型。虽然强胶结平衡后，各类受力和能量曲线均显示为稳定（3.5.4 节），但实际上模型处于非稳定状态。这是由于强胶结平衡将胶结的强度提高到极大的值，并进行平衡计算。而这一过程中，大量的单元连接达到了破坏极限却仍保持着胶结状态。当解除强胶结状态后，这些连接会立即断裂，并释放出大量能量。所以，在强胶结平衡后，通常还需要再进行标准平衡，以消散这些能量。为防止模型表面单元跳跃，可采用以下代码进行标准平衡计算，不断地胶结和平衡模型，直至颗粒运动达到稳定状态。

```
loopNum=10;
rate=0.05;
for i=1:loopNum
    d.mo.bFilter(:)=true;
    d.balance('Standard',rate);
end
```

但是，在研究滑坡等问题时，如果直接进行标准平衡，模型很可能在重力作用下失稳，而无法建立合乎要求的几何模型。此时需适当增大土层单元的胶结强度，使边坡稳定性系数大于 1。待模型平衡后，在第三步中再将强度恢复，以模拟滑坡滑动的过程。

3.5.3　邻居单元检索和零时平衡

在每步的迭代计算中，MatDEM 会计算每个单元自上一次邻居检索后的累积位移，当其超过一定值（d.mo.dSide/2）时，系统会自动运行 d.mo.setNearbyBall 函数，以更新邻居矩阵 d.mo.nBall。其中 d.mo.dSide 为邻居检索的扩展范围，具

体可查阅相关文献。活动单元和固定单元的累积位移分别记录于 d.mo.dis_mXYZ
和 d.mo.dis_bXYZ 数组中。

　　当模型中单元的邻居接触关系可能发生变化时，如建模过程中单元被移动、单
元半径增大（膨胀）等，需重新检索并生成单元的邻居矩阵。d.mo.setNearbyBall()
函数可以重新检索单元间的邻居接触关系，这个函数会重新计算邻居矩阵 d.mo.nBall，
并更新与邻居矩阵相关的数据，如 d.mo.bFilter 等，并将累积位移数值组的值重置
为 0。注意：单元半径变小时无须重新检索邻居单元，因为单元缩小时不会与新
的单元发生接触。

　　当通过建模操作改变单元间的连接关系和单元性质后（如胶结断开、单元半
径增加、单元刚度增加等），均会导致单元的受力状态发生变化。此时，可以运行
零时平衡函数 d.mo.zeroBalance()，以获得新的单元受力状态。这个函数将时间步
设置为 0，进行一次迭代计算，并获得新的单元受力和接触信息，但因为时间步
为 0，单元不发生移动。也可以使用 d.mo.balance() 来计算单元新的受力状态，但
时间将向前一个时间步。

　　例如，当模型中的单元受热膨胀后，首先检索邻居单元，然后进行零时平衡，
再通过后处理得到膨胀产生的应力场，详见第 10 章的微波辅助破岩示例和能源桩
热力耦合示例。

3.5.4　模型平衡状态判断标准

　　在迭代计算完成后需判断模型是否达到平衡状态，特别是在几何建模结束
后、数值模拟开始前（即第二步代码结尾时），需通过 d.show() 命令来查看模型
的应力分布、边界受力曲线、能量转化曲线和热量生成曲线，并判断模型的平
衡状态。

　　图 3.5.1 为 BoxModel 第二步结束时使用 d.show() 命令得到的图像。图 3.5.1（a）
为 Z 方向应力分布图，可以看到边坡下方地层的应力较大，且存在明显的力链，
而其余地层应力较小，符合物理规律；图 3.5.1（c）为边界受力图，即 6 个边界
所受的法向力，从图中可以看到，边界受力曲线右半部分保持水平，说明没有应
力波作用，边界受力已经稳定，可认为模型已经平衡。边界受力是较严格的平衡
判断准则，因为相对于其他曲线，边界受力曲线最难保持稳定。

　　图 3.5.1（b）和（d）分别为能量转换曲线和热量生成曲线，当模型平衡时，
这些曲线也应呈水平。对于单轴压缩等需要分步加载的数值模拟，其边界受力和
能量曲线等均为阶梯状，每一级阶梯的曲线呈水平时，说明当前荷载下模型已达
到稳定。反之，则说明模型中还存在应力波，单轴压缩试验的压缩速率非常快，
趋于动态过程。动能曲线也是重要的模型平衡指标，在平衡的模型中，动能应趋

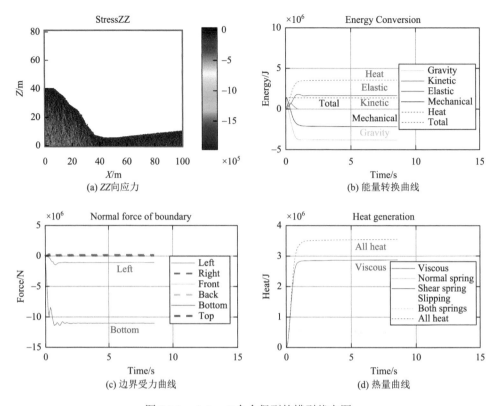

图 3.5.1　d.show()命令得到的模型状态图

于零。在单轴压缩试验中，模型突然破坏时，动能曲线会突然地跳起，然后会波动衰减。

　　此外,对于存在临空面的模型(如第 6 章的桩土作用模型),需要再运行 d.show('mV') 命令,检查是否有个别颗粒飞溅。因为单个颗粒飞溅所产生的动能非常小,难以在能量曲线中得到明显反映。如果个别单元的速度仍较大,需要继续迭代计算。使用 d.status.dispEnergy() 命令可以查看当前模型的各类总能量, 图 3.5.1（b）中的模型最终动能为 2.1×10^{-13}J, 说明整个模型已接近完全静止。

　　综上,快速地判断模型平衡与否的方法为：①查看各曲线是否已经水平；②查看 d.show（'mV'）图的最大速度；③利用 d.status.dispEnergy() 查看总能量值。如果模型未平衡,则可根据需求追加新的标准平衡或强胶结平衡等操作。

3.6　裂隙和节理的设置

　　天然岩体的内部存在大量裂隙和节理,MatDEM 支持在模型中预设裂隙和节理以模拟真实岩样。

3.6.1　通过组来设置软弱层和裂隙

在 MatDEM 中选择部分单元，设置为一个组，最后对其赋予强度很低的材料，以此达到模拟软弱层的效果。

在 BoxModel2 代码中，可通过如下操作生成软弱层：

```
d.setGroupMat('layer2','Soil2');
d.groupMat2Model({'sample','layer2'});
d.show('aMatId');
```

第 1 行命令定义 layer2 为软弱土层；第 2 行正式给各土层单元赋材料；第 3 行显示模型单元的材料号。图 3.6.1 给出了模型的材料图，中间为 layer2，其材料号为 2。

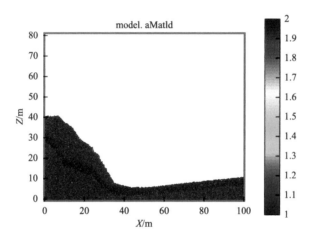

图 3.6.1　BoxModel2 设置软弱层材料

```
d.mo.bFilter(:)=true;
d.mo.zeroBalance();
d.breakGroup({'layer2'});
```

进一步，将模型单元全部胶结，并采用 d.breakGroup 函数将 layer2 单元间的连接全部断开，从而"粉碎"软弱层的单元，得到图 3.6.2（a）所示的单元连接图。其中的线条表示单元间的胶结，而空白区域表示此处的单元胶结已经断开。同样地，图 3.6.2（b）给出了 d.breakGroupOuter 函数的处理结果，可以看到 layer2 的单元与其他单元之间的连接已全部断开，产生了裂隙面。

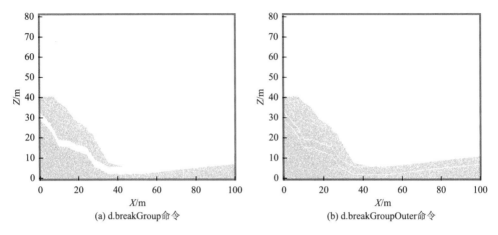

(a) d.breakGroup命令　　　　　　　　　　　(b) d.breakGroupOuter命令

图 3.6.2　组命令执行后的连接图

3.6.2　利用三角面来设置裂隙和节理

MatDEM 可以利用三角面生成节理和裂隙。例如，mfs.setBondByTriangle（d, TriX, TriY, TriZ, 'break'）命令将与三角面相交的单元连接断开，其中 TriX、TriY、TriZ 记录了空间三角面的顶点坐标，字符串'break'声明要断开连接。当最后一个参数为'glue'时，胶结相应的连接；当最后一个参数为'no'时，不对连接进行任何操作。这个函数返回 bondFilter 矩阵，其与邻居矩阵 nBall 对应，记录了与三角面相交的连接，可利用这个矩阵做进一步操作。例如，通过 d.mo.nBondRate（bondFilter）= 2 命令将这个三角形节理面的强度提高到原来的两倍。在此基础上，还可以使用 mfs. setBondByPolygon 命令，利用多边形来定义裂隙和节理，其原理相似。关于这些命令的使用，详见 7.2.2 节，以及附录 B。

3.6.3　使用 Tool_Cut 来设置裂隙和节理

Tool_Cut 可以根据数字高程数据切割模型，也可用于裂隙和节理的设置。通过 Tool_Cut 工具可设置非常复杂的三维裂隙和节理面。关于 Tool_Cut 设置裂隙和节理的操作，详见 7.2.3 节。

3.6.4　连接过滤器的定义和使用

MatDEM 的邻居矩阵为 d.mo.nBall，这个矩阵记录了单元间的连接。在 d.mo 中，与 nBall 同样大小的矩阵均为连接相关矩阵，并记录了连接的信息。例如，d.mo.bFilter 记录了连接是否是胶结的；d.mo.cFilter 记录了连接是否处于压缩状态；

d.mo.nClump 记录了连接间的初始重叠量；d.nBondRate 记录了连接胶结力的折减系数；nFnX 记录了连接法向力在 X 方向上的分量等。

利用连接过滤器（如 bFilter），可获得一系列信息。例如，将单元的配位数定义为胶结连接数和压缩连接数的总和，通过以下代码可得单元的配位数（coordinationN）：

```
CNfilter=d.mo.cFilter|d.mo.bFilter;
coordinationN=sum(CNfilter,2);%sum is a Matlab command
```

MatDEM 通过定义和修改连接过滤器来生成裂隙和节理等。大多数与组连接相关的函数均会返回过滤器矩阵，如 d.connectGroup 和 d.breakGroup，其返回的布尔矩阵记录了进行胶结或断开操作的连接。在 7.2.2 节和 7.2.3 节中，使用三角面和 Tool_Cut 工具生成裂隙和节理的操作，也是基于修改 d.mo.bFilter 矩阵。

以下代码用于查找法向压缩力超过 10N 的单元：

```
nFn=sqrt(d.mo.nFnX.*d.mo.nFnX+d.mo.nFnY.*d.mo.nFnY+d.mo.nFnZ.*d.
mo.nFnZ);
nFnFilter=(Fn>10)&d.mo.cFilter;
FnFilter=sum(nFnFilter,2)>0;
```

其中，第 1 行通过连接法向力的 X、Y、Z 方向分量获得了法向力的绝对值；第 2 行得到了压缩力超过 10N 的连接过滤器矩阵；第 3 行将过滤器在行方向上求和后，得到了与每个单元大于 10N 的连接个数，与 0 比较后，得到压缩力超过 10N 的单元过滤器 FnFilter。

熟练掌握连接过滤器的使用，可编写复杂的多场耦合模拟代码。例如，在土体失水开裂的多场耦合模拟中（SoilCrackNew），包括以下命令：

```
nWaterDiff=d.mo.SET.aWC(d.mo.nBall)-d.mo.SET.aWC(1:d.mNum)*nRow;
nWaterDiff(~cbFilter)=0;
```

其中，第 1 行获得了邻居单元与中心单元间的含水量梯度，d.mo.SET.aWC（d.mo.nBall）获得了邻居单元的含水量，而后半部分获得了中心单元的含水量；第 2 行将没有接触的单元之间的含水量梯度设为 0（不会有水分运移），cbFilter 为压缩连接和胶结连接的并集。

这两行命令包含比较复杂的数组索引用法，即 aWC（d.mo.nBall），其中，aWC 为 aNum×1 的数组，d.mo.nBall 为邻居矩阵。此命令返回一个和 nBall 大小一致的矩阵，它记录着每个单元的邻居单元的含水量。这种方法在计算单元与周围邻居之间参数的差值时会非常方便，具体也可参考第 10 章中能源桩热力耦合迭代计算的代码。

第 4 章　荷载设置和数值计算

本章主要介绍数值模拟中的模型参数初始化、荷载设置、模拟精度设置以及数值模拟文件保存等内容。本章介绍的内容主要对应于示例代码的第三步。

4.1　数值计算初始化和设置

4.1.1　模型参数初始化

在开始执行第三步代码数值迭代计算之前，需要对模型进行初始化操作：

```
d.getModel();
d.resetStatus();
d.setStandarddT();
```

由于显示位移场命令 d.show（'Displacement'）基于 d 和 d.mo 中单元坐标的差值，而前两步建模过程中的平衡计算和移动组等操作均会改变 d.mo 中的单元坐标。为保证进一步数值模拟时能正确显示位移场，需要重置 d 中记录的初始参数。所以在第三步开始时，通常先运行 d.getModel()命令，使得 d 中的参数与 d.mo 中的相应参数保持一致，初始化位移场。

并且，建模过程中的平衡计算会自动运行 d.recordStatus()函数，将系统能量、边界受力等各类信息记录在 d.status 里。在正式的数值模拟之前，需要运行 d.resetStatus()命令来清除这些建模历史信息。这个命令与 d.status = modelStatus（d）命令是等效的，即生成新的 d.status 对象。

最后，通过运行 d.setStandarddT()，初始化时间步。这是由于：在建模过程中的一些操作可能会修改时间步 d.mo.dT，如增加时间步以提高计算速度。在正式数值模拟时，为了避免建模过程操作的影响，需要初始化时间步，详见 4.4.3 节。

4.1.2　计算相关参数设置

在进行迭代计算之前，可以对计算相关参数进行设置，这些参数主要在 d.mo 对象中，参数的意义和默认值见表 4.1.1。

表 4.1.1　数值模拟相关参数设置

参数	参数意义
isHeat = 1;	是否计算热量
isWaterDiff = 0;　%不常用	是否进行有限差分计算
isCrack = 0;	是否记录生成的裂隙
isShear = 1;	是否考虑单元间切向力
isRotate = 1;　%未启用	是否考虑单元的旋转
isFailure = 0;　%不常用	是否考虑单元压密破坏
isSmoothB = 0;　%不常用	是否采用平滑边界（相关数据记录于 SET 矩阵中）
isPore = 0;　%未启用	是否进行二维孔隙密度流法流固耦合计算

如果不进行特别设置，则数值模拟过程会采用默认设置进行计算，0 表示忽略（不进行相应计算），1 表示考虑（进行相应计算）。

4.2　边界和荷载

MatDEM 通过基本的球形单元构成所有的边界、压力板和部件。通过对单元施加位移、体力，以及温度、热流量等形式来实现不同的边界条件。本节主要介绍如何施加各类荷载，如应力荷载（三轴试验）、位移荷载（如剪切试验、盾构滚刀破岩）、振动荷载（地震作用模拟）、温度荷载（能源桩热力耦合）等。

4.2.1　边界条件

MatDEM 中可以通过改变边界或压力板的状态来改变模型的边界条件。

在初始建模时，MatDEM 会自动生成 6 个边界，并记录在 d.GROUP 中，包括 lefB、rigB、froB、bacB、botB 和 topB。边界的主要作用是构建一个长方体的封闭空间，防止活动单元溢出。边界单元均为固定的墙单元，具有坐标、半径和刚度等属性。边界坐标在迭代计算中是固定的，因此通常可以认为其是刚性边界，且会产生一定的摩擦力。当通过 d.moveGroup 函数移动边界时，能产生位移荷载和振动荷载。通过二次开发可以给边界单元增加温度（TunnelHeat 示例）和含水量（SoilCrack 示例）等属性。根据需求，这 6 个边界也可以被设置为绝热边界和隔水边界等。

BoxCrash 示例演示了陨石撞击地球过程数值模拟，详情参见软件网站 http://matdem.com。可以看到，当陨石撞击地面时，将形成一个巨大的陨石坑，同时产生强烈的地震波并向外传播。当地震波遇到固定的下边界（刚性）时，发生反射。

在真实世界中，地下不存在这样的刚性边界，以及强烈的反射波。因此，需要通过二次开发制作吸收边界，以吸收边界上的应力波。例如，可以使用理想匹配层（perfectly matched layer，PML）吸收边界条件。

MatDEM 还可以通过给压力板施加体力来实现应力边界条件，详见 4.2.2 节。图 4.2.1 展示了 MatDEM 模拟箱的边界和压力板。

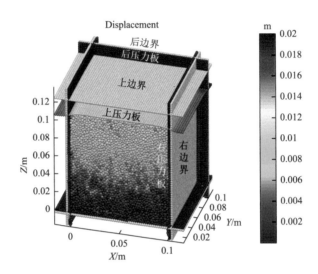

图 4.2.1　MatDEM 模拟箱的边界和压力板

颜色代表位移场

4.2.2　应力荷载

1）施加应力荷载的原理

在 MatDEM 中，通过对压力板单元施加体力来实现应力荷载的施加。根据给定的压力值、压力板面积和单元数，可以算出每个单元所受的体力（X、Y、Z 方向体力分别为 d.mo.mGX、mGY、mGZ），即可以实现应力荷载的施加。例如，在多数示例的第一步中，B.compactSample（compactNum，StressZZ）命令利用上压力板来产生周期性的振动压力。这个函数根据输入的应力值（StressZZ）、上压力板的面积和单元数，对压力板单元施加一定体力，实现应力荷载的施加。图 4.2.1 展示了上压力板压实堆积模型后的状态。

MatDEM 提供了三维应力施加函数 B.setPlatenStress，以模拟高地应力条件。这个函数通过对压力板设置体力来产生边界应力（负为压力，正为拉力），体力均作用在正方向上的压力板上，即右、后、上压力板，而对负方向上的压力板则不施加体力作用。接下来具体介绍这个函数的使用，示例请见 7.2 节。

用户也可以自定义压力板，并按以上方法给单元施加体力，从而实现特定的应力作用。例如，在 7.1 节中，自定义了圆形的压力板（topPlaten），并对试样施加了特定的应力：

```
d.mo.mGZ(d.GROUP.topPlaten)=-verticalForce
```

也可以利用系统自带的压力板施加局部应力。例如，在 TunnelNew 示例中，将上压力板中间的部分定义为 block 组，并对 block 组施加向下的体力，实现地面局部应力荷载的施加，如下：

```
d.addGroup('block',blockId);
d.mo.mGZ(blockId)=d.mo.mGZ(blockId)+blockForceZ;
```

2）真三轴应力的施加

B.setPlatenStress 函数实现真三轴应力施加，其允许有多个输入参数，具体如下。

（1）输入参数为两个时，函数形式为 B.setPlatenStress（stressType，stressValue）。根据应力设定值，这个函数使用 fs.platenStress2Gravity 在压力板上施加体力，用于单轴压缩和弹性模量测试模拟。其中，stressType：可取'StressXX'、'StressYY'、'StressZZ'，分别表示 X、Y、Z 方向上的应力值；stressValue：应力值，单位为 Pa。

（2）输入参数为三个时，函数形式为 B.setPlatenStress（stressType，stressValue，border）。根据应力设定值和范围，这个函数使用 fs.setPlatenStress（d，stressType，stressValue，border）在压力板上施加体力。stressType 和 stressValue 的取值同上；border 为压力板的应力施加范围，具体见下方说明。

（3）输入参数为四个时，函数形式为 B.setPlatenStress（StressXX，StressYY，StressZZ，border）。根据应力设定值和范围，这个函数使用 fs.setPlatenStress（d，stressType，stressValue，border），在压力板上施加三个方向的体力。

关于参数 border：在数值模拟的过程中，压力板的范围通常会比试样大，如果对所有压力板单元均施加体力，那么试样与压力板接触面边缘上的单元会受到较大的应力。因此，setPlatenStress 函数在试样与压力板接触面向内的 border 范围内进行搜索，确定试样的表面范围。在这个范围内检索压力板单元，并施加应力。border 默认值为 5 倍单元半径（B.ballR*5），一般不需要修改该值。在三轴试验中，当试样变形时，需要不断运行这个命令以正确施加应力。如图 4.2.1 所示，上压力板对试样施加了一定的压力，仅试样范围内的压力板单元受到向下的体力作用。

注意：在进行三轴试验时，考虑到试样在某一维度上可能发生膨胀（如施加拉力），为防止颗粒漏出，需要将边界和压力板设置得大一些，即设定 B.BexpandRate 和 B.PexpandRate。这两个参数的意义在 3.1 节已经有所提及，它们的作用是增大边界和压力板的宽度，其实质为边界和压力板向外延伸的单元数。

4.2.3　位移荷载

位移荷载的施加使用函数 d.moveGroup，该函数能强制移动指定组的所有单元，而不受锁定自由度的影响。当使用函数 d.moveBoundary 移动边界时，实际上也是使用函数 moveGroup 来移动相应的边界组。

当利用边界对试样施加位移荷载时，为避免边界与试样之间形成瞬间的巨大应力造成试样破坏，一般需要添加相应的压力板，以起到缓冲作用。例如，边界移动挤压压力板，其在力的作用下逐步向内移动，并将位移荷载分步传递给试样。因此，压力板将瞬时的边界位移转化成了连续缓慢增加的位移，从而避免突然对试样产生巨大的应力。在这种情况下，压力板运动的位移和速度曲线会近似于正弦曲线。

与应力荷载一样，位移荷载也可以施加到普通的组上。例如，在 TBMCutter 示例中（图 4.2.2），采用以下命令实现滚刀（Hob 组）在岩层上的滚动：

```
d.moveGroup('Hob',dDis(1),dDis(2),dDis(3));
...
d.rotateGroup('Hob','XZ',-dAngle,hobCx,hobCy,hobCz);
```

以上第一条命令实现了滚刀的移动，第二条命令实现了转动。并且转动量刚好与移动量对应，以模拟滚动过程。关于这个示例，详见 6.3 节盾构滚刀破岩。

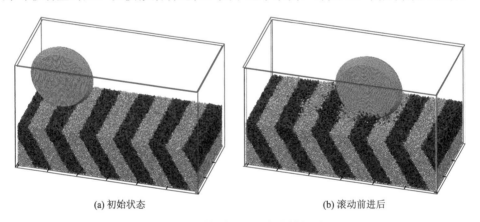

(a) 初始状态　　　　　　　　　　　　　(b) 滚动前进后

图 4.2.2　盾构滚刀破岩数值模拟过程

在示例 BoxShear 中，通过移动和转动下剪切盒，分别实现了直剪和扭剪试验的数值模拟，详见 7.1 节。

4.2.4　振动荷载

振动荷载实际上是位移荷载的一种特殊形式，振动荷载同样通过移动边界来施加，并使用压力板进行缓冲。最简单的振动荷载是施加一个正弦波，如前面所述，当移动边界挤压压力板时，就会形成一个正弦压缩波。当边界向剪切方向移动时也可以产生剪切波，但需要注意增强边界和压力板之间的抗拉力和初始抗剪力，以保证二者之间的胶结不会断裂。

在 Earthquake 示例中，演示了如何利用边界来产生地震波：

```
d.setGroupMat('layer1','Rock1');
d.setGroupMat('layer2','Soil1');
d.setGroupMat('layer3','Rock1');
d.groupMat2Model({'layer1','layer2','layer3'},2);
d.balanceBondedModel0();%balance the bonded model without friction
%---------define a block on left side of the model to generate wave
mX=d.mo.aX(1:d.mNum);
leftBlockId=find(mX<0.05*max(mX));%choose element Id of block
d.addGroup('LeftBlock',leftBlockId);%add a new group
d.setClump('LeftBlock');%set the block clump
d.mo.zeroBalance();
```

以上，1～5 行代码建立了图 4.2.3（a）所示的山体模型，其中部有一个软弱层（layer2）。这个示例里的边界位移较大，需要较大面积的缓冲块。因此，我们将模型左侧 5%的地层定义为 LeftBlock 组，并将其设置为不可破坏的 clump，作为左边界移动时的缓冲块。

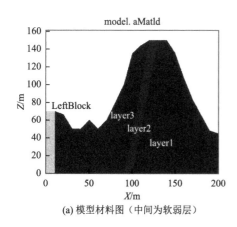
(a) 模型材料图（中间为软弱层）

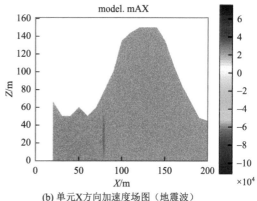
(b) 单元X方向加速度场图（地震波）

图 4.2.3　振动荷载建模

```
visRate=0.001;
d.mo.mVis=d.mo.mVis*visRate;
...
d.moveBoundary('left',0.01,0,0);
```

　　系统默认的阻尼系数为最优阻尼系数（1.3.5 节），其通常会大于实际材料的阻尼系数，并使系统能量迅速收敛。在地震波模拟中（动态过程），需要使用材料的真实阻尼系数，这里我们将系统默认值乘以 0.001 以减小阻尼系数。然后将左边界向右移动 0.01m，挤压 LeftBlock 并通过迭代计算产生地震波。如图 4.2.3（b）所示，为 0.015s 时的模型 X 方向加速度场。关于这个示例，详见 9.3 节地震动力作用。

4.2.5　其他荷载

　　MatDEM 提供了强大的二次开发功能，通过二次开发可实现多场耦合数值模拟。例如，土体在多场耦合作用下失水开裂模拟示例 SoilCrackNew。在这个示例中可以设定含水量边界条件、渗流边界条件等。

　　通过二次开发，MatDEM 还实现了恒温边界条件。示例 TunnelHeat 演示了能源桩热力耦合数值模拟（第 10 章）。在模拟过程中，土体单元的温度为 15℃，给管桩内壁单元施加恒定温度 25℃（图 4.2.4），并实现了热传导模拟和热力耦合模拟：

```
aTnew(innerTubeId)=innerTubeT;%inner tube temperature
```

同时，将 6 个边界的"导温量"设为 0，即被设置为绝热边界，如下：

```
nTempFlow(inslatedFilter)=0;
```

同样地，经过一定改进，这个示例也可模拟热流量边界条件。

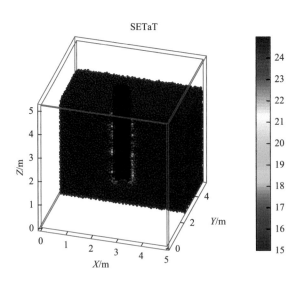

图 4.2.4　能源桩热力耦合模拟-管桩施加 25℃恒温荷载

4.3　迭代计算时间和设置

4.3.1　迭代计算的运行时间

离散元通过反复的迭代计算完成数值模拟，对于大规模的数值模拟，可能需要几小时至几天的时间才能完成计算。为了估计计算耗时，MatDEM 提供了迭代时间提示函数，包括 d.tic 和 d.toc。其中，d.tic 记录初始时间和总循环次数，d.toc 显示当前步数和时间信息。关于这两个计时函数的原理，详见 5.4.5 节。

以下代码为 BoxShear3 中的迭代计算部分：

```
d.tic(totalCircle*stepNum);
   for i=1:totalCircle
      for j=1:stepNum
         d.toc();%show the note of time
         d.moveGroup('botBox',dDis,0,0,'mo');
         d.balance('Standard',0.1);
      end
      d.clearData(1);%clear data in d.mo
      save([fName num2str(i)'.mat']);
      d.calculateData();
end
```

在循环前通过 d.tic 命令声明总循环次数为 totalCircle×stepNum 次。然后在 for 循环中通过 d.toc 显示已完成的循环步数/总步数，以及已耗费的时间/预估总耗费时间。如图 4.3.1 所示，消息框第二行提示，目前已经进行了 2866 步，已耗时 0.6min，总步数为 20000 步，预估总耗时为 4.3min。

图 4.3.1 中显示的其他信息为 d.mo.setNearbyBall 函数的运行提示。当单元位

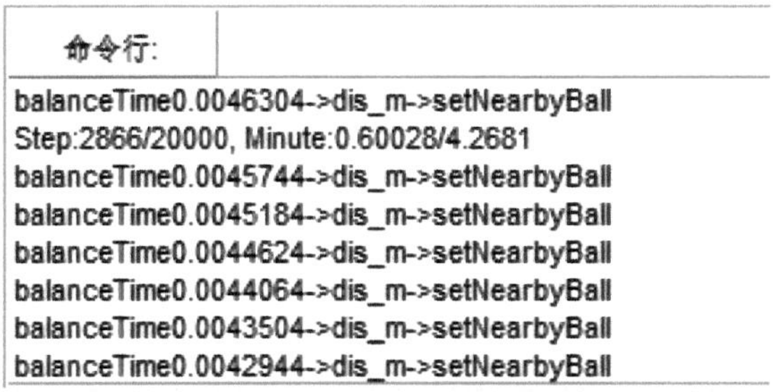

图 4.3.1　循环迭代计算时消息框的输出信息

移超过一定值（d.mo.dSide/2）时，系统会自动运行 d.mo.setNearbyBall 函数，以更新邻居矩阵 d.mo.nBall，此时会输出图中所示的提示信息。信息的第一部分 balanceTime 给出了当前的数值模拟时间，即 d.mo.totalT。图中信息表明，目前数值模拟对应的真实世界时间约为 0.0046s。信息的第二部分"dis_m"表明是迭代计算中单元位移超过设定值 d.mo.dSide/2，并自动运行 setNearbyBall。如果是移动组产生位移而运行 setNearbyBall，则相应的提示为"moveGroup dis_m"。

4.3.2　单元半径和计算耗时

在建模过程中，通常先采用较大半径的单元进行测试，然后减小单元半径进行精细化的数值模拟。对于三维离散元模型，当单元半径减少为原始值的 $1/c$ 时，模型单元数增加至 c^3 倍，而计算量增加 c^4 倍。

显然，当半径降为一半时，三维模型的单元数增加为 8 倍。另外，由 1.3.3 节可知，当单元半径减小为原始值的 $1/c$ 时，单元振动周期变小，离散元数值模拟的时间步 d.mo.dT 也相应地减小为原始值的 $1/c$。为此，MatDEM 引入了标准平衡的概念（3.5.1 节）：当单元半径变化时，自动调整迭代步数，以保证数值模拟对应的真实时间不变。因此，在模拟相同真实世界时间时，迭代步数需要增加到原来的 c 倍。考虑到单元数的增加，当单元半径减少为原始值的 $1/c$ 时，离散元模拟的计算量增加为原来的 c^4 倍。

如 1.6.1 节所述，基于 GPU 矩阵计算法，MatDEM 的计算速度随单元数的增加而迅速增加。离散元数值模拟基于反复的迭代计算，每秒钟能完成的迭代次数决定了计算耗时。图 4.3.2 给出了不同 GPU（显卡）每秒迭代次数与单元数的关系曲线图，包括 Tesla P100 专业 GPU 计算卡（16GB 显卡内存）、GTX 1080Ti 高性能台式计算机显卡（11GB 显卡内存）和 GT 940M 笔记本电脑显卡（2GB 显卡

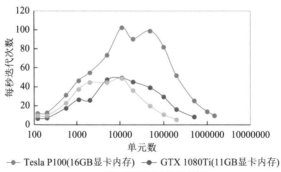

图 4.3.2　不同 GPU（显卡）的每秒迭代次数

内存）。注意，当单元数少于 4000 时，CPU 计算会比 GPU 计算快，MatDEM 将自动选取 CPU 进行计算。

　　可以看到，专业的 Tesla GPU 计算卡明显具有更快的计算速度，在单元数从 1 万增加到 10 万时，其每秒执行迭代计算的次数基本不变。对于专业 GPU 服务器（Tesla P100 GPU）最多能模拟 150 万三维单元，在 20 万单元以内会有较高的每秒迭代次数（52 次以上）；对于高性能台式计算机（GTX 1080Ti），在 10 万单元以内会有较高的每秒迭代次数（29 次以上）；对于普通笔记本电脑（GT 940M），在 3 万单元以内会有较高的每秒迭代次数（25 次以上）。为此，表 4.3.1 给出了这些显卡的最优单元数区间，建议测试时的计算单元数在这个区间内，能较快地完成数值计算。

表 4.3.1　使用不同显卡时 MatDEM 模拟单元数

计算机（显卡）	显卡内存/GB	最多单元数/万	最优单元数区间/万	高精度模拟单元数/万
GPU 服务器（Tesla P100）	16	约 150	0.5～20	20～80
高性能台式计算机（GTX 1080Ti）	11	约 100	0.5～10	10～50
普通笔记本电脑（GT 940M）	2	约 20	0.5～3	3～10

　　表 4.3.1 中也给出了在各个 GPU（显卡）中的最多模拟单元数和建议的高精度模拟单元数区间。MatDEM 软件每模拟 10 万个单元需要约 1GB 显卡内存。但通常建议仅使用不超过一半的显卡内存，一方面，这样可以在数值计算时，通过另一个 MatDEM 窗口来查看数据和进行测试；另一方面，接近最优单元数区间时，也会有更好的每秒迭代次数。

　　表 4.3.1 中单元数指的是活动单元数，MatDEM 的计算量几乎不受固定单元数的影响，因此，总单元数可能超过表中数值，如图 4.3.3 所示，我们使用了 Tesla P100

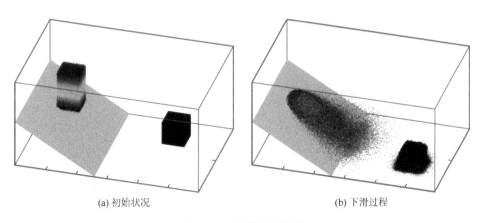

<table>
<tr><td align="center">(a) 初始状况</td><td align="center">(b) 下滑过程</td></tr>
</table>

图 4.3.3　砂颗粒的下滑

实现了 235 万单元的砂颗粒下滑过程数值模拟（BoxSlope 示例），其中包含 83 万个活动单元。而目前最新的 Tesla V100 支持约 300 万单元。

综合以上分析，虽然单元半径减小时（$1/c$），计算量会呈四次方增长（c^4），但由于 GPU 计算速度随单元数的增加而增加，在最优单元区间，计算耗时呈三次方增长。在减小单元半径做精细分析时，可根据这些信息预估所需要的总时间。例如，当单元半径减小一半时，计算单元数增加 8 倍，计算时间增加 5～10 倍。

4.3.3　动态问题的设置

在动态问题的模拟中，通常只需设置一次荷载，并通过一级循环迭代来完成数值模拟，计算量相对较小。例如，在滑坡模拟中，仅需对所有单元施加重力作用，通过迭代计算即可得到结果；在地震波模拟中，施加一次边界位移产生地震波后，即可通过迭代计算模拟地震波的传播。此时，数值模拟中的时间 d.mo.totalT 与真实世界的时间是一致的。在模拟大型滑坡时，totalT 可能为几十秒（3DSlope 示例）；而在模拟地震波作用时，totalT 可能只有 0.1s（Earthquake 示例）。由于 MatDEM 默认采用的最优阻尼系数（1.3.5 节）较大，而这些动态问题中又存在着应力波（地震波）的作用，需根据实际情况取相对较小的阻尼系数，通常需要将单元阻尼乘以一个较小的系数（visRate），使阻尼力的作用降低：

```
visRate=0.00001;
d.mo.mVis=d.mo.mVis*visRate;
```

在单元运动速度非常快的动态问题模拟中，需要减小模拟的时间步 d.mo.dT。这是由于当单元速度非常快时，快速移动的单元可能在一个时间步穿过另一个单元，从而造成计算错误和模型"爆炸"。例如，在陨石撞击地面示例（BoxCrash3）中有以下代码：

```
d.mo.mVZ(discId)=-1000;
d.setStandardddT();
d.mo.dT=d.mo.dT*0.05;
```

第 1 行给陨石单元设置向下 1000m/s 的速度；第 2、3 行将系统的时间步设为标准值的 5%。对于 BoxCrash 示例，当单元平均半径为 3m 时（低精度模型），默认时间步为 2×10^{-4}s，一个时间步内将移动 0.2m；而将时间步降为 1×10^{-5}s 后，一个时间步内的移动量为 0.01m。为保证较好的模拟精度，运动最快的单元在一个时间步内的移动量不要超过最小单元半径的 1/100。

4.3.4　准静态问题的设置和模拟精度

对于准静态过程的模拟，如岩石的单轴压缩试验模拟、构造演化过程模拟等准静态过程的模拟，需要通过循环迭代来模拟荷载逐渐变化的过程。

1）两级循环的设置

在数值模拟的第三步中，通常使用 for 循环来逐步施加压力或边界位移，然后运行 d.balance 函数来平衡模型。为了分步施加荷载并保存文件，经常会使用类似下面的两级循环语句：

```
dis=0.005;%total displacement
dDis=dis/totalCircle/stepNum;%displacement of each step
for i=1:totalCircle
    for j=1:stepNum
    d.moveGroup('botBox',dDis,0,0,'mo');
    d.balance('Standard',balanceNum);
end
…%save data
end
```

以上代码由直剪试验示例第三步 BoxShear3 整理得到，该代码控制下部剪切盒水平移动，并剪切试样。代码总共运行 totalCircle 次一级循环，每循环一次保存一次数据文件，共生成 totalCircle 个数据文件；二级循环中，参数 stepNum 定义了每次记录文件前要施加多少次新的位移荷载；在每次施加位移荷载后，通过标准平衡来消耗能量，d.balance 函数中实际包含了第三层的迭代循环，由输入参数 balanceNum 来定义标准平衡的次数。如每次标准平衡的迭代次数为 m（详见3.5.1 节），则总的迭代次数为 N = m×balanceNum×stepNum×totalCircle 次。而数值模拟对应的真实世界时间为 d.mo.totalT = d.mo.dT×N。

2）循环参数和模拟精度

在真实世界中，准静态过程的应力和应变荷载的施加通常是连续且缓慢的。离散元数值模拟中，需要将这些连续的荷载变化过程分解成足够多的荷载步，以避免剧烈的应力跳动和动能累积。在分步施加荷载的循环迭代中，总荷载通常是一定的（如 dis = 0.005）。影响数值模拟的参数主要包括总加载步（stepNum×totalCircle）、标准平衡次数（balanceNum）和阻尼系数比率（visRate）等。其中，总加载步将总荷载的施加分解成足够多的步数，使得每步的荷载变化足够小；在施加每步荷载后，需要通过标准平衡来消耗产生的动能（应力波），标准平衡次数定义了用于平衡动能的时间；阻尼系数比率可用于调整应力波消散的速度，在准静态问题中，需要将施加荷载产生的应力波尽快地消耗掉，因此采用系统默认的最优阻尼系数即可（详见 1.3.5 节）。

准静态问题要求迭代计算的每一步都接近平衡状态，通常计算量巨大。例如，对于小尺度的岩石单轴压缩试验，由于单元半径小、刚度大，其时间步非常小（如 $1×10^{-7}$s），而真实的试验过程通常以分钟计，这意味着迭代次数达到数十亿次；

对于大尺度的构造演化模拟（如褶皱），虽然其单元半径和时间步（达到零点几秒）相对较大，但是需要模拟时间尺度非常大（如数千年），迭代次数也将达到数百亿次。由 4.3.2 节可知，MatDEM 迭代计算次数最高约为每秒 100 次，而 10 亿次的迭代计算需要 115 天才能完成。因此，离散元法通过使用较大的阻尼系数来减少迭代的次数。当使用最优阻尼系数时，一次标准平衡即可将模型中绝大部分动能消耗掉，使模型达到准静态条件。

在设定好保存文件次数（totalCircle）后，迭代计算次数受 stepNum 和 balanceNum 两个参数控制。为了保证合理的计算耗时（几小时至几天），高精度数值模拟迭代次数通常在数百万次。当总迭代次数一定时，为了使系统动能的波动处于较低水平，可使用较大的 stepNum 和较小的 balanceNum（如 0.1）。例如，在单轴压缩试验中，岩石样品被压缩 10mm，将压缩过程分成 10 步完成（totalCircle），每次压缩量达到 1mm 时，保存一次数据。此时可以有两种方案来设置 stepNum 和 balanceNum：①将 1mm 的压缩过程分解为 100 步（stepNum），标准平衡次数设为 1；②将 1mm 的压缩过程分解为 1000 步（stepNum），标准平衡次数设为 0.1。这两种设置的计算量相同，但后者每步的位移量为原来的 1/10，相应的弹性应变能则为 1/100，系统能量的波动更小，具有更高的精度。因此，较大的 stepNum 有利于保证准静态过程模拟。

那么，总荷载步数取多大合适呢？我们建议每次施加荷载产生的力的变化量不能超过单元的抗拉力，即 d.mo.aBF，并以此来确定最小的总荷载步；或者每次的位移荷载不能超过单元的断裂位移（如 d.Mats{1}.xb）。同时，在施加位移荷载时，可通过压力板来缓冲应力跳跃。

4.4　模拟参数的定义和修改

4.4.1　自定义参数的创建

MatDEM 支持创建自定义参数，并用于复杂的数值计算。在 build 类和 model 类中，均包含结构体 SET，即 d.SET 和 d.mo.SET。在建模和数值模拟的过程中，用户可以在 SET 中直接赋自定义参数。例如，在多场耦合数值模拟中，需要定义新的水分场和温度场属性，则可以增加单元含水量属性 d.mo.SET.aWC，而用 d.mo.SET.aT 记录单元的温度等，并在循环迭代的过程中，进行参数的计算与更新，从而实现多场耦合等复杂过程的数值模拟。

关于自定义参数的实际应用，请见土体失水开裂示例 SoilCrackNew，以及能源桩热力耦合示例 TunnelHeat。在 TunnelHeat 示例中，可使用 d.show（'SETaT'）

显示自定义的单元温度参数 d.mo.SET.aT，关于自定义参数的后处理显示，详见5.2.1 节。

4.4.2　组单元属性的修改

在数值模拟中，经常需要对不同的单元设置不同的属性。例如，滚石撞击挡网的模拟，单元默认都采用全局阻尼，可以给挡网单元设置较大的阻尼；又如，微波破岩的模拟，某些单元在某个时刻需要膨胀或者收缩，所以要设置特定单元的导热系数和膨胀率。单元属性的修改经常用到过滤器，关于过滤器的概念和使用，具体参见 3.2.2 节。单元属性的修改操作并不复杂，建好模型后，直接重新对单元属性赋值即可。

下面以 BoxLayer 示例为例（图 4.4.1），基于 BoxLayer2 中设置的模型参数和组演示如何修改特定单元的属性。

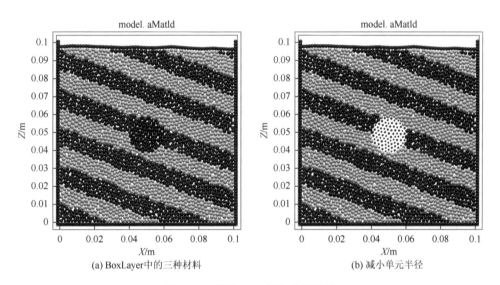

(a) BoxLayer中的三种材料　　　　　　　(b) 减小单元半径

图 4.4.1　修改 Pore 组的单元半径

首先演示如何修改'Pore'组中单元的半径。在命令行运行如下代码：

```
poreId=d.GROUP.Pore;
d.mo.aR(poreId)=d.mo.aR(poreId)*0.5;
```

在 BoxLayer2 中，使用过滤器筛选出中间圆形区域内的单元并将它们定义成'Pore'组。因此，结构体 GROUP 的成员 Pore 中记录着中间孔隙部分的单元编号poreId。model 对象中的 aR 数组记录了模型中所有单元的半径。若想将孔隙部分的单元半径都缩小 50%，我们可以通过数组索引的方式，使用 poreId 数组找到孔隙中单元的半径（d.mo.aR（poreID）），并将其设为原来的一半。通过 d.show（'aR'），我们可以看到结果，如图 4.4.1（b）所示。

类似地，如果想增大孔隙单元阻尼，则继续运行如下命令将孔隙单元阻尼扩大 100 倍：

```
d.mo.mVis(poreId)=d.mo.mVis(poreId)*100;
```

下面演示特定单元属性的计算，即计算孔隙中单元所受的外力。命令如下：

```
poreForceXX=d.mo.nFnX(poreID);
poreForceYY=d.mo.nFnY(poreID);
poreForceZZ=d.mo.nFnZ(poreID);
poreForce=sqrt(poreForceXX.^2+poreForceYY.^2+poreForceZZ.^2);
```

通过数组索引，能够分别获得孔隙中单元在 X、Y、Z 方向所受的应力。然后，将三个方向的应力进行矢量相加（平方和的算术平方根），即可得到每个单元所受外力的大小。

最后演示计算孔隙单元中每个单元的与之胶结的单元个数。这里用到的矩阵为 model 对象中的 bFilter 矩阵，它记录着某个单元的相邻单元是否与之胶结。

```
poreC=d.mo.bFilter(poreId,:);
poreCNum=sum(poreC,2);
```

第 1 行代码提取了表明孔隙单元间是否胶结的布尔矩阵 poreC。孔隙单元编号数组 poreId 作为 bFilter 矩阵中的行索引，意味着取与 poreId 对应的行，而":"代表取所有列。

poreC 矩阵中每行值为 1 的位置则是一个单元与它胶结的相邻单元。那么，计算该行数组值为 1 的总个数即为与该单元胶结的单元的个数。因此，使用 sum 函数对 poreC 矩阵在行方向上求和，记录每个单元与它胶结的单元的个数 poreCNum。若要计算与每个单元相互挤压的单元个数，即它的配位数，可使用类似的方法，只需把记录相应信息的矩阵进行筛选和行方向求和即可。

MatDEM 中所有数据都是公开的，可以实时查看并提取程序运行过程中所有的数据，如任何一个单元的任何性质与状态等。用户需了解如何利用矩阵运算进行数据提取，并在此基础上进行数据处理。

若想在开始数值模拟之前修改模型中的参数，通常可对 model 对象中的参数进行修改。如果修改了单元的属性，那么就要更新模型中其他与之相关的数据，这样计算才不会出现差错。因此，修改完模型中的单元参数后，经常需要用到下面两个命令：

```
d.mo.setNearbyBall();
d.mo.zeroBalance();
```

其中，setNearbyBall 函数用于更新单元的邻居矩阵。在修改单元参数，如单元半径时，可能会导致单元的邻居发生变化，为此要重新计算单元的邻居矩阵。

zeroBalance 函数的作用是实现零时平衡操作（详见 3.5.3 节），用于计算模型当前状态。在修改模型参数之后，很多参数都会发生变化，如强度变化、单元间距离变化等可能会导致连接断裂、受力突然增大等情况，如果不预先更新模型状态，那么接下来一个时间步的计算就有可能会出错。为此，使用 zeroBalance 函数更新模型状态，它的原理是将时间步 dT 设为 0 进行一次平衡计算，这样可以使模型更新到当前状态，修正相应的参数。

4.4.3　时间步、单元半径和刚度的设定

1）时间步和计算速度

每次给模型单元赋材料时（d.groupMat2Model 函数），会通过 d.applyMaterial 函数来设定 d.period 参数，这个参数记录了模型活动单元最小的振动周期。同时，通过 d.setStandarddT 函数重置系统时间步 d.mo.dT，取值为 d.period 的 1/50，再保留一位有效数字。若 period/50 为 0.000185s，则时间步取 0.0001s。因此，实际时间步取单元最小振动周期的 1/100～1/50，可以有效保证系统计算的稳定。在建模时，要注意尽可能避免模型中出现少量刚度特别大的单元，否则将减小时间步，并导致迭代步数和计算时间急剧增加。例如，在 7.1 节中，我们将直剪金属盒的单元自由度锁定，同时赋予试样单元以土体的力学性质（较低刚度），在保证模拟正确的前提下（金属盒不变形），可以显著提高计算效率。

例如，为加快建模堆积和平衡速度，可以通过以下代码增大时间步：

```
d.mo.dT=d.mo.dT*4;
d.balance('Standard');
d.mo.dT=d.mo.dT/4;
```

在函数 B.gravitySediment，d.balanceBondedModel0 和 d.balanceBondedModel 中均使用此方法来提高数值模拟的速度。注意，此方法仅限于建模，以及迭代计算测试，在正式的迭代计算中，需要使用标准时间步（或更小），以保证模拟的准确性。

2）单元半径和邻居矩阵

邻居矩阵 d.mo.nBall 记录了与每个单元可能接触的全部单元。当单元半径增大时，其可能与邻居矩阵之外的单元接触，此时需要更新邻居矩阵，即运行 d.mo.setNearbyBall( ) 命令。例如，在能源桩热力耦合示例 TunnelHeat 中，通过以下代码模拟单元受热膨胀，并更新邻居矩阵：

```
d.mo.aR(1:d.mNum)=d.aR(1:d.mNum).*(1-0.01*(initialT-d.mo.SET.aT
(1:d.mNum))./initialT);
d.mo.setNearbyBall();%if elements are expanded,the command is
required
```

　　事实上，并不是每次单元膨胀都会产生新的接触，可通过进一步的二次开发有选择地运行邻居单元检索函数。例如，在以上代码的基础上，记录活动单元的半径增量 mdR，并判断是否需要重新检索邻居矩阵，可以显著减少检索函数的运行次数，并加快计算效率，代码示例如下：

```
if(max(abs(d.mo.dis_mXYZ(:)))+mdR>0.5*d.mo.dSide)
d.mo.setNearbyBall();
end
```

　　3）单元刚度和刚度矩阵

　　在 d.mo.aKN 和 d.mo.aKS 中记录了每个单元的刚度，而在实际计算单元受力时采用单元连接的刚度矩阵 d. nKNe（nearby（n）-normal stiffness（KN）-equivalent（e））和 d.nKSe。单元连接的刚度矩阵可通过 1.2.2 节的公式，由 aKN 和 aKS 计算得到。在 MatDEM 中，当修改单元的 aKN 和 aKS 后，通过运行 d.mo.setKNKS( )命令，以更新连接的刚度矩阵。例如，在 SoilCrackNew 示例中，若需考虑含水量降低时土体强度的升高，则需要修改 aKN 和 aKS，并运行 d.mo.setKNKS( )命令。

4.5　文件的压缩、保存和读取

　　数据的保存和读取是数值模拟中的常用操作，本节将介绍 MatDEM 中数据保存的相关操作。

4.5.1　文件的压缩

　　MatDEM 对象数据中需要存储单元的属性信息、单元的连接和受力信息、系统的边界受力和能量转化信息等。当模型中有数百万个单元，每个单元又要记录各种信息，数据的规模将会达到数百 MB，甚至 GB 级别。而数值模拟中，又需要不断地保存数据文件。当单元数很多时，会占用大量的存储空间。

　　为此，MatDEM 提供了数据压缩函数 d.clearData，将程序中的非独立性数据（dependent data）删除掉。在 MatDEM 对象中，大量数据可以通过其他数据计算得到，例如，d.mo 中的单元间法向接触力分量 nFnX、nFnY 和 nFnZ，这些参数可以根据单元的坐标和半径计算得到；而连接的压缩状态矩阵 cFilter 和拉伸状态矩阵 tFilter 也可以通过这三个接触力分量计算得到；同时，d.data 中的数据也是根据 d.mo 中的数据计算得到的。通过 d.clearData 命令即可删除这些数据，减小保存文件的大小。数据压缩后，文件的体积可能只有原来的1/3，能显著节约存储空间。然后，运行 d.calculateData 函数，重新计算非独立性数据，以便进行后处理或下个循环的计算。

4.5.2　文件的保存和读取

在每步代码文件的末尾和第三步数值计算的过程中，均需使用 MATLAB 的 save 函数对数据进行保存。其作用是将工作区变量保存到.mat 文件中，具体使用可查看 MATLAB 帮助文件。这里仅介绍示例代码中涉及的用法：

```
save(filename,variables)
```

在不指定 variables 的情况下，save 函数会保存工作区所有变量。否则，仅保存 variables 指定的变量，如 save('abc.mat', 'd')将保存变量 d 规范于 aba.mat 文件中。默认情况下，save 函数会将数据保存为二进制文件(.mat 文件)，文件名为 filename。如果 filename 已存在，新的数据会覆盖该文件。在示例文件中，文件名可以定义为 filename = ['TempModel/' B.name '.mat']，通过使用 save 命令，数据文件会被保存在 TempModel 文件夹中，并以 B.name 命名。

对于极大的文件（大于 2GB），可能需要声明保存的版本（version）为'-v7.3'，具体可查阅 MATLAB 帮助文件。通常情况下，经过数据压缩，MatDEM 的保存文件一般不会达到 1GB（数百万单元）。

```
save('abc.mat','d','-v7.3')
```

在保存文件前，建议运行 d.mo.setGPU('off')命令，将数据从 GPU 转移到 CPU，否则没有 GPU 的计算机将无法加载数据。使用 load 命令可以将保存的数据重新加载到程序，命令如下：

```
load('abc.mat');
```

对于 MatDEM 中的矩阵数据，可以在数据查看器中选中，然后复制数据，并粘贴到其他软件中做进一步分析。也可以使用命令将矩阵数据保存于记事本文件中：

```
leftBFs=d.status.leftBFs;
save('leftBFs.txt',leftBFs);
```

以上命令将 d.status.leftBFs 中保存的左边界受力历史数据保存于 leftBFS.txt 文件中。同样地，也可以使用 load 命令将记事本文件中的矩阵数据读入：

```
leftBFs2=load('leftBFs.txt');
```

以上命令将 leftBFs.txt 中存储的矩阵数据读入程序，并赋给变量 leftBFs2。通过使用 MATLAB 的文件读写命令（如 fopen 和 fwrite 等），可以读取和保存各类复杂的数据和文件，包括二进制文件。可以在网络上搜索“MATLAB 读取文件”，获取具体的使用方法和示例，在此不再赘述。

第 5 章 后处理和系统函数

5.1 后处理窗口界面

5.1.1 后处理的主窗口

MatDEM 提供了丰富的后处理功能，可以方便地生成各类图件和动画。图 4.5.1 为后处理窗口，当通过主程序窗口中的按钮进入此窗口时，MatDEM 会自动将主程序中类 build 的对象 d 导入后处理窗口，也可以利用后处理窗口左上角的"打开数据文件"导入新的数据文件。

窗口左侧为一系列的图件显示选项。在显示类型中，提供了三种类型数十种图件的选项，包括：①模拟结果，主要显示 d.data 中的数据；②模型参数，主要显示 d.mo 中的数据；③过程曲线，主要显示 d.status 中的数据。这些图件均可以通过 d.show（type）命令来显示，详见 5.2.1 节。

MatDEM 中所有的活动单元都被限制在由 6 个边界组成的模拟箱内（图 5.1.1）。在显示边界下拉框中，软件提供了多种边界显示方式，包括：①不显示边框和固定单元；②仅显示模型边框；③仅显示模型边界；④不显示边界。各种显示方式的具体效果见 5.2.1 节。

在显示方式中，可以选择在一个新窗口中同时显示 1～4 张图件。选择之后，会在下方出现相应数量的图件按钮，图 5.1.1 中已选择 4 张图件，默认为"Z 方向正应力""能量曲线""边界受力曲线"和"热量曲线"。点击"生成图件"按钮，即可生成所选定的图件。图 5.1.2 为 1.3.5 节阻尼简谐振动数值模拟的 4 张图件，通过查看曲线图，可以分析数值模拟的状态。在显示类型中选择图件，再点击显示方式中的图件按钮，可设置该位置的图件类型。

当显示的单元数达到数十万时，三维球体单元的显示速度会变慢。此时，可以设置显示上限，当单元数超过上限时，单元将以点来显示，从而迅速地显示结果。后处理窗口只能提供比较简单的结果展示，更丰富的后处理需要使用 d.show 和 d.showFilter 等函数（详见 5.2 节），可在窗口下方的命令行中输入命令来显示结果。当运行 d.show（）命令时，会生成图 5.1.2 所示的 4 张默认图件。

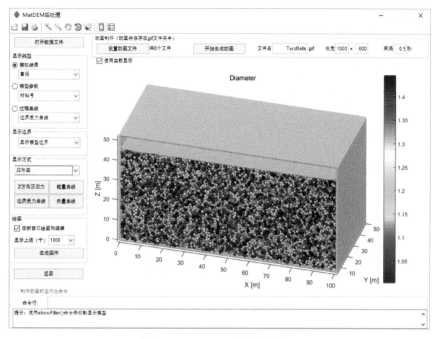

图 5.1.1 MatDEM 后处理窗口

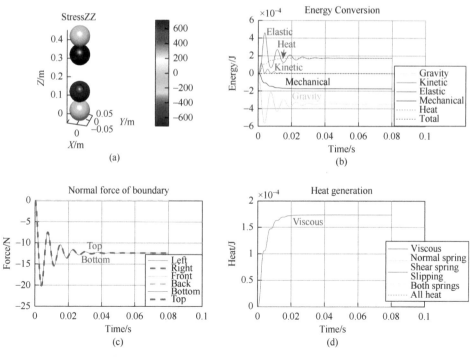

图 5.1.2 阻尼简谐振动的后处理默认 4 张图件显示

5.1.2　后处理图件的保存

在后处理窗口中，当选中"在新窗口绘图和编辑"时，点击"生成图件"，会弹出图 5.1.3（a）所示的新窗口，并生成图件。可以改变窗口的大小，然后在"文件→导出设置"中设置导出图像的分辨率（图 5.1.3（b）），通常分辨率在 300 以上即可满足出版要求。

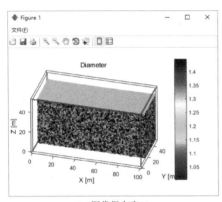

(a) 图像保存窗口　　　　　　　　　　(b) 导出设置窗口

图 5.1.3　图像保存和设置窗口

表 5.1.1 给出了后处理模块可保存的图像格式。常用的图像格式介绍如下：①.fig 文件为 MATLAB 的矢量文件格式，可以在 MATLAB 软件中打开.fig 文件，做进一步的编辑和处理，并导出为其他文件格式；②.eps 文件为跨平台矢量图像文件格式，是印刷出版常用的文件格式；③.png 文件为无损压缩图像格式，其文件相对较小，通常可以将模拟结果图件保存为.png 文件，并用于报告、演示和网络共享，较高分辨率的文件可用于出版；④.tif 文件为用于印刷的文件格式，较高分辨率的文件可用于出版。

表 5.1.1　后处理可保存的图像格式

可保存的图像格式	图像格式说明
MATLAB Figure（*.fig）	MATLAB 的矢量文件格式
Bitmap file（*.bmp）	常见的位图格式，无损格式，文件较大
EPS file（*.eps）	跨平台的标准图像格式，可用各类专业绘图软件打开和编辑，可用于出版
Enhanced metafile（*.emf）	Windows 扩展图元文件格式，属于矢量文件格式
JPEG image（*.jpg）	常见的 JPEG 图像文件，为有损压缩格式，文件较小，不建议用于出版

续表

可保存的图像格式	图像格式说明
Paintbrush 24-bit file（*.pcx）	图像处理软件 Paintbrush 的一种格式
Portable Bitmap file（*.pbm）	可移植位图格式，便于跨平台的图像格式
Portable Document Format（*.pdf）	常见的 PDF 文件
Portable Network Graphics file（*.png）	常见的 PNG 图像文件，为无损压缩格式，文件较 JPEG 大，可用于出版
Portable Pixmap file（*.ppm）	可移植像素图格式，便于跨平台的图像格式
Scalable Vector Graphics file（*.svg）	基于 XML 的可缩放的矢量图形
TIFF image（*.tif）	常见的 TIFF 图像文件，为无损压缩格式，文件较 JPEG 大，可用于出版
TIFF no compression image（*.tif）	同上，但不做压缩

5.1.3　GIF 动画制作窗口

后处理窗口的上方提供了动画制作模块：在左侧"显示类型"中选择要制作动画的图件类型，然后点击"设置动画文件"按钮，选择用于制作动画的数据文件（图 5.1.4）。在设定文件名和尺寸后，点击"开始生成动画"，软件会按文件的排列顺序逐个弹出相应图件，自动生成 GIF 动画文件，并保存在软件的 gif 文件夹中。此动画制作窗口程序基于二次开发代码 user_makeGIF，通过修改代码可以制作更复杂的自定义 GIF 动画：

```
clear frames;
indexBegin=0;%begin index of data file
indexEnd=1;%end index of data file
showType='StressZZ';
for showCircle=(indexBegin:indexEnd)
    load([fName num2str(showCircle)'.mat']);%load the saved file
    d.calculateData();%calculate the data of the model
    d.showFilter('SlideY',0.5,1);%cut the model if necessary
    d.showB=3;%show the frame
    d.isUI=0;
    d.show(showType);%show the result
    % view(10*showCircle,30);
    set(gcf,'Position',[10,10,1000,600]);%set figure size
    frames(showCircle+(1-indexBegin))=getframe();%record the figure
    pause(0.1);%pause 0.1 second
    close;%close the figure
```

```
end
dTime=0.5;%time step of GIF
fs.movie2gif([fName(11:end)showType '33.gif'],frames,dTime);%save
the gif;
```

图 5.1.4　动画制作界面

　　GIF 动画通过逐帧播放图像实现数值模拟结果的动态演示。制作动画需要使用保存的数据文件（.mat 文件）序列，这些文件通常在代码文件的第三步中生成。在运行代码前，先打开一个需要制作动画的数据文件，这样会自动给图件文件名 fName 赋值。代码中，indexBegin 和 indexEnd 记录了数据文件序列的起止编号，通过 for 循环载入这些数据文件、生成图件，并存储于 frames 数组中。最后使用函数 fs.movie2gif 将 frames 中的图像数组转成 GIF 动画，并存储于软件的 gif 文件夹中。运行 d.isUI = 0 命令，使得生成的图件始终在新窗口中显示，而 close 命令则在存储图像后关闭窗口。因此，在运行以上代码时，会不断地弹出新的图件并自动关闭，直到完成全部循环计算，生成 GIF 动画。

　　如需更改动画的观察视角，可使用 MATLAB 函数 view，系统使用 view(16, 30) 命令来设定默认视角。同时，可以利用 showCircle 参数不断改变视角，实现多方位观察。例如，运行以上代码中的 view(10*showCircle, 30) 命令，将环绕着对象拍摄并生成动画。此外，代码中还可使用 d.showFilter 和 d.show 这两个函数实现模型的切割和显示，具体请见 5.2 节。

5.2　后处理绘图函数

5.2.1　d.show 通用绘图函数

d.show 函数是 MatDEM 中最重要的后处理函数，对应于后处理窗口左侧各选项的功能。d.show 允许可变的输入参数个数（0~4 个），输入参数均为字符串，例如：

```
d.show('StressZZ');
d.show('StressXX','StressZZ');
d.show('StressZZ','EnergyCurve','ForceCurve','HeatCurve');
d.show();
d.show('-StressZZ');
```

第 1 行命令在窗口中显示单元的 Z 方向应力；第 2 行命令在窗口中显示单元的 X 和 Z 方向应力（左右分布）；第 3 行命令在窗口中显示 Z 方向应力，以及能量曲线、边界受力曲线和热量曲线；第 4 行命令与第 3 行命令生成相同的图件；第 5 行命令生成 Z 方向应力图，同时用绿色线段绘制单元间的连接。当单元紧密接触时，无法看到单元间的连接，通常需要先运行 d.Rrate = 0.5，将单元的显示半径降为实际半径的一半。每次 d.show 函数均在新窗口中生成图件，若需在当前窗口追加显示结果，则可运行 d.showData 函数，其输入参数与 d.show 相同，但只支持一个输入参数。

d.show 函数有四类输入参数，分别为模拟结果、模型参数、过程曲线和自定义参数，具体如下。

1）模拟结果

此类参数记录于 d.data 中，均通过 d.mo 中的参数计算得到。在每次运行 d.mo.balance ()迭代计算函数后，d.data 中的参数会被清空。当运行 d.show 或 d.showData 函数时，程序会自动计算并设置 d.data 中的参数（当然也可以运行 d.setData 函数）。

表 5.2.1 给出了 d.data 中记录模拟结果的参数，如运行 d.show（'StressZZ'）命令即可显示 d.data.StressZZ 中的数据。

表 5.2.1　基于 d.data 的后处理参数和参数意义

参数名	参数意义	参数名	参数意义
StrainXX	X 方向正应变	groupId	群组号
StrainZZ	Z 方向正应变	CoordinationNumber	配位数

续表

参数名	参数意义	参数名	参数意义
StrainYY	Y 方向正应变	StressXY	XY 方向正应力
YDisplacement	Y 方向位移	StressXZ	XZ 方向正应力
ZDisplacement	Z 方向位移	StressYX	YX 方向正应力
Diameter	直径	StressYZ	YZ 方向正应力
Heat	热量	StressZX	ZX 方向正应力
ViscosityHeat	阻尼热	StressZY	ZY 方向正应力
BreakingHeat	断裂热	FixXId	X 坐标锁定
SlippingHeat	摩擦热	FixYId	Y 坐标锁定
ElasticEnergy	弹性势能	FixZId	Z 坐标锁定
KineticEnergy	动能		

2）模型参数

此类参数记录于 d.mo 中，主要为单元当前状态，如受力、速度和加速度等。

表 5.2.2 给出了 d.mo 中的单元参数，运行 d.show（'aR'）命令即可显示 d.mo.aR 中的数据。表中的向量（如 mA）由三个分量组成（如 mAX、mAY、mAZ），当单元数少于 2 万时，将显示向量的箭头线，此时可能需要设置较小的 d.Rrate 以便查看。

表 5.2.2　基于 d.mo 属性的后处理参数和参数意义

参数名	参数意义	参数名	参数意义
aMatId	材料号	mVY	Y 方向速度
aR	半径	mVZ	Z 方向速度
aKN	正刚度系数	mA	加速度（向量）
aKS	切刚度系数	mAX	X 方向加速度
aBF	断裂力	mAY	Y 方向加速度
aFS0	抗剪力	mAZ	Z 方向加速度
aMUp	摩擦系数	mVF	阻尼力（向量）
aX	X 坐标	mVFX	X 方向阻尼力
aY	Y 坐标	mVFY	Y 方向阻尼力
aZ	Z 坐标	mVFZ	Z 方向阻尼力
mVis	黏滞系数	mG	体力（向量）
mM	质量	mGX	X 方向体力

参数名	参数意义	参数名	参数意义
mV	速度（向量）	mGY	Y 方向体力
mVX	X 方向速度	mGZ	Z 方向体力（重力）
nBondRate	连接胶结率（值不为 1 时显示），蓝色代表强度减弱，红色代表强度增加		

3）过程曲线

此类参数记录于 d.status 中，用于绘制数值模拟过程中的边界受力、能量曲线、热量曲线和裂隙等。每一次运行 d.recordStatus( )命令时，MatDEM 会计算各边界的总受力、系统能量和热量等，并将结果附加到 d.status 的相应数据中，并将当时的时间（d.mo.totalT）附加到 d.status.Ts 中。d.status 中的状态数据多数与 Ts 的行数相同（行数为 n），并记录 Ts 记录时刻的边界受力和系统能量信息。在运行函数 d.show 时，将以 Ts 为横坐标值，各状态参数为纵坐标值来绘制曲线。

边界受力曲线使用的数据记录于 leftBFs、rightBFs 等矩阵中，这些矩阵均为 n×3 大小。例如，leftBFs 为左边界单元的总受力，其每一行包含三个数值，分别记录了左边界单元总受力的 X、Y、Z 方向分量。

能量曲线使用的数据记录于 d.status 中的 gravityEs（重力势能）、kineticEs（动能）、elasticEs（弹性势能）、totalEs（系统总能量）、heats（热量）。前四个数据矩阵均为 n×1 大小，即为数组，其每一行为记录的能量数值。而 heats 为 n×5 矩阵，下面将具体介绍。能量曲线图中也可以显示外力做功曲线，外力做功的值记录于 d.status.works 中。参数 works 默认为 0，当其数据长度大于 1 时会自动在能量曲线图中显示。通常在运行 d.recordStatus 函数后，再使用额外命令来记录外力做功，例如：

```
d.recordStatus();
d.status.works=[d.status.works;obj.status.works(end)+newWork];
d.status.workTIds=[d.status.workTIds;length(obj.status.Ts)];
```

以上第 2 行命令将外力做的总功附加到 works 数组的最后一行；第 3 行命令将做功对应的时间索引附加到 d.status.workTIds 最后一行。当使用 d.show（'EnergyCuve'）命令来显示能量曲线时，将以 d.status.Ts（obj.workTIds）为横坐标值，d.status.works 为纵坐标值来绘制外力做功曲线。

热量曲线使用的数据记录于 d.status 的 heats 中，其第 1～5 列分别记录了系统的阻尼热（Viscous）、法向弹簧断裂热（Normal spring）、切向弹簧断裂热（Shear spring）、滑动摩擦热（Slipping）和单元压密破坏热（Failure）。其中单元压密破坏热仅在 d.mo.isFailure = 1 时显示（这个功能不常用）。

表 5.2.3 给出了此类输入参数的名字和意义。若要显示裂隙和生成裂隙动画，

需要在数值模拟前声明 d.mo.isCrack = true（或 = 1），相关信息会被保存在 d.status. breakId 中。d.show('CrackMoive') 可以根据裂隙信息，生成一根时间轴，逐步绘制新的裂隙，并演示裂隙生成的过程。d.show('--') 命令可根据 d.mo.bFilter，显示单元间的胶结连接。图 5.2.1 为运行 d.show('Crack') 命令得到的常规三轴试验微裂隙分布图（详见 3AxialNew 示例）。

表 5.2.3　基于 d.status 的后处理参数和参数意义

参数名	参数意义	参数名	参数意义
ForceCurve	边界受力曲线	Force	单元合力
EnergyCurve	能量曲线	WaterForce	水压力（测试）
HeatCurve	热量曲线	CrackMovie	裂隙动画
—	单元连接	Failure	压密破坏（测试）
Id	单元编号	FailureMovie	压密破坏动画（测试）
Crack	裂隙分布	StressCurve	边界应力曲线（测试）

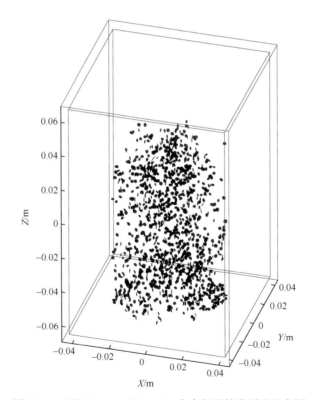

图 5.2.1　运行 d.show（'Crack'）命令得到的微裂隙分布图

4）自定义参数

d.data 为结构体，在后处理时，可将新的参数放到 d.data 中，并用 d.show 命令显示，例如：

```
d.data.diameter=d.mo.aR*2;
d.show('diameter');
```

上述代码定义了单元直径，并用 d.show（'diameter'）命令显示单元的直径分布图。

MatDEM 允许在 d.mo.SET 中增加单元的自定义参数（详见 4.4.1 节），并用于数值模拟计算。自定义参数常用于多场耦合数值模拟，例如，在土体失水开裂示例 SoilCrackNew 中，增加了单元含水量这一属性 aWC（d.mo.SET.aWC）。在后处理时，可以通过 d.show（'SETaWC'）来显示单元含水量的分布，即输入参数为 'SET + 变量名'。关于自定义参数，也可参考第 10 章的能源桩热力耦合数值模拟。

5）基本显示设置

MatDEM 提供了四种模式来显示边界，边界是指程序预设的六个边界，它们属于固定单元（墙单元）。可以通过 d.showB 来声明边界的显示模式，取值为 0～3，不同取值的含义如表 5.2.4 所示，其效果如图 5.2.2 所示。取值为 0 时，不显示边框线和固定单元，仅显示活动单元（图 5.2.2（a））；取值为 1 时，仅显示边框线（图 5.2.2（b）），用于表示边界的位置，但不显示边界单元；取值为 2 时，显示固定单元（边界），不显示边框线，如图 5.2.2（c）所示，已利用 d.showFilter 将模型切片显示；取值为 3 时，显示边框线和普通固定单元，但不显示边界单元，图 5.2.2（d）中的上压力板就被定义为普通固定单元。

表 5.2.4　基于 d.showB 的后处理参数和参数意义

边界显示类型	d.showB 值	边框线	边界单元	普通固定单元
无边框和固定单元	0	无	无	无
仅显示模型边框	1	有	无	无
显示模型边界	2	无	有	有
不显示模型边界	3	有	无	有

显示多张图时，图件的默认长宽为 1000×600 像素。生成单张图时，图件的默认长宽为 640×480 像素。通过以下命令可修改单张图件的默认长宽：

```
d.SET.figureWidth=800;
d.SET.figureHeight=300;
```

使用函数 d.show 显示多张图时（如运行 d.show（'StressXX'，'StressZZ'）），图件会在弹出的新窗口中显示。而显示单张图时（如运行 d.show（'aR'）），参数

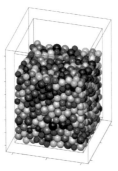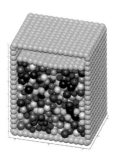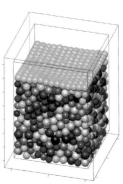

(a) 0：无边框和固定单元　　(b) 1：仅显示模型边框　　(c) 2：显示模型边界　　(d) 3：不显示模型边界

图 5.2.2　d.showB 不同取值时的显示结果

d.isUI 决定是否在当前程序窗口中绘图。如 d.isUI 值为 1，会在原窗口的图像框中显示图件（主程序左下角的图像显示区）；如 d.isUI 值为 0，则在新窗口中显示图件。

5.2.2　切片显示和过滤显示

MatDEM 中的 d.showFilter（varargin）函数提供了切片显示和过滤显示的功能，该功能基于 d.data.showFilter 布尔数组，其长度为单元总数 aNum，记录后处理时是否显示该单元，值为 true 时显示该单元（显示为 1），反之则不显示。showFilter 函数允许可变的输入参数个数（varargin），表 5.2.5 给出了这个函数的几种参数类型和功能。第一个输入参数为切割类型，包括切片、组名、材料号、单元编号、过滤器矩阵等类型；中间的几个参数为与切割类型相对应的参数，定义了如何进行切割和过滤；最后一个参数是字符串类型的显示参数名称，其取值和 d.show 函数中的取值一样，这个参数是可选的。例如：

```
d.showFilter('SlideX',0.2,0.4,'aR');
```

表 5.2.5　d.showFilter 函数功能说明

类型	功能	说明	示例
Slide	在 X、Y、Z 方向上同时切割	第 2 个参数为切割块比率	d.showFilter（'Slide', 0.5, 'aR'）；（图 5.2.3（a））
SlideX	在 X 方向切割	第 2、3 个参数为起始位置和厚度，值在 0～1	d.showFilter（'SlideX', 0.2, 0.4, 'aR'）；（图 5.2.3（b））
SlideY	在 Y 方向切割	同上	
SlideZ	在 Z 方向切割	同上	

续表

类型	功能	说明	示例
Group	显示指定组的单元	第 2 个参数为组名的 cell 数组	d.showFilter ('Group', {'sample', 'lefB'}, 'aR'); （图 5.2.3（c））
Material	显示指定材料号的单元	第 2 个参数为材料数组	d.showFilter（'Material', 1, 'aR');
BallId	显示指定编号的单元	第 2 个参数为单元编号数组	d.showFilter('BallId', [1, 50, 100], 'aR'); （图 5.2.3（d））
Filter	指定新的 showFilter 矩阵	第 2 个参数为 showFilter 布尔矩阵	

　　第一个参数'SlideX'表明这个命令采用垂直于 X 轴的平面对样品进行切片；第二个参数为切片的起始位置，第三个参数为切片的厚度，其取值均在 0～1，当第二个参数取值为 0 或 0.5 时，切片分别从模型在 X 轴上最小值处或中间位置开始；最后一个参数'aR'，表示要显示单元的半径。通过以上命令，可获得图 5.2.3（b）所示的切片，其厚度为模型宽度的 40%（0.4）。

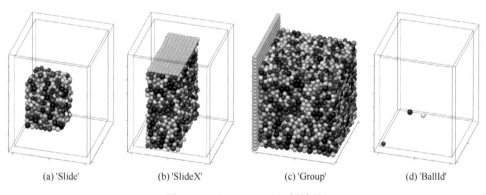

(a) 'Slide'　　　　(b) 'SlideX'　　　　(c) 'Group'　　　　(d) 'BallId'

图 5.2.3　d.showFilter 切割结果

　　当省略 showFilter 函数的最后一个参数（如'aR'）时，则只修改 d.data.showFilter 矩阵，而不会进行绘图。如运行命令 d.showFilter('SlideY', 0.2, 0.4)后，需要再运行 d.show('aR')命令以显示结果。例如，下面两行命令是等效的：

```
d.showFilter('SlideX',0.2,0.4,'aR');
d.showFilter('SlideX',0.2,0.4);d.showData('aR');
```

　　若多次运行 d.showFilter 函数，则每次的运行效果会相互叠加，即对 d.data.showFilter 矩阵进行取交集运算。可以通过以下两种方式来重置 showFilter，以显示全部单元：①运行 d.showFilter( )命令（无输入参数）；②运行 d.data.showFilter（：）= true 命令。这两个命令均会将 showFilter 矩阵中的值全部重置为 true。

　　注意：在显示边界时，d.showB 属性和 d.showFilter 函数的效果是相互叠加的。

5.2.3　单元位置和受力显示

MatDEM 提供了 d.showBall（Id）函数来显示单元的位置、连接和受力状态，其中 Id 为单元编号。例如，运行 d.showBall（1800）命令后，图 5.2.4（a）显示了 1800 号单元在模拟箱中的位置，可以旋转模拟箱查看单元的三维位置。如果单元间存在胶结连接，则图中会以绿色线段显示。图 5.2.4（b）显示了与 1800 号单元相接触的单元，以及这些单元对中心的 1800 号单元的作用力。为区分不同单元的作用力，将对中心单元的作用力箭头标注在各个接触单元上。通过该命令可以查看单元的受力情况，包括法向力、切向力等。其中，对中心单元作用力较小的单元（小于最大作用力的 10%）将显示为黄色（图中的 2090 号单元），其余显示为蓝色。这个命令有助于我们来检验程序中特定单元的接触情况。

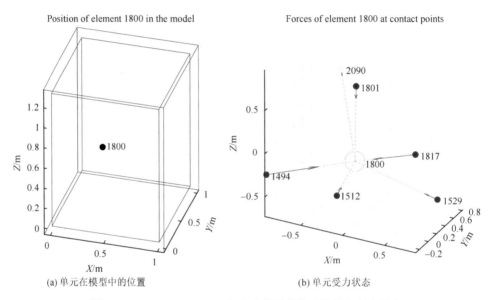

(a) 单元在模型中的位置　　　　　　　(b) 单元受力状态

图 5.2.4　d.showBall（1800）命令显示的单元位置和受力状态

5.3　数据处理和曲线绘制

5.3.1　利用保存的数据绘制曲线

以单轴压缩和拉伸试验为例，在数值模拟完成后，可以使用中间过程文件（默认保存在 data/step 文件夹下）绘制应力应变曲线：

```
load('data/step/XXX0.mat');
```

```
d.calculateData();
sampleH0=mean(d.mo.aZ(d.GROUP.topPlaten))-mean(d.mo.aZ(d.GROUP.b
otPlaten));
platenArea0=B.sampleL*B.sampleW;
load('data/step/XXX1.mat');
d.calculateData();
sampleH1=mean(d.mo.aZ(d.GROUP.topPlaten))-mean(d.mo.aZ(d.GROUP.b
otPlaten));
strainZZ1=(sampleH1-sampleH0)/sampleH0;
stressZZ1=d.status.bottomBFs(end,3)/platenArea0;
```

首先通过 load 函数加载数据文件 XXX0.mat，其中 XXX 为文件名，0 表示数值模拟的第 0 个文件，即施加荷载前的初始状态。sampleH0 为样品的初始高度，采用的计算方法为上压力板单元的平均高度减去下压力板单元的平均高度，platenArea0 为下压力板的面积。如需计算施加第一步荷载后模型的应力与应变，可以用 load 函数加载数据文件 XXX1.mat，并计算此时的模型高度 sampleH1，将其减去 sampleH0 得到变形量，再除以 sampleH0 即可得到第一步结束时样品的应变 strainZZ1。d.status.bottomBFs 中的第 3 列最后一个元素为模型当前的下边界的正向力，当模型完全平衡时，下边界的正向力即可视为样品的受力。将其除以下压力板面积可得到样品所受应力 stressZZ1。后续加载过程的应力和应变可以按照相同的方法求得。由此可以得到一系列应力应变值，然后利用 plot 函数绘制应力应变曲线图。另一种方法是修改数值模拟第三步的代码，直接计算中间过程的应力应变，并保存到模型数据中，如存放到 d.TAG 中。

5.3.2　利用自动记录数据绘制曲线

基于上述原理，MatDEM 提供了块体模型的应力、应变数据的自动记录和绘图功能（注意：仅限于块体模型）。在单轴压缩测试 CuTestNew 示例中演示了这一功能。CuTestNew 是一个高度封装的代码，其第一和第二步的建模代码与自动材料训练 MatTraining 示例的代码一致。而第三步则为 mfs.makeUniaxialCuTest 函数中的代码，其实现了单轴压缩测试，自动记录应力应变数据，并识别单轴抗压强度。第三步中的应力应变记录代码如下：

```
for i=1:totalCircle
    for j=1:divNum
        B.setPlatenStress('StressZZ',stressStep+(stressSteps(i)
        -stressStep)/divNum*j);
        d.balance('Standard',balanceRate,'off');
        d.status.SET.isWHT=1;%record the WHT in recordStatus
```

```
            d.recordStatus();
        end
        ...
    end
d.status.showBoundaryStresses();
d.status.showStrainStress();
```

代码中使用 B.setPlatenStress 给样品施加应力，进行标准平衡。通过 d.status.SET.isWHT = 1 声明需要计算样品的尺寸。在 d.recordStatus 命令中，当 isWHT 为 1 时，会计算模型的长宽高，并记录于 d.status.TAG.WHT 矩阵中；同时，将当前时间步记录数组 d.status.Ts 的长度保存在数组 d.status.TAG.WHTId 中，即记录这个数据的时间步；最后将 d.status.SET.isWHT 重设为 0。因此，每次记录模型尺寸前，均需设置 isWHT 为 1。在迭代计算结束后，可通过 showBoundaryStresses 函数获得块体在 XX、YY 和 ZZ 方向上的应力（图 5.3.1（a））；通过 showStrainStress 函数获得 StressZZ 方向上的压力增加时，各个方向应变的变化（图 5.3.1（b））。

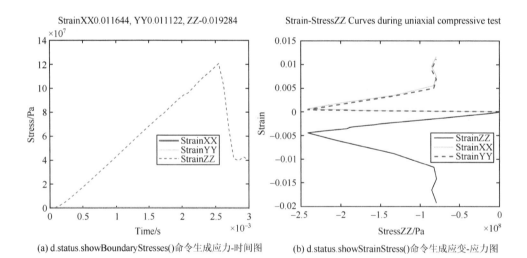

(a) d.status.showBoundaryStresses()命令生成应力-时间图　　　(b) d.status.showStrainStress()命令生成应变-应力图

图 5.3.1　应力-时间图和应变-应力图

绘图函数 showStrainStress 基于函数 fs.getBlockStrainStress，通过以下代码可以得到 StressZZ-StrainZZ 图：

```
S=fs.getBlockStrainStress(d.status);
plot(-S.strainZZ,-S.stressZZ,'k');
xlabel('StrainZZ');
ylabel('StressZZ');
title('StressZZ-StrainZZ Curve during uniaxial compressive test');
```

其中，第 1 行代码返回的 S 结构体中包含了样品尺寸数组（WHT），XX、YY、ZZ 方向的正应力等信息，而其余代码用来绘制曲线图。运行以上代码，可得到图 5.3.2。

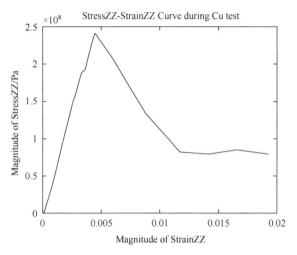

图 5.3.2　单轴压缩测试的应力-应变曲线

5.3.3　在 MATLAB 里处理数据和绘图

1）在 MATLAB 里查看数据和绘图

MatDEM 采用 MATLAB 的数据格式（.mat 文件），因此可以使用 MATLAB 软件来打开、查看和编辑.mat 数据文件。MatDEM 数据文件中的对象（如 B、d 和 d.mo 等）用到了 MatDEM 程序本身的类文件，因此需要相关类文件的支持才能在 MATLAB 中正确打开。软件的 fun 文件夹下提供了一系列 MATLAB 辅助文件（.p 文件），可用于在 MATLAB 中打开、查看和编辑 MatDEM 保存的数据文件，并进行绘图。打开数据时，当前文件夹需包含所需的辅助文件，或者将辅助文件所在文件夹添加到 MATLAB 的搜索路径中。

首先，在 MATLAB 软件中进入 fun。如图 5.3.3 所示，当前文件夹为 fun，其中包含一系列的.p 文件，以及自定义函数文件。其中 build.p 和 model.p 分别用于显示 d 和 d.mo 中的数据。当在此文件夹下加载数据时，可以打开 MatDEM 中保存的.mat 文件。然后，可使用 MATLAB 命令来处理数据和绘图，并且可以调用 mfs 中的所有函数，以及 fs.showObj( )等绘图函数。

2）MATLAB 的基本矩阵操作

MatDEM 的二次开发基于 MATLAB 语言，绝大部分参数均为矩阵（数组）。在二次开发代码中，涉及大量的 MATLAB 矩阵操作和索引，以下仅作简介，具体

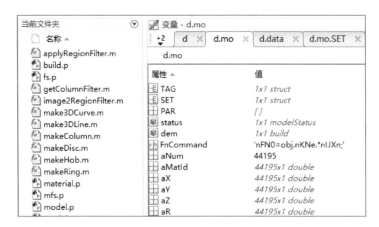

图 5.3.3　在 MATLAB 里查看 MatDEM 保存的数据

可以查看 MATLAB 的矩阵操作和运算。对数组元素主要有三种索引方式：①下标索引。以 4 行 1 列的数组 **A** = [−1; −2; −3; −4]为例，**A**（2）即是对下标为 2 的元素进行索引，因此，**A**（2）的值为−2；②数组索引。MATLAB 允许使用数组作为另一个数组的下标去选取相应的数组元素。如有 **S** = [1, 3, 3, 4]，那么 **A**（**S**）的结果为[−1; −3; −3; −4]；③布尔索引。布尔索引通过使用元素为 true（显示为 1）或 false（显示为 0）的布尔矩阵（又称逻辑矩阵）来选取数组中的元素。如有 **f** = [true；false；true；false]，则 **A**（**f**）会返回[−1; −3]，即数组对应位置为 true 则留下该数据，为 false 则去掉，最后按原数组中的相对顺序，返回一个列向量[−1; −3]。建模过程中经常会用到 MATLAB 内置的 find 函数将布尔数组转化为编号数组，如 find（**f**）的返回值为[1, 3]，而 find（**A**>−3），则返回[1, 2]。

对于二维矩阵，索引原理是类似的。需要注意的是，对于二维矩阵 **M**，**M**（a, b）为 **M** 的第 a 行，第 b 列的元素，而 **B**（a, :）为第 a 行全部数据的一维数组，其中，":"表示索引全部行或列。在使用布尔数组时，如 **B**（**f**, :）则是索引逻辑数组 f 中对应值为 1 的对应行的全部列。具体使用参见 MATLAB 相关教程。

5.4　系统函数与功能

5.4.1　GPU 计算设置和状态查看

1）GPU 计算设置

基于创新的 GPU 矩阵运算法和三维接触算法，MatDEM 实现了高性能离散元数值计算。目前，程序仅支持 NVIDIA 系列的独立显卡和 NVIDIA Tesla GPU 计算卡。model 类中的 setGPU 函数可以对计算时的 GPU 状态进行设置。函数的用法见表 5.4.1。

表 5.4.1 GPU 计算设置的命令

命令	说明
d.mo.setGPU（'on'）;	计算状态设置为 GPU 计算
d.mo.setGPU（'off'）;	计算状态设置为 CPU 计算
d.mo.setGPU（'auto'）;	自动测试 CPU 和 GPU 速度，选择较快者
d.mo.setGPU（'fixed'）;	锁定当前的计算状态
d.mo.setGPU（'unfixed'）;	解锁当前的计算状态

如果 MatDEM 没有检测到可用的独立显卡或 GPU 计算卡，就会自动关闭 GPU 计算。MatDEM 仅对迭代计算基本函数 d.mo.balance( )，以及基于此函数的函数进行了 GPU 优化，如 d.balance 和 d.balanceBondedModel 等。当进行非迭代计算操作时，需要在计算时关闭 GPU，否则可能会出现"无法从 gpuArray 转换为 double"的异常，并在消息提示框中显示类似的报错信息：

> 位置:mfs.data2D,行:1395
> 代码行:23,C.addSurf(lSurf);
> 错误:从 gpuArray 转换为 double 时出现以下错误:
无法从 gpuArray 转换为 double。

在初始建模时，可使用类 obj_Box 对象 B 中的属性 GPUstatus 进行初始 GPU 状态设置。B.GPUstatus 的取值有四种：'off'、'on'、'auto'、'fixed'。当前三种的含义同 setGPU 函数中的一致，而设为'fixed'时，仅使用 CPU 进行计算，直至遇到 d.mo.setGPU（'unfixed'）。

注：目前，GPU 中的数值不能进行矩阵代入运算。例如，对于 GPU 中的数值矩阵 A 和索引矩阵 I，代入计算 A（I）可能会报错。此时，需要在前面加上 I = gather（I）命令，将数据 I 从 GPU 转移到 CPU 中。更多信息可参考 MATLAB 的 GPU 计算。

2）查看 GPU 使用状态

在 MatDEM 的根目录下提供了一个批处理文件 Monitor GPU status.bat，双击打开后会实时监测 GPU 和 CPU 的使用状况。如图 5.4.1 所示，此时 MatDEM 使用 Quadro M520 进行 GPU 计算，已占用 289MB 的显卡内存。通过监测 GPU 状态，可以了解 GPU 显卡内存的使用情况，避免过量使用显卡内存，导致显卡内存溢出和报错（out of memory on device）。

如图 5.4.2 所示，也可以使用 Windows 任务管理器来查看 GPU 的使用情况。在任务管理器中选中性能，再选中 NVIDIA 独立显卡，可查看 GPU 总体使用信息，但无法查看每个程序具体使用了多少 GPU 计算容量。

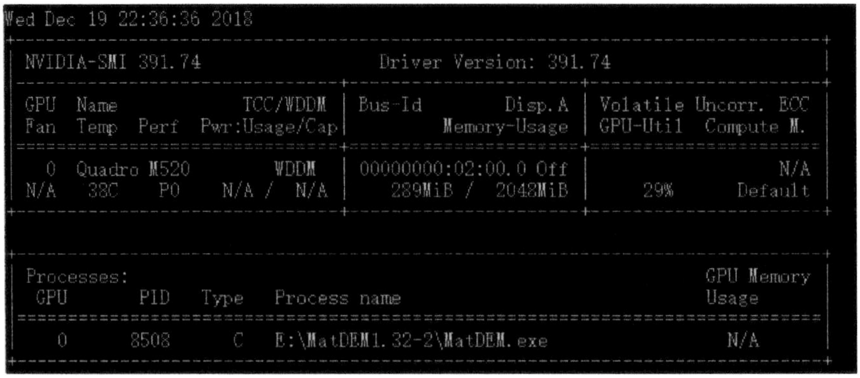

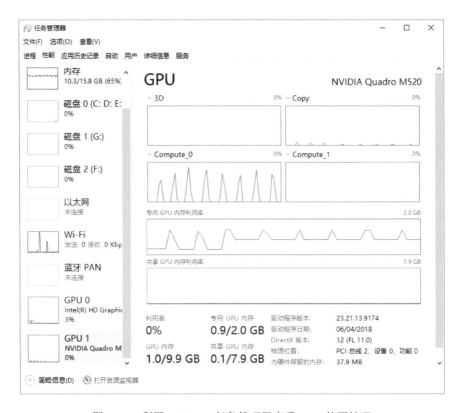

图 5.4.1　利用批处理命令监测 GPU 使用状态

图 5.4.2　利用 Windows 任务管理器查看 GPU 使用情况

5.4.2　函数的定义和运行

MatDEM 可运行标准的 MATLAB 函数。在建模时，通常可利用自定义函数来建立各类基本部件，然后通过切割和拼合操作来构建复杂的几何模型。在 fun 文件夹下提供了若干自定义函数示例，具体包括如下。

（1）建立各类模型结构体的函数（表 5.4.2），如以 make 开头的函数，这些函数返回包含单元 X、Y、Z 坐标以及半径 R 信息的结构体。

表 5.4.2　建立结构体的函数

函数文件名	功能
makeDisc.m	做一个二维圆盘结构体
makeColumn.m	做一个柱体结构体
makeHob.m	生成一个滚刀结构体
makeRing.m	生成一个二维的环，用于做隧道

（2）制作过滤器，用以筛选出特定的单元，用于进一步切割和定义模型（表 5.4.3）。

表 5.4.3　制作过滤器的函数

函数文件名	功能
getColumnFilter.m	制作圆柱体的过滤器
applyRegionFilter.m	筛选出黑色区域的单元的过滤器
imageRegionFilter.m	选出黑白图片黑色区域的过滤器

使用自定义函数的语法为 f.run（'xxx.m'，p1，p2，p3，…），其中'xxx.m'为函数文件名（包括后缀名.m），p1、p2、p3 等为输入参数，其个数由所调用的函数本身决定。注意，在编写自定义函数时，最后一行需为 end，否则程序会报错。如果函数未放在软件根目录，函数名第一个参数要加上路径名，例如，user_modelExample 示例文件中使用 fun 文件夹中的 makeHob.m 函数：

```
hob=f.run('fun/makeHob.m',hobR,hobT,cutRate,ballR,Rrate);
```

5.4.3　代码文件的批处理

需要注意的是，由于 MatDEM 拥有独立的编译解释器，暂时无法像 MATLAB 一样直接在命令行中输入代码文件名的方式运行代码。可通过 MatDEMfile（'abc.m'）命令来运行 abc.m 这个代码文件。具体使用可见 TestAllCodes，例如：

```
MatDEMfile('user_L2Earthquake1.m');
MatDEMfile('user_L2Earthquake2.m');
MatDEMfile('user_L2Earthquake3.m');
```

5.4.4　随机种子和随机模型

在数值模拟时，经常要用到随机数生成分布不同的变量，为了得到可重复的随机数生成结果。MatDEM 提供了固定随机数生成设置的函数：fs.randSeed(seed)。其中，seed 为非负整数。当 seed 值不变时，每次生成的随机数都是不变的，这样可以得到可重复验证的模拟结果。因此，在建模开始前，通常会调用 randSeed 函数确定随机数的种子值，如果改变 seed 的值，则会建立新的随机堆积模型。

5.4.5　计时函数

MatDEM 的 build 类中，提供了计时函数 tic 和 toc，它们和 MATLAB 中的 tic 和 toc 不同，且不冲突。运行 d.tic 和 d.toc 函数会更新 d.SET 中的相关参数，参数的意义列举如下：

totalCircle	circle	time0/min	Time/min	timecircle
总循环次数	当前循环次数	初始时刻	当前时刻	当前计时次数

注：初始和当前时刻是指从公元元年到当前时刻所经历的分钟数。

运行 d.tic(totalCircle)命令记录数值模拟起始时刻，即 time0，其中的 totalCircle 通常与循环计算时的 totalCircle 一致。这样在每个循环结束之后，就可以利用 d.toc( ) 获得当前时刻，并通过计算得到程序运行耗时，同时，该命令还会在消息提示框中显示计算步数和计算时间。注意，只有当距离上次提示时间超过 12s 后，才会显示新的提示（见各示例文件的第三步）。

d.recordCalHour（timeName）函数常见于文件末尾保存数据之前，它会保存建模完成后到当前时刻的时间，输入参数 timeName 为保存的时间参数名。相关数据记录在 d.TAG.recordHour 参数中，时间的单位是小时（h）。例如，在文件 BoxSlope2 中有：

```
d.recordCalHour('BoxSlope2Finish');
```

将第二步建模完成后的时间记录到 d.TAG.recordHour 中。

另外，如果有其他的计时需要，可以使用 MATLAB 函数 tic 和 toc 进行自定义计时功能，相关的自定义函数可以放在 d.SET 中。

5.5　利用系统底层函数来建模

为方便用户快速建模，MatDEM 提供了 obj_Box 模拟箱类。这个类对离散元堆积建模的过程进行了高度的封装，包括自动生成模拟箱、自动堆积和压实等。在示例代码的第一步中，通常都是利用类 obj_Box 的对象 B 来建立初始模型，并生成类 build 的对象 d，而第二、三步的建模和计算均是基于对象 d。事实上，MatDEM 的建模并不依赖于 obj_Box 类，本节将演示如何使用系统底层函数来完成两球碰撞过程的数值模拟。这种底层建模方法也将应用在 SoilCrackNew 示例中。

5.5.1　两球碰撞过程的底层建模

本小节介绍两球碰撞示例 TwoBalls，这个例子展示了如何逐个定义单元，建立数值模型，分为以下三个步骤。

1）建立结构体和定义材料

```
diameter=20;
visRate=0;%Figure 5.5-1
r=diameter/2;%ball radius
d=build();
d.name='TwoBalls';
```

首先定义模拟的基本参数，并建立了类 build 的对象 d。

```
%-----define struct data of model and boundary-----
moObj.X=[0;0];moObj.Y=[0;0];moObj.Z=diameter*[1;3];
moObj.R=r*[1;1];
boObj.X=[0;0];boObj.Y=[0;0];boObj.Z=diameter*[0;4];
boObj.R=r*[1;1];
```

与常规方法利用 obj_Box 类来堆积建模不同，底层建模需自行设定单元的初始位置。因此，以上代码建立了活动单元的结构体 moObj，以及固定单元（边界单元）的结构体 boObj。可以用 fs.combineObj 函数向 moObj 和 boObj 中增加其他的结构体。

```
%-----define material-----
ballMat=material('ball');
ballMat.setMaterial(7e6,0.15,1.5e5,1e6,1,diameter,1500);
d.addMaterial(ballMat);
```

最后，按常规的方法直接设置材料的性质。

2）定义单元基本参数和赋材料

第二部分代码主要初始化 d 中的参数：

```
%-----initialize d-----
d.aX=[moObj.X;boObj.X;boObj.X(end)];%add a virtual element
d.aY=[moObj.Y;boObj.Y;boObj.Y(end)];
```

```
d.aZ=[moObj.Z;boObj.Z;boObj.Z(end)];
d.aR=[moObj.R;boObj.R;boObj.R(end)/4];
```

首先将 moObj 和 boObj 的单元信息合并，并在最后加上一个虚单元（关于虚单元，详见 2.3.1 节），然后赋给 d。其中，boObj.X（end）为 boObj 的最后一个单元的 X 坐标，其余同理。因此，虚单元与边界的最后一个单元重合，且半径为其的 1/4。然后设置阻尼系数比率（vRate）、所有单元数（aNum）、活动单元数（mNum）、单元材料号（aMatId）和重力加速度（g）：

```
d.vRate=visRate;%rate of viscosity(0-1)
d.aNum=length(d.aR);
d.mNum=length(moObj.R);
d.aMatId=ones(size(d.aR))*ballMat.Id;
d.g=-9.8;%gravity acceleration
d.setBuild();
```

最后，根据以上的信息，通过 setBuild 函数设置 d 对象中的基本参数，如建模时间、初始尺寸、初始边界、单元材料等。

3）定义边界和建立计算模型

```
%-----define boundary groups-----
d.GROUP.lefB=[];d.GROUP.rigB=[];
d.GROUP.froB=[];d.GROUP.bacB=[];
d.GROUP.botB=3;d.GROUP.topB=4;
%-----initialize d.mo-----
d.setModel();
d.mo.isHeat=1;
```

第三部分代码首先定义边界单元，第 3 个单元为下边界，第 4 个单元为上边界，其余边界为空。d.setModel( )根据以上设置，生成计算模块 d.mo，然后最后一行声明迭代计算中将统计系统的热量。在其他示例的 B.buildInitialModel 函数中，就是按照类似以上的过程建立模拟箱，实现自动化建模。

通过以上代码，建立了图 5.5.1（a）所示的离散元模型，其包括两个活动单元（中间）和两个固定单元（上下）。d.setModel 生成的模型是胶结的，即相互接触的单元的连接均为胶结连接。同时，第二部分定义单元坐标时，单元 1 和单元 3，以及单元 2 和单元 4 均刚好接触。因此，在重力的作用下，单元 1 和单元 2 将向下运动。通过以下代码实现迭代计算，并显示模拟结果：

```
d.balance(1,800);
d.showB=2;
d.show();
```

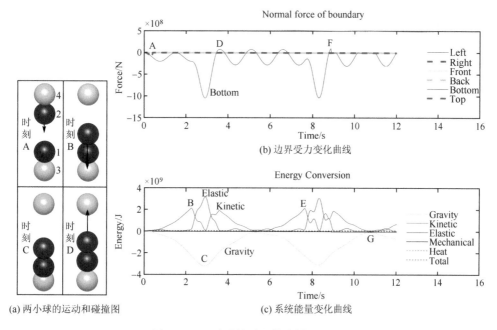

(a) 两小球的运动和碰撞图   (c) 系统能量变化曲线

图 5.5.1 两球碰撞过程数值模拟结果

5.5.2 利用曲线图来分析碰撞过程

这个示例模拟了单元 2 在重力作用下反复撞击单元 1 并反弹的过程。图 5.5.1（b）为边界受力变化曲线，其中，曲线 Bottom 代表底部单元在 Z 方向上所受到的力。图 5.5.1（c）为系统能量变化曲线，主要包括重力势能、弹性势能和动能。图 5.5.1（a）为曲线图中 A、B、C、D 四个时刻的单元位置。图中，编号为 3 和 4 的两个单元固定不动，而单元 1、单元 2 分别与单元 3、单元 4 胶结，并处于平衡位置。

在重力作用下，单元 1 向下运动，开始做简谐振动，从图 5.5.1（b）中可以看到，下边界的第一个周期是简谐振动的正弦曲线形态。而单元 2 向下运动一小段距离，在 A 时刻，单元 2 与单元 4 间的胶结断裂，单元 2 做自由落体运动，并不断加速，系统重力势能不断减少，而动能持续增加（图 5.5.1（c）），并在 B 时刻接触到下方单元 1。在 C 时刻，单元 2 到达最低点，系统动能接近于 0，重力势能最小，而弹性势能最大，单元开始回弹。大约在 D 时刻，单元 1 和单元 2 不再接触，单元 2 继续向上运动，而单元 1 在弹簧力作用下做简谐振动。从下边界受力曲线可以看到，此时单元 1 的振动幅度增加，并出现拉力作用，说明在碰撞过程中，单元 1 得到了单元 2 的部分动能。

然后进入第二次碰撞周期，时刻 E 与时刻 B 类似，单元 2 下落并与单元 1 再次接触。单元 1 获得了更多的动能，并在时刻 F 回弹时，与底部单元间胶结断裂。

因此，F 时刻后的 Bottom 曲线仅有压力作用。而单元 2 继续向上运动，并在 G 时刻达到最高点（重力势能最大）。

由此可见，通过边界受力变化曲线和系统能量变化曲线可以有效地判断离散元系统的整体状态。在每步数值模拟结束时，通常采用 d.show( )命令来查看这些曲线，并判断离散元模型状态和数值模拟结果是否符合要求。

第二部分 实 践 篇

第6章 岩土工程基础应用

本章介绍桩土作用、隧道建模和盾构滚刀破岩三个基础示例。这些示例均包括 MatDEM 建模和数值模拟常规的三个步骤：①采用重力堆积操作来建立地层或岩块；②通过切割地层，创建和导入自定义部件的结构，设置材料和平衡模型等操作，完成建模；③设置荷载和迭代计算。三个示例由易到难，介绍了 MatDEM 离散元建模的基本步骤。

6.1 桩 土 作 用

压桩和拔桩均涉及大变形破坏和动态过程，离散元数值模拟能有效地模拟这一过程，并为研究和设计提供参考。MatDEM 提供的示例代码 BoxPile 演示了如何建立最简单的桩土作用模型，用户可在此基础之上建立更加复杂的模型。

6.1.1 堆积地层模型

在 BoxPile1 中，建立了原始地层堆积模型（堆积模型相关介绍见 3.1 节）。首先，需要构造模拟箱类 obj_Box 的对象 B 并设置一些参数，然后建立初始模型：

```
B=obj_Box;
B.name='BoxPile';
B.GPUstatus='auto';
B.ballR=0.2;
B.distriRate=0.25;
B.isClump=0;
B.isSample=1;
B.isShear=0;
B.sampleW=20;B.sampleL=0;B.sampleH=20;
B.BexpandRate=4;B.PexpandRate=0;
B.type='topPlaten';B.setType();
B.buildInitialModel();
```

模型中的参数均采用国际单位制，如长度单位为米（m）、密度单位为千克每立方米（kg/m³）等。在上述代码中，建立了一个 20m×20m（sampleW×sampleH）的二维地层模型，并使模型边界向外延伸了 4 个单元的长度（BexpandRate = 4），使上下左右四个边界形成"井"字形，以防止样品单元外泄。由于 sampleL 设为 0，模型中所有单元的 Y 坐标均为 0，为二维模型，详见第 3 章中相应章节。同时，通过 B.type = 'topPlaten'命令添加了一块上压力板 topPlaten，其用于在第一步中压实堆积样品，在本示例第二步中，topPlaten 会连同样品顶部的单元被一起删除。此外，还可以设置一些其他的参数，如模拟时是否考虑剪切力 isShear、是否将若干个单元组合在一起形成团簇 isClump、是否生成初始的样品单元 isSample 等。这些参数的定义也在帮助文件中说明了，在此不逐一介绍。

在生成了初始的几何模型后，可以自行调整模型单元的半径，然后进行重力沉积并压实模型 2 次：

```
d=B.d;
%Change the particle size distribution here,e.g.:d.mo.aR=d.aR*0.9;
d.mo.aR=d.aR;
B.gravitySediment();
d.mo.aMUp(:)=0;
B.compactSample(2);
%mfs.reduceGravity(d,1);%reduce the gravity if necessary.
```

为使单元堆积的更加密实，可令所有单元的摩擦系数（aMUp）为 0。如需制备无重力作用的样品，还需通过建模函数 mfs.reduceGravity 逐步减小重力，详见第 3 章中相应章节。

通过以上步骤即可建立初始的几何模型，随后即可保存数据并进行后处理显示。在保存之前，首先将 GPU 计算关闭，即把所有数据都转到 CPU 中，这样可以避免在没有 GPU 的计算机中打开数据时造成错误。然后运行 d.clearData(1)，将数据进行压缩。保存完数据后，再运行 d.calculateData( )，重新获取完整的数据，并用于后处理显示。

```
%------------return and save result------------
d.status.dispEnergy();%display the energy of the model
d.mo.setGPU('off');
d.clearData(1);%clear dependent data
d.recordCalHour('BoxPile1Finish');
save(['TempModel/' B.name '1.mat'],'B','d');
save(['TempModel/' B.name '1R' num2str(B.ballR)'-distri'num2str(B.
distriRate)'aNum' num2str(d.aNum)'.mat']);
d.calculateData();
d.show('aR');
```

通过以上命令，可得到二维地层堆积模型，如图 6.1.1 所示。从图中可以看到，模型中出现明显的力链，这是颗粒堆积体的重要现象，普遍存在于颗粒材料中，详情可查阅相关资料。

图 6.1.1 初始的二维地层模型的 StressZZ 应力场

6.1.2 建立桩土作用模型

1）利用过滤器削平地层

第一步模拟真实世界的堆积过程中，构建了一个初始的堆积地层。第二步中对地层进行切割和赋材料。在 **BoxPile2** 中，首先需要将在第一步中得到的数据载入并初始化：

```
load('TempModel/BoxPile1.mat');
B.setUIoutput();
d=B.d;
d.mo.setGPU('off');
d.calculateData();
d.getModel();
```

进一步，采用过滤器 topLayerFilter 将上压力板和原始地层的顶部删除：

```
mZ=d.mo.aZ(1:d.mNum);
topLayerFilter=mZ>max(mZ)*0.7;
d.delElement(find(topLayerFilter));
```

进行以上操作的原因是：上压力板仅用于在第一步中压实样品，之后便可移除；而原始地层距上边界过近（图 6.1.1），故削去为拔桩过程预留足够的空间，同时得到平整的地层表面。

在 MatDEM 中，删除指定单元或进行其他操作的关键在于获得对应单元编号。通常情况下，首先获取满足一定条件的布尔矩阵，即过滤器矩阵（如 topLayerFilter），在此基础上调用 MATLAB 自带函数 find，遍历该布尔矩阵中值为 1(true)的元素，来获得所需单元对应编号。有关过滤器的定义与使用请参见 5.3 节。

2）建立材料数组

在削去地层顶部及上压力板后，需要导入并设置材料：

```
matTxt=load('Mats\soil1.txt');
Mats{1,1}=material('Soil1',matTxt,B.ballR);
Mats{1,1}.Id=1;
matTxt2=load('Mats\StrongRock.txt');
Mats{2,1}=material('StrongRock',matTxt2,B.ballR);
Mats{2,1}.Id=2;
d.Mats=Mats;
d.setGroupMat('sample','Soil1');
d.groupMat2Model({'sample'},1);
```

在上述代码中，导入了两种材料，Soil1 和 StrongRock，其中前者作为地层材料，后者作为桩体材料。此时，由于模型中除边界外只有 sample 组，因此只需设置 sample 组的材料，并将其应用于模型。当然，真实世界中地层的组成往往较为复杂，例如，在长江三角洲地区，砂黏互层的河漫滩二元结构就相当常见。用户应当根据实际情况将模型分层并赋予不同的材料，有关内容详见第 3 章，以及 MatDEM 提供的示例 BoxSlope、BoxLayer 等。

此处通过 d.setGroupMat('sample','Soil1')命令将 sample 组的材料声明为 Soil1，并进一步通过 d.groupMat2Model 函数将材料赋给单元。函数 groupMat2Model 的第一个输入参数是一个元胞数组，第二个参数为默认材料 Id。通过该函数可将元胞数组中对应组材料设定为前期声明的材料，而其余组设定为默认材料。运行命令 groupMat2Model（{'sample'}, 1），将设置 sample 组的材料，而其余单元的材料则设为材料 1。

3）利用结构体建立桩

随后，需要建立桩的结构体并将其加入已有的地层模型：

```
pileW=0.8;pileL=0;pileH=8;ballR=B.ballR;
Rrate=0.7;drivingDis=6;
sampleId=d.GROUP.sample;
sampleTop=max(d.mo.aZ(sampleId)+d.mo.aR(sampleId));
pile1=mfs.denseModel(0.8,@mfs.makeBox,pileW,pileL,pileH,ballR);
pile1.Y(:)=0;
```

在创建桩模型的过程中，调用了函数 mfs.denseModel 并将句柄@mfs.makeBox 作为输入参数传递，该函数的返回值是一个由若干单元的 X、Y、Z 坐标及其半径 R 组成的结构体（struct），其定义了一个宽 0.8m、高 8m 的长方形。长方形的构成单元间有一定的重叠量（图 6.1.2），这个重叠量通过第一个输入参数 Rrate（此处为 0.8）定义，即相邻单元球心距与其直径之比。Rrate 越小，重叠量越大，桩体表面越光滑，但计算量也会相应增大。如果直接调用 mfs.makeBox，则会建立一个单元之间恰好相互接触的长方形模型（无重叠）。用户也可以编写自定义函数来构建任意几何体，有关自定义函数的内容详见 5.5 节。由于示例代码中创建的是二维桩体，需要令这根桩的所有单元的 Y 坐标为 0，即 pile1.Y(:) = 0。

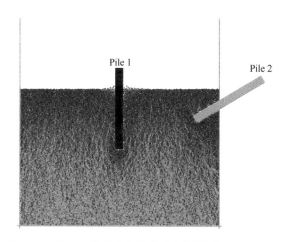

图 6.1.2　第二步代码建立的桩土作用模型（StressZZ）

4）将桩放入地层中

接着将上述桩的结构体添加到模型中，并赋予其材料 StrongRock 的力学性质。具体操作如下：

```
pileId1=d.addElement('StrongRock',pile1);
d.addGroup('Pile1',pileId1);
d.setClump('Pile1');
d.moveGroup('Pile1',(B.sampleW-pileW)/2,0,sampleTop-drivingDis);
d.minusGroup('sample','Pile1',0.4);
d.addFixId('X',d.GROUP.Pile1);
```

首先，通过函数 d.addElement 向模型中添加单元，该函数中第一个参数为材料名，第二个参数为所需添加的结构体，该函数的返回值 pileId1 则是结构体被添加到模型中后的单元编号。随后，通过函数 addGroup 将新增单元声明为组 Pile1，并通过函数 setClump 把桩体单元声明为团簇。这是由于在上一部分代码中，桩结构体由函数 denseModel 生成，桩单元间有一定重叠量，从而使得桩体表面较为光滑。而单元重叠时会产生巨大的相互作用力，一旦进行平衡迭代模型可能会"爆炸"，因此此处将桩 Pile1 声明为团簇 clump。在进行该操作后，MatDEM 会记录此时单元间的相互重叠量，并记录在 d.mo.nClump 矩阵中，在迭代计算中，计算单元间相互作用力时会减去这部分重叠量，并保证单元的受力平衡。关于 clump 的具体特性，请参见第 2 章。

默认情况下，由函数 denseModel 生成的桩的左下角位于原点，此时，可通过函数 d.moveGroup，将桩移动至指定位置。在示例代码中，桩在 X 方向上的移动量为(B.sampleW-pileW)/2，即模型的宽度与桩的宽度之差的一半，通过该命令将桩移动到模型的正中间；因为本示例是二维模型，在 Y 方向上的位移为 0；而在 Z 方向移动为 sampleTop-drivingDis，其中 drivingDis 为桩要打入地层中的深度。

将桩移动到土层中后，桩体单元与地层单元发生重叠，此时需要通过函数 d.minusGroup 移除重叠部分的地层单元。这条命令的第一和第二个参数分别为 sample 和 Pile1，即用 sample 减去 Pile1，而第三个参数则定义了 Pile1 单元的半径系数 Rrate。Rrate 定义了 Pile1 单元半径所要乘以的系数。当其为 0.4 时，Pile1 的单元半径缩小为原本的 40%，并与 sample 来判断重叠，将 sample 组中重叠部分单元去除。通过定义 Rrate，可以调整被删除单元的量，Rrate 必须大于 0，且不能太小（如小于 0.2）。

这个示例的建模过程相当于先挖出桩孔，然后将桩放入孔中，因此，当移除重叠的单元后，桩与土之间未达到充分接触。此时，桩和土之间仍有间隙，因而要重新平衡模型，其大致思路为：移除桩周围地层单元之间的胶结，使它们在重力作用下填充间隙；模型充分平衡后，根据需求再重新胶结地层。在填充过程中，桩可能发生倾斜。因此，通过 d.addFixed 锁定桩的 X 坐标，使桩保持竖立，同时桩仍可在 Z 方向上运动。平衡迭代操作将在添加完第二根桩后进行。

5）添加第二根桩

按照上述步骤，向模型中添加第二根桩：

```
pile2=mfs.denseModel(0.5,@mfs.makeBox,pileH,pileL,pileW,ballR);
pile2.Y(:)=0;
pile2.X=pile2.X+B.sampleW-pileH/2;pile2.Z=pile2.Z+B.sampleW/2;
pileId2=d.addElement('StrongRock',pile2,'wall');
d.addGroup('Pile2',pileId2);
d.setClump('Pile2');
d.moveGroup('Pile2',1,0,2);
d.rotateGroup('Pile2','XZ',30);
d.minusGroup('sample','Pile2',0.5);
%d.removeGroupForce(d.GROUP.Pile2,d.GROUP.rigB);
```

建立第二根桩的思路与第一根桩类似，但在使用函数 d.moveGroup 对桩进行平移之后，调用了函数 d.rotateGroup 对其进行旋转，使得桩 Pile2 与右边界 rigB 相交。同时，在调用 d.addElement 时，输入了第三个参数'wall'，声明了要添加单元的类型是固定的墙单元。

若 Pile 没有被声明为'wall'（即墙单元），由于桩 Pile2 与右边界 rigB 相交，后续需要通过函数 d.removeGroupForce 移除二者之间的相互作用力。此处，可通过'%'符号将其注释掉。在正常情况下，桩的垂直度应满足施工要求，建模时也尽可能避免模型与边界相交，当前示例代码仅为了演示函数 d.rotateGroup、d.addElement 与 d.removeGroupForce 的用法。

在将桩置入地层后，需重新平衡模型，其大致思路前面已介绍：

```
d.mo.bFilter(:)=false;
d.mo.zeroBalance();
d.resetStatus();
d.mo.setGPU('auto');
d.balance('Standard',8);
d.connectGroup('sample');
d.connectGroup('sample','Pile1');
d.mo.zeroBalance();
d.balance('Standard',2);
```

上述代码中，命令 d.connectGroup('sample', 'Pile1')连接了桩与地层这两个组，相当于在钻孔灌注桩施工过程中混凝土凝固后与地基土胶结在一起。至此，已完成桩土作用的建模过程，保存数据并进行后处理即可。第二步得到的模型如图 6.1.2 所示，一根桩竖直埋入地层中，而另一根桩则与水平面呈 30°夹角斜卧并与右边界相交，且在接下来的模拟中始终固定不动。可以看到，由于 d.minusGroup 中 Rrate 采用 0.4，删除的土层单元较少，在标准平衡时，部分表面土层单元因与桩重叠量较大而发生飞跃（图 6.1.2）。此时，通过 d.show('mV')命令可以查看模型的速度场，以及使用 d.show( )命令查看离散元系统的各类力和能量的变化曲线。通过分析这些场图和曲线，发现系统能量还未平衡，仍需继续进行平衡迭代计算，以减少系统中的动能。具体查看和分析方法请参见 3.5 节，也可参考 7.2 节。

6.1.3　拔桩过程的数值模拟

1）初始化和荷载设置

在 BoxPile3 中，首先加载数据并初始化模型：

```
load('TempModel/BoxPile2.mat');
B.setUIoutput();
d=B.d;
d.calculateData();
d.mo.setGPU('off');
```

```
d.getModel();
d.status=modelStatus(d);
```

随后，在正式拔桩之前进行一些必要的设置：

```
d.mo.bFilter(:)=0;
d.mo.isHeat=1;
d.mo.setGPU('auto');
d.setStandarddT();
pile1Id=d.GROUP.Pile1;
pile1Z=d.mo.aZ(pile1Id);
topPileId=pile1Id(pile1Z>max(pile1Z)-B.ballR*0.1);
d.addGroup('topPile',topPileId);
d.addFixId('Z',d.GROUP.topPile);
```

在真实世界中压桩或拔桩时，力作用在桩顶部。因此，在上述代码中，首先筛选出桩 Pile1 顶部部分单元的编号，并将其声明为组 topPile。进一步，可以方便地对 topPile 施加力的作用，从而模拟压桩或拔桩过程。同时，应力波在桩体中传播的过程也能得到有效模拟。

该步中还需通过 d.addFixId 命令锁定 topPile 组的 Z 坐标。这是由于在压桩或拔桩过程中，每次加载之后，桩会受到地层颗粒单元的反力或重力作用，如果不锁定桩顶单元的自由度，那产生的反力或重力会使桩体产生回弹或回落，影响模拟结果。若需模拟桩体回弹的过程，将命令 d.addFixId('Z', d.GROUP.topPile)删除即可。

2）迭代计算

```
totalCircle=20;
stepNum=100;
dis=1;
dDis=dis/totalCircle/stepNum;
d.tic(totalCircle*stepNum);
fName=['data/step/' B.name num2str(B.ballR)'-' num2str (B.distriRate)
'loopNum'];
save([fName '0.mat']);
```

在迭代计算中，将桩上拔 1m 的过程分成 20 步（totalCircle），再将每一步分成 100 小步（stepNum）。如第 4 章中所述，在平衡迭代总次数相同的情况下，增大 stepNum 可以提高模拟结果的精度。实际模拟中，需要增大 stepNum（如 1000 以上），将拔桩过程微分成更小的位移步 dDis。在每次平衡迭代中，桩会被上拔 dDis，如果 dDis 太大，则模拟结果精度将难以满足要求。

```
for i=1:totalCircle
    for j=1:stepNum
```

```
            d.toc();
            d.moveGroup('topPile',0,0,dDis);
            d.balance('Standard',0.01);
        end
        d.clearData(1);
        save([fName num2str(i)'.mat']);
        d.calculateData();
    end
end
```

在迭代计算过程中，施加荷载的形式包括应力荷载、位移荷载以及二者的混合。例如，可通过压力板来实现应力荷载的施加，即对压力板的单元施加特定的体力；而位移荷载则可通过移动特定的组来实现。在上述代码中，通过函数 d.moveGroup 移动桩顶（topPile）来模拟拔桩的过程。每上拔 dDis 距离，即进行 0.01 次的标准平衡（d.balance('Standard', 0.01)）。由于 topPile 的 Z 坐标是锁定的，桩顶以下的单元在拉力作用下向上移动，并与桩周土产生作用，从而实现桩土作用的模拟。

在模拟过程中，通过 save 命令不断保存每一步的数据文件。在完成数值模拟后，通过后处理或 makeGIF 代码，可生成拔桩过程的 GIF 动画等。第三步得到的结果如图 6.1.3 所示：Pile1 被上拔了一定距离，桩端与地层之间出现了明显的空隙，而 Pile2 由于在第二步中被声明为固定单元，在模拟中始终保持不动。从图中可以看到，由于分步对桩顶施加位移，当拔桩速度非常快的时候，桩中出现明显的应力波。

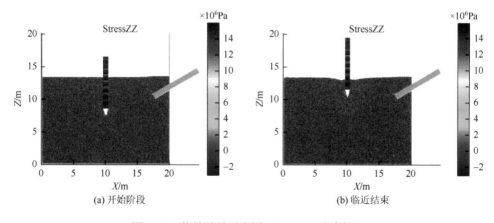

(a) 开始阶段　　　　　　　　　　　(b) 临近结束

图 6.1.3　拔桩结果示意图（StressZZ 应力场）

BoxPile 是 MatDEM 中几个较为简单的示例之一，主要演示了如何通过自定义函数建立简单形态的结构体，并将其添加到模型中。同时，示例中包括了堆积建模、过滤器使用、导入和设置材料、锁定单元自由度等已在基础篇中阐述的知识点。在掌握这些操作的基础上，可根据实际需要，建立更为复杂的模型。

6.2　隧道建模

本节以二维数值模型为例，讲解了隧道模型的建立（BoxTunnel），三维模型与此类似，可自行拓展学习。建立隧道模型的基本思路是先在地层中挖出一定尺寸的隧道，然后建立和隧道相匹配的隧道衬砌物模型，之后把衬砌物放到挖好的隧道里并且压实土层，让土层与衬砌物紧密接触，最后在地表施加压力模拟真实工况。

6.2.1　堆积地层模型

首先建立堆积地层模型：

```
...
B.name='BoxTunnel';
B.ballR=0.2;
B.distriRate=0.2;
B.sampleW=50;
B.sampleL=0;
B.sampleH=50;
B.type='topPlaten';
B.setType();
B.buildInitialModel();
```

建立的模型命名为 BoxTunnel，宽度 B.sampleW 和高度 B.sampleH 均为 50m，单元平均半径 B.ballR 为 0.2m，单元半径分散系数 B.distriRate 取 0.2；B.type='topPlaten'声明将生成上压力板用以压实模型，通过 B.buildInitialModel 命令建立初始的堆积模型。初始堆积模型建立后需要进行重力沉积和压实操作，以模拟自然土层：

```
B.gravitySediment();
B.compactSample(6);
...
```

因为要模拟地下隧道开挖，所以土要处于紧密压实状态，用 B.compactSample(6) 进行 6 次压实以压实土层，最后保存初始建模数据。建立的初始地层模型见图 6.2.1。

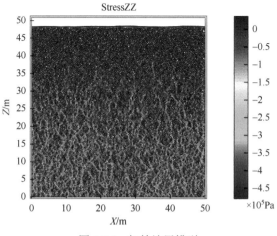

图 6.2.1 初始地层模型

6.2.2 建立隧道模型

1）材料设置

首先加载第一步的计算结果并且初始化数据，然后导入模型材料：

```
...
matTxt=load('Mats\StrongRock.txt');
Mats{1,1}=material('StrongRock',matTxt,B.ballR);
Mats{1,1}.Id=1;
d.Mats=Mats;
d.groupMat2Model({'sample'},1);
```

使用以上代码导入材料 StrongRock，并将其对应材料编号设置为 1。通过 d.groupMat2Model 命令将其应用到模型中。因为在真实世界中开挖隧道时地面上部有时会存在荷载，如城市地铁隧道上部的建筑物等，为了模拟这种效应，可以在数值模拟中施加等效的荷载：

```
B.SET.stressZZ=-10e6;
B.setPlatenFixId();
d.resetStatus();
fs.setPlatenStress(d,0,0,B.SET.stressZZ,B.ballR*5);
```

使用命令 B.SET.stressZZ=-10e6 预设 10MPa 的压力；为了限制压力板的运动方向，使用了 B.setPlatenFixId 函数限制板的自由度，使其仅在垂直于板平面的方向上运动；在初始化 d.status 中的数据后，使用 fs.setPlatenStress 函数根据预设压力的大小对模型施加压力，具体通过改变单元的体力（d.mo.mGZ）实现压力的施加，程序会查找样品单元中离 platen 一定距离内的单元，并以这些单元的 XY 范围来确定 platen 上需要施加应力的单元（详见 4.2.2 节）。

2）挖掘隧洞

首先要在堆积模型中挖掘一个隧洞，即使用过滤器选择并删除隧洞单元：

```
sampleId=d.getGroupId('sample');
sX=d.mo.aX(sampleId);sY=d.mo.aY(sampleId);sZ=d.mo.aZ(sampleId);
dipD=0;dipA=90;radius=4;height=30;
mX=d.mo.aX(1:d.mNum);
mY=d.mo.aY(1:d.mNum);
mZ=d.mo.aZ(1:d.mNum);
mR=d.mo.aR(1:d.mNum);
columnFilter=f.run('fun/getColumnFilter.m',sX,sY,sZ,dipD,dipA,
radius,height);
d.addGroup('Tunnel',find(columnFilter));
tunnelId=d.getGroupId('Tunnel');
d.delElement(tunnelId);
```

代码中 sX、sY、sZ 分别为模型中堆积单元的 X、Y 和 Z 坐标，dipD 为预设的隧洞倾向，dipA 为隧洞倾角（用于建立三维隧洞），radius 为隧洞半径，height 隧洞为高度，通过这些位置参数可以在空间中做出任意形状、任意方向的隧道。代码第 8 行通过 f.run 调用 getColumnFilter.m 函数（圆柱过滤器），筛选出一个半径为 4m、高度为 30m 的圆柱区域过滤器 columnFilter，由于此模型为二维模型，所以 sY 为 0，最终在二维模型上得到一个圆形过滤器。接下来将隧道过滤器对应的单元定义为一个 Tunnel 组，采用 d.addGroup（'Tunnel'，find（columnFilter））命令，其中 find 函数用于提取隧道单元的编号。最后用 d.delElement（'TunnelId'）命令将 Tunnel 组的单元删除掉。通过以上操作在堆积模型中间挖出隧洞（图 6.2.2）。

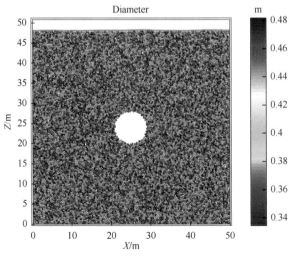

图 6.2.2　挖掘出的隧洞

3) 建立隧道衬砌结构体

为模拟真实世界的施工过程，在隧洞挖好后，需加入隧道衬砌。由于此示例是二维模型，所以隧道衬砌物为一个圆环，在三维模型中则需构建管状衬砌物（详见 10.3 节）。人工的隧道衬砌物是一个相对均质的、有放射状的结构，为了使模拟衬砌物具有较好的各向同性，采用自定义的 makeRing 函数（具体见软件 fun 文件夹）建立一个多层圆环，其基本思想是：先建立一个内层圆环，然后将此圆环的半径和单元半径适当放大，经过一定角度的旋转即可叠加在第一个圆环之上，此时要保证所有的相接触的颗粒都是两两相切的，通过数学计算可以得到第二层圆环单元有唯一的粒径（r_2）满足上述要求：

$$
\begin{cases}
t = \sqrt{R_1^2 - r_1^2} \\
r_2 = \dfrac{(tR_1 / r_1 + r_1) + \sqrt{2R_1 t + R_1^2}}{R_1^2 / r_1^2 - 1}
\end{cases}
\tag{6.2.1}
$$

式中，R_1 为内层圆环半径；r_1 为组成内层圆环的单元的半径。

在程序中应用 makeRing 函数建立多层圆环结构体的过程如下：

```
innerR=4;layerNum=3;minBallR=0.16;Rrate=0.8;
ringObj=f.run('fun/makeRing.m',innerR,layerNum,minBallR,Rrate);
ringObj=mfs.rotate(ringObj,'YZ',90);%rotate the group along XZ
plane
```

代码第 1 行为 makeRing 函数的输入参数，innerR = 4 表示圆环内径 4m，layerNum = 3 表示圆环共 3 层，minBallR = 0.16 表示内层圆环的单元半径为 0.16m，Rrate = 0.8 表示单元有 20%重叠量。在第 2 行中，通过 f.run 调用 makeRing 函数即可得到 ringObj，即衬砌的结构体（图 6.2.3（a））。ringObj 结构体建立后处于 XY 平面，而隧洞模型处于 XZ 平面，此时使用 mfs.rotate（ringObj, 'YZ', 90）函数将 ringObj 结构体旋转到 XZ 平面（旋转结构体而不是旋转组）。注意，在二维模型中，所有单元的 Y 坐标必须为 0，在导入自定义的结构体时，需查看确认其单元 Y 坐标均为 0，或者通过 ringObj.Y(:) = 0 来设定其坐标值。

4) 将隧道衬砌放入地层

```
ringId=d.addElement(1,ringObj);
d.addGroup('ring',ringId);%add a new group
d.setClump('ring');
d.moveGroup('ring',(max(mX)+min(mX))/2,0,(max(mZ)+min(mZ))/2);
d.minusGroup('sample','ring',0.4);%remove overlap elements from
sample
d.breakGroup();%break the elements connection in a group
B.gravitySediment(0.5);
```

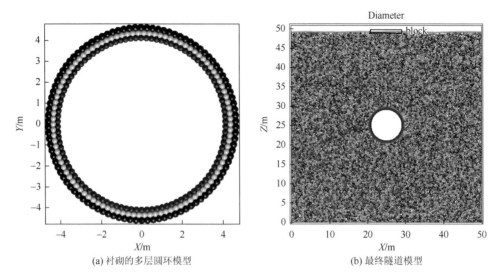

(a) 衬砌的多层圆环模型　　　　　　　　　(b) 最终隧道模型

图 6.2.3　衬砌和最终隧道模型

通过 d.addElement(1, ringObj)命令将 ringObj 结构体的单元添加到模型，使用 d.addGroup('ring', ringId)将添加的单元设置为一个组 ring；因为制作 ring 结构体的时候单元之间是相互重叠的，为防止单元间应力过大发生模型爆炸，需要用 setClump('ring')函数将 ring 组设置为团簇颗粒；此结构体的中心在坐标系原点，使用 d.moveGroup 函数将 ring 组移动到开挖的隧洞处；由于隧洞和圆环单元可能有所重叠，通过 d.minusGroup 命令实现组相减操作，其第一个输入参数是 sample，第二个输入参数是 ring，此时会实现第一个对象减去第二个对象，第三个输入参数可以控制接触处删除单元的多少，输入参数越大，被删除的区域越大。

在真实世界中，由于土层压力作用，隧道和衬砌是紧密接触的。将圆环放入隧洞后，两者并不是紧密接触，需要重新沉积土层。用 d.breakGroup 命令断开单元连接（团簇颗粒除外），随后进行重力沉积，让模型达到更紧密的状态（此处也可使用标准平衡命令）。最后，完成隧道建模（图 6.2.3（b）），并保存第二步的计算数据。

6.2.3　施加荷载和数值模拟

隧道建模完成后，进一步模拟真实世界的荷载施加过程，利用上压力板来施加局部应力荷载。

1）数值模拟设置

```
...
d.mo.bFilter(:)=true;%glue all bonds
```

```
d.deleteConnection('boundary');%break all bonds of boundaries
d.mo.zeroBalance();
d.mo.isHeat=1;
d.mo.isCrack=1;
...
fs.setPlatenStress(d,0,0,B.SET.stressZZ,B.ballR*5);
d.mo.setGPU('auto');
d.balance('Standard',1);
```

首先加载第二步的计算数据，然后初始化模型。因为上一步沉积地层时，将单元连接全部断开，此处使用 d.mo.bFilter(:) = true 命令胶结全部连接。此时边界和样品单元也会相互连接，所以再次使用 d.deleteConnection 函数断开二者连接。d.mo.isHeat = 1 声明记录热量的生成，d.mo.isCrack = 1 声明记录裂隙的生成。由于第二步中对模型施加了 10MPa 的压力，此处需通过 fs.setPlatenStress 函数施加相同压力，否则模型可能会发生爆炸，然后对模型进行标准平衡。初始设置完成后需要筛选出上压力板的部分区域，以进一步施加压力：

```
tp=d.GROUP.topPlaten;
blockWidth=8;
tpX=d.mo.aX(tp);
tpXCenter=(max(tpX)+min(tpX))/2;
blockFilter=tpX>(tpXCenter-blockWidth/2)&tpX<(tpXCenter+ blockWidth/2);
blockId=tp(blockFilter);
d.addGroup('block',blockId);
blockForceZ=d.mo.mGZ(blockId);
```

第 1 行命令获得上压力板的单元编号 tp；blockWidth = 8 表示要筛选上压力板中心宽度 8m 的区域；通过接下来的命令，将上压力板中心外 4m 范围内的单元筛选出来，建立过滤器 blockFilter；tp（blockFilter）命令获取压力板中间 8m 区域的单元编号数组 blockId，并用 addGroup 命令添加新的组 block（图 6.2.3）；最后获得中间 block 组新墙的体力 blockForceZ。当在 topPlaten 上施加压力时，实际上是在其单元上施加了一个向下体力，即对应 mGZ 矩阵。blockForceZ 也通过相同方法施加于单元上。

2）迭代计算和模拟结果

在完成以上设置后，通过迭代循环模拟上压力板即地面应力荷载不断增加时，隧道衬砌与土层的相互作用：

```
totalCircle=5;
for i=1:totalCircle
    d.mo.mGZ(blockId)=d.mo.mGZ(blockId)+blockForceZ;
```

```
        d.balance('Standard',1);
        d.clearData(1);
        d.mo.setGPU('off');
        save([fName num2str(i)'.mat']);
        d.calculateData();
        d.mo.setGPU(gpuStatus);
        d.toc();
    end
```

在 for 循环中，逐渐增加 block 单元 Z 方向的体力，以模拟地面荷载不断增加的过程。加载模拟完成后，在后处理中可以查看模拟结果。用 d.show（'StressZZ'）可以查看单元在 Z 方向上的正应力（图 6.2.4）。从图中可以看到，压力向下作用时，隧道圆环两侧产生 Z 方向应力集中。在图中也可以看到很明显的力链，这表明土体中的压力不是均匀的。

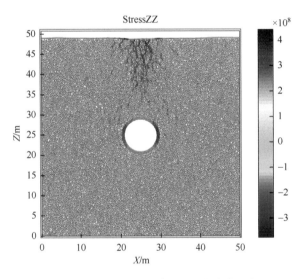

图 6.2.4　施加压力后模型 Z 方向应力分布

6.3　盾构滚刀破岩

全断面隧道掘进机 TBM 因自动化程度高、洞室成型完整等特点，在隧道施工中得到了广泛应用，盾构滚刀破岩过程的数值模拟研究因而成了近年来的热点。MatDEM 提供的示例代码 TBMCutter 中已建立最简易的盾构滚刀破岩数值模拟模型，用户可基于盾构滚刀破岩通用计算模块建立更为特定工况条件下的盾构滚刀破岩数值模拟模型。

6.3.1　堆积地层模型

在 TBMCutter1 代码中，建立原始的堆积地层模型，主要建模代码如下：

```
B=obj_Box;%build a box object
B.GPUstatus='auto';2
width=1.2;length=0.6;height=0.6;ballR=0.005;%width,length,height,
radius
distriRate=0.2;%define distribution of ball radius,
isClump=0;
B.ballR=ballR;
B.isClump=isClump;
B.distriRate=distriRate;
B.sampleW=width;
B.sampleL=length;
B.sampleH=height;
B.type='topPlaten';
B.setType();
B.buildInitialModel();
```

首先，设定 GPU 运算状态为'auto'，其次，输入部分模型参数数值，建立模拟箱类 obj_Box 的对象 B，并赋模拟箱物理参数。模型中的参数设定采用国际单位制，在上述代码中，建立了一个 1.2m×0.6m×0.6m（sampleW×sampleH×sampleH）的三维地层模型，并生成上压力板（topPlaten）以压实模型。

```
B.gravitySediment();
B.compactSample(2);%input is compaction time
mfs.reduceGravity(d,10);
```

堆积模型颗粒参数赋值完成后，需运行 B.gravitySediment( )函数对模型进行重力沉积，并通过 B.compactSample(2)对模型进行两次压实。在沉积压实后运行 mfs.reduceGravity(d, 10)函数以消除单元重力，最后保存初始建模数据。图 6.3.1 为建立的三维堆积模型，图中颜色表明单元半径(d.mo.aR)。

6.3.2　建立滚刀破岩模型

1）切割模型

```
load('TempModel/box1.mat');
d=B.d;
d.mo.setGPU('off');
```

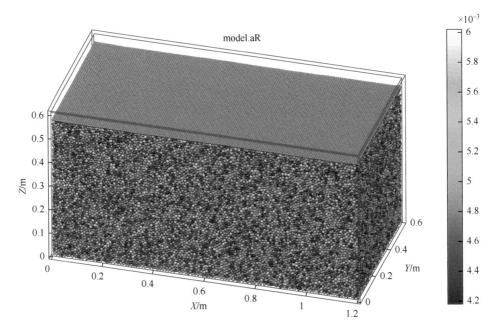

图 6.3.1　三维堆积模型

```
d.calculateData();
d.getModel();%get xyz from d.mo
```

本节将对堆积地层进行切割和赋材料。在 TBMCutter2 代码中，以上命令将第一步中得到的数据载入并初始化。

```
mZ=d.mo.aZ(1:d.mNum);
topLayerFilter=mZ>max(mZ)*0.5;
d.delElement(find(topLayerFilter));
```

通过以上第 1 条命令获得模型中所有活动单元的 Z 坐标，并保存在 mZ 矩阵中。第 2 条命令将 Z 轴坐标位于模型箱上半部分的单元挑选出来，并记录在布尔矩阵 topLayerFilter 中。使用 find 命令获得单元编号后，利用 d.delElement 命令把选中的单元从模型中删除，即删除模型上半部分的活动单元。

2）地层分组和赋材料

首先，导入 StrongRock 和 WeakRock 两种材料，用于进一步建立软硬互层的岩块：

```
matTxt=load('Mats\StrongRock.txt');
Mats{1,1}=material('StrongRock',matTxt,B.ballR);
Mats{1,1}.Id=1;
matTxt2=load('Mats\WeakRock.txt');
Mats{2,1}=material('WeakRock',matTxt2,B.ballR);
```

```
Mats{2,1}.Id=2;
d.Mats=Mats;
```

为了方便起见，本示例中的材料直接由记事本文件中的数值来定义。通过这种方法定义的材料，其实际杨氏模量和强度与设定值可能有较大的误差（如 50%），需要通过材料训练以获得更准确的模型。关于材料训练，详见 3.3.3 节。

以下部分代码用于地层划分与赋材料：

```
dipD=90;dipA=60;strongT=0.1;weakT=0.1;
weakFilter=mfs.getWeakLayerFilter(d.mo.aX,d.mo.aY,d.mo.aZ,dipD,
dipA,strongT,weakT);
sampleId=d.getGroupId('sample');
aWFilter=false(size(weakFilter));
aWFilter(sampleId)=true;
sampleWfilter=aWFilter&weakFilter;
d.addGroup('WeakLayer',find(sampleWfilter));
B.setPlatenFixId();
d.setGroupMat('WeakLayer','WeakRock');
d.groupMat2Model({'WeakLayer'},1);
```

以上代码生成倾向 90°（dipD = 90），倾角为 60°（dipA = 60°），软硬层厚度均为 0.1m 的岩块。通过 getWeakLayerFilter 获得岩层中软弱层单元过滤器 weakFilter；运行 d.setGroupMat('WeakLayer', 'WeakRock')命令，将 WeakLayer 组的材料声明为 WeakRock；进一步通过 d.groupMat2Model 函数将材料赋给单元。函数 groupMat2Model 的第一个输入参数是一个元胞数组，定义需要进行材料设置的组，第二个参数为默认的材料。通过运行这个命令，将按照前期声明设置 WeakLayer 组单元的材料，而其余单元的材料则设为材料 1。

3）建立和导入滚刀模型

```
hobR=0.216;hobT=0.1;ballR=B.ballR;Rrate=0.7;cutRate=1;
hob=mfs.makeHob(hobR,hobT,cutRate,ballR,Rrate);
hob=mfs.rotate('YZ',hob,90);
hob.X=[hob.X;(max(hob.X)+min(hob.X))/2];
hob.Y=[hob.Y;(max(hob.Y)+min(hob.Y))/2];
hob.Z=[hob.Z;(max(hob.Z)+min(hob.Z))/2];
hob.R=[hob.R;mean(hob.R)];
```

首先，声明滚刀刀盘几何参数，半径为 0.216m(hobR = 0.216)，厚度为 0.1m（hobT = 0.1），刀刃斜率为 1（cutRate = 1），团簇模型颗粒间距比为 0.7（Rrate = 0.7）。最后将在刀盘中心增加一个单元，用于数值模拟中标记刀盘中心点。图 6.3.2（a）为建立好的滚刀刀盘模型。

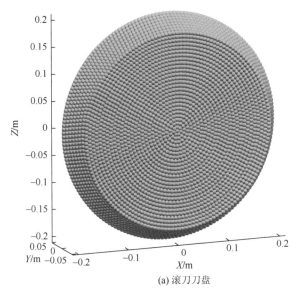

(a) 滚刀刀盘

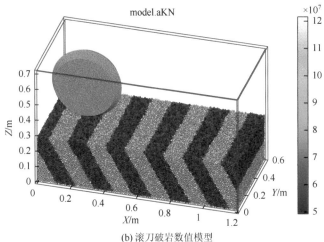

(b) 滚刀破岩数值模型

图 6.3.2　建立和导入滚刀模型

```
hobId=d.addElement(1,hob);%mat Id,obj
d.addGroup('Hob',hobId);
sampleId=d.GROUP.sample;
d.moveGroup('Hob',hobR,(max(d.aY(sampleId))+min(d.aY(sampleId)))
/2,0);
...
```

　　然后，将使用 d.addElement 将 hob 结构体添加进模型，并赋材料 1。滚刀刀盘在模型中的编号数组为 hobId。第 2 行通过 addGroup 命令将滚刀添加为 Hob

组；第 3 行得到所有样品单元的编号；第 4 行及之后命令将 Hob 组移动到预定的
位置（图 6.3.2（b））。然后开始平衡模型：

```
d.setClump('Hob');
d.removeGroupForce(d.GROUP.Hob,[d.GROUP.topB;d.GROUP.rigB]);
d.mo.isFix=1;
d.mo.FixXId=[d.mo.FixXId;hobId];
d.mo.FixYId=[d.mo.FixYId;hobId];
d.mo.zeroBalance();
d.balanceBondedModel0();
d.mo.bFilter(:)=0;
d.balance('Standard');
d.balanceBondedModel();
```

d.setClump（'Hob'）将滚刀设为弹性 clump 团簇；利用 d.removeGroupForce
函数移除滚刀和左右边界间的作用力；d.mo.FixXId 定义了需要锁定 X 方向自由
度的单元（此处也可使用 d.addFixId 函数）；然后进行零时平衡操作（d.mo.
zeroBalance），重新计算单元间作用力；通过接下来的函数胶结和平衡模型，得到
图 6.3.2（b）所示的滚刀破岩数值模型。

6.3.3　滚刀破岩数值模拟过程

```
d.mo.mVX(:)=0;d.mo.mVY(:)=0;d.mo.mVZ(:)=0;
d.status=modelStatus(d);
d.mo.isHeat=1;
visRate=0.00001;
d.mo.mVis=d.mo.mVis*visRate;
d.setStandarddT();
```

在 TBMcutter3 代码中，首先设置数值模型初始状态，在上述第 1 行代码中将
所有单元的 X、Y、Z 方向速度为 0，并使用第 2 行代码初始化模型；通过第 3 行
命令声明在模拟过程中记录模型的热量变化；第 4、5 行将活动单元的阻尼系数
（mVis）设为极小值；第 6 行设置时间步为标准值。

```
totalCircle=40;stepNum=100;balanceNum=40;
disp(['Total real time is ' num2str(d.mo.dT*totalCircle* stepNum*
balanceNum)]);
fName=['data/step/TBM' num2str(B.ballR)'-' num2str(B. distriRate)
'loopNum'];
sampleX=d.mo.aX(d.GROUP.sample);
dis=(max(sampleX)-min(sampleX))-hobR*2;
Dis=[1,0,-0.1]*dis;
```

```
dDis=Dis/(totalCircle*stepNum);
dDis_L=sqrt(sum(dDis.^2));
dAngle=dDis_L/hobR*180/pi;
d.mo.bFilter(:)=true;%bond all elements
d.mo.zeroBalance();
save([fName '0.mat']);%return;
```

将数值模拟过程分为 40 步（totalCircle = 40），并将每步再次分解为 100 小步（stepNum = 100）。滚刀在 XZ 平面上，沿着岩块表面向前滚动，其中心的总位移向量为 Dis，而 dDis 为每个加载步中滚刀的位移。同时，滚刀也发生旋转滚动，其绕几何中心旋转角速度为 dAngle。最后胶结模型，保存模拟初始数据，进入迭代计算：

```
gpuStatus=d.mo.setGPU('auto');
d.tic(totalCircle*stepNum);
for i=1:totalCircle
    d.mo.setGPU(gpuStatus);
    for j=1:stepNum
        d.moveGroup('Hob',dDis(1),dDis(2),dDis(3));
        hobId=d.GROUP.Hob;
        hobCx=gather(d.mo.aX(hobId(end)));
        hobCy=gather(d.mo.aY(hobId(end)));
        hobCz=gather(d.mo.aZ(hobId(end)));
        d.rotateGroup('Hob','XZ',-dAngle,hobCx,hobCy,hobCz);
        d.balance(balanceNum);
        d.recordStatus();
        d.toc();%show the note of time
    end
    d.clearData(1);%clear data before saving
    save([fName num2str(i)'.mat']);
    d.calculateData();
end
```

以上代码为常规的加载迭代过程。首先设定 GPU 状态为'auto'，用 d.tic（）命令记录模拟初始时间和总加载步数。使用两层循环，外层循环中设置 GPU，压缩和保存文件。内层循环中移动和旋转滚刀，由于滚刀结构体的最后一个单元在其中心位置，所以 d.rotateGroup 的旋转中心为 Hob 组最后一个单元。注意，MatDEM 仅对迭代计算函数进行了 GPU 计算优化，而运行 d.rotateGroup 等操作命令时，需要使用 gather 命令将 d.mo 中的坐标转化为 CPU 数据，否则可能发生报错。在平衡计算时，采用了 d.balance（balanceNum）命令，也可使用标准平衡命令 d.balance（'Standard'）。

　　图 6.3.3（a）和图 6.3.3（b）分别为数值模型在 0.059s 和 0.096s 时的状态，其中单元颜色代表其刚度，暖色单元有较高的刚度。为了快速完成数值模拟，本示例中的滚刀移动速度较快，为 7.9m/s，并造成单元连接迅速破坏，大量单元飞溅（图 6.3.4（a））。需要注意的是，在每一次加载步中，滚刀向下和向右运动，并旋转一定量。为获得较准确的模拟结果，其每步移动量需小于单元间断裂位移（详见 4.3.4 节）。在每步施加荷载的瞬间，滚刀刀口会受到巨大的压力，而在平衡计算后，刀口的压力会迅速减小。

　　数值模拟结束后，运行 d.show( )命令得到图 6.3.4 所示的应力图、能量转化曲线、边界受力曲线和热量生成曲线。对比图 6.3.3 和图 6.3.4 可以看到，当滚刀切割刚度大的岩层时，底部边界受到更大压力。相应地，能量和热量曲线也呈现出阶梯状的变化。而滚刀接近右边界时，右边界的受力也迅速增加。

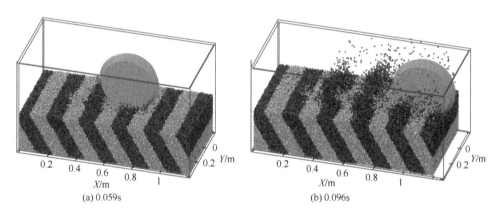

(a) 0.059s　　　　　　　　　　　　　　(b) 0.096s

图 6.3.3　数值模拟过程图

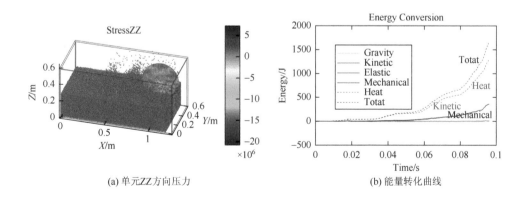

(a) 单元ZZ方向压力　　　　　　　　　(b) 能量转化曲线

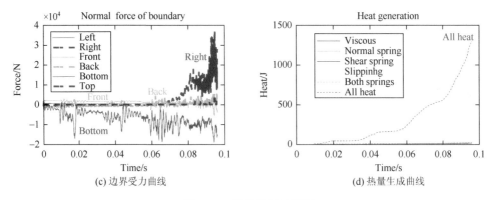

(c) 边界受力曲线   (d) 热量生成曲线

图 6.3.4　数值模拟结果图

6.3.4　提高滚刀破岩计算的速度

滚刀破岩数值模拟涉及巨大的计算量，当不考虑滚刀的变形和破坏时，可以通过以下方法来减小计算量。这种方法也在直剪和扭剪示例中使用（7.1 节）。

1）将滚刀设置为固定单元

MatDEM 的数值迭代计算基于 d.mo.nBall 矩阵，只计算活动单元与其邻居单元间的作用力，进而得到活动单元的受力和运动，而不计算固定单元的受力和运动。其计算耗时主要受活动单元数影响，几乎不受固定单元数影响（2.3.1 节）。而滚刀材料的刚度通常远大于所切割的岩石，当不考虑滚刀本身的变形和破坏时，可将滚刀单元设置为固定单元，以减少活动单元数，从而加快计算速度。

2）降低滚刀单元的刚度

由 4.4.3 节可知，离散元模拟的时间取决于周期最小的单元。当滚刀单元为固定单元时（计算中不可移动），可以认为其为刚性的。此时，可以减小滚刀单元的刚度，使其与岩石单元具有相近的刚度，即可增大时间步，并使用较少的迭代次数完成计算，显著地提高计算速度。

第7章 岩土体离散元试验

利用 MatDEM 可以构建各类几何模型，并且可通过拼合模型和施加荷载作用，模拟各类室内土力学和岩石力学试验。本章以直剪和扭剪试验与真三轴试验为例，介绍如何构建离散元试验模拟器。并重点介绍如何构建多个部件，并拼合整体模型，以及如何建立各类裂隙和节理。

7.1 直剪和扭剪试验

直剪（扭剪）试验示例包括 BoxShear0～4 代码文件，分别用于：①堆积土块试样；②制作直剪（扭剪）试验盒，并放入试样；③给试样赋材料；④直剪（扭剪）数值模拟。BoxShear 建模过程相对复杂，基本思想为：按照真实试验的过程来制作离散元试样和剪切盒，切取圆柱状样品并放入剪切盒，最后对试样施加竖向压力，进行直剪或环剪操作。这个示例实现了 obj_3AxisTester 类的绝大部分功能，演示了如何用 MatDEM 二次开发建立复杂的模型。

7.1.1 定义试验参数和堆积试样

在示例代码 BoxShear0 中，通过重力堆积、压实和重力消减，建立一个无初始重力作用的土块。为保证能进一步切出环刀土样，原始的土样需比环刀稍大。主要代码如下：

```
···%Clean the workspace and choose a random seed.
B=obj_Box;
···%Define B.name,GPUstatus,ballR,distriRate,isClump and so on.
B.SET.shearType='torsional';%May change it to 'shear'.
B.SET.sampleR=0.0309;
B.SET.sampleH=0.02;
if strcmp(B.SET.shearType,'torsional')
    B.SET.sampleR=0.0309;
    B.SET.sampleH=0.06;
end
B.sampleW=B.SET.sampleR*2.2;
```

```
B.sampleL=B.SET.sampleR*2.2;
B.sampleH=B.SET.sampleH*1.5;
B.type='topPlaten';
B.setType();
B.buildInitialModel();
…%Gravity sediment,compact sample and reduce gravity.
…%Save the data,display the energy curve or do other post-process.
```

与其他示例的堆积建模过程不同,本示例使用了模拟箱类 B.SET 来记录模
拟信息。B.SET 和 B.TAG 均为结构体,二者可用于记录模拟相关的信息,其
中前者通常用于记录模拟的设置和参数信息,而后者主要用于记录输出查看的
信息。

本示例支持直剪和扭剪试验模拟,通过参数 B.SET.shearType 来定义模拟类
型。直剪和扭剪试样均为圆柱体,对应高度分别为 2cm、6cm,半径均为 3.09cm。
根据所需圆柱试样的尺寸,制作一个稍大一些的初始块状试样,以便后续切割制
样。随后,进行重力沉积、压实样品、保存数据等操作即可得到块状试样的堆积
体。图 7.1.1 为 BoxShear0 代码生成的堆积模型,其中图 7.1.1(a)为 B.SET.shearType
取'shear'的情形(直剪试验),图 7.1.1 (b) 为 B.SET.shearType 取'torsional'的情形
(扭剪试验)。

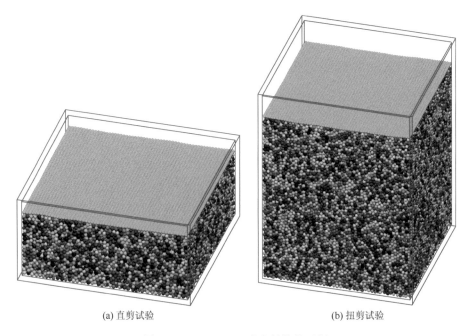

(a) 直剪试验　　　　　　　　　　　　　(b) 扭剪试验

图 7.1.1　BoxShear0 建立的块状试样

7.1.2　制作剪切盒和切割试样

直剪（扭剪）试验盒整体为圆柱状，包括上下剪切盒和上压力板等，需构建多个独立元件，再进行拼合。而第一步中生成的块状试样也需根据剪切盒的大小进行切割，得到圆柱状试样。直剪和扭剪试验的剪切盒非常相似，对应建模代码中绝大部分保持一致。

1）剪切盒参数的定义

在 BoxShear1 代码中，首先需要将块状试样的数据载入，然后读取 B.SET 中记录的模型信息，并设置部分参数：

```
load('TempModel/BoxShear0.mat');
sampleR=B.SET.sampleR;
sampleH=B.SET.sampleH;
ballR=B.ballR;
Rrate=0.7;
tubeR=sampleR+ballR;
ringWidth=0.005;
innerWidth=sampleR*0.9;%Used for torsional shear.
innerHeight=sampleH/6;%Used for torsional shear.
botTubeH=sampleH/2+ballR*2;
boxType='wall';%Can be set as 'model'(by default)or 'wall'.
```

上述代码中，sampleR 和 sampleH 为样品的半径和高度，可从结构体 B.SET 中读取。第 6 行获得剪切盒侧限圆管的半径 tubeR，其等于样品的半径 sampleR 加上单元半径 ballR。而 ringWidth 定义剪切盒外圆环的宽度（见图 7.1.2 剪切盒的外圆环）。由于剪切盒自身仅由一层单元组成，在直剪试验中，当上下盒发生相对位移，单元会从二者的间隙中漏出。因此在上下剪切盒间增加一圆环，以防止剪切时单元漏出。botTubeH 为下部侧限圆管的高度；参数 Rrate 定义剪切盒单元间的重叠量，在本示例中，Rrate = 0.7，即剪切盒相邻单元间的距离是它们直径的 70%。通过定义重叠量，可以构建出相对紧密且光滑的容器。Rrate 越小，单元重叠量越大，剪切盒表面越光滑，但同时单元数量就会变多，计算量也会相应增大。将参数 BoxType 声明为'wall'可将构成剪切盒的所有单元（上压力板除外）都定义成墙单元，使计算量显著降低。如需在后处理窗口中查看剪切盒，需要将"显示边界"这一项更改为"显示模型边框 2"；或者键入命令 d.showB = 3，以显示自定义的墙单元，但不显示系统自动生成边界墙单元。参数 innerWidth 和 innerHeight 用于定义扭剪盒的摩擦板尺寸，将在扭剪试验部分中具体介绍。

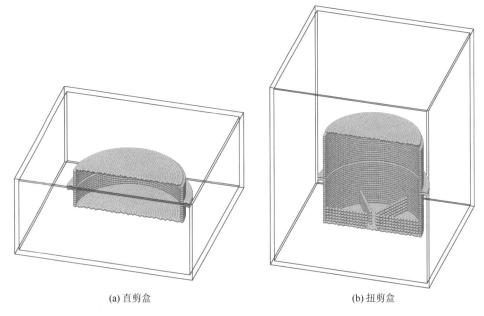

(a) 直剪盒　　　　　　　　　　　　　　(b) 扭剪盒

图 7.1.2　剪切试样盒截面

2）制作圆柱体试样

利用以下代码切割出圆柱状试样，如图 7.1.3 所示（以直剪试验为例）。

```
boxSampleId=d.getGroupId('sample');
sX=d.mo.aX(boxSampleId);
sY=d.mo.aY(boxSampleId);
sZ=d.mo.aZ(boxSampleId);
dipD=0;dipA=0;
radius=sampleR-ballR;height=sampleH-ballR;
columnFilter=f.run('fun/getColumnFilter.m',sX,sY,sZ,dipD,dipA,
radius+B.ballR,height);
d.addGroup('column',find(columnFilter));
sampleObj=d.group2Obj('column');
sampleObj=mfs.moveObj2Origin(sampleObj);
```

以上代码利用建模函数集中的 mfs.getColumnFilter 函数切割圆柱体试样。这个函数也提供于 fun 文件夹中，可以通过 f.run 的形式来运行这个自定义函数，以获得圆柱体的单元过滤器矩阵 columnFilter。用户也可自行编写任意形状的过滤器来切割试样，有关过滤器的定义及使用可参见第 3 章中相应内容。进一步，利用 d.addGroup 函数将其声明为 column 组，通过 d.group2Obj 函数将 column 组转化为结构体 sampleObj（包含单元坐标和半径信息），并将其中心移至原点，供后续使用。

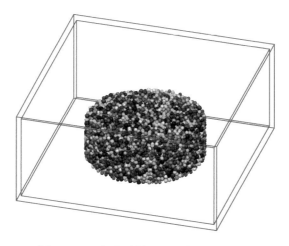

图 7.1.3　圆柱状试样（以直剪试验为例）

3）制作剪切试样盒

剪切盒由上、下两部分组成，而两部分剪切盒又由侧限圆管、底板和外圆环组成。以下代码分别制作剪切盒的各个部件，通过移动、对齐和合并操作，建立起复杂的三维模型。BoxShear1 中的以下代码用于生成下剪切盒：

```
botTubeObj=mfs.denseModel(Rrate,@mfs.makeTube,tubeR+(1-Rrate)*
ballR*2,botTubeH,ballR);
discObj=mfs.denseModel(Rrate,@mfs.makeDisc,sampleR+(1-Rrate)*
ballR*1,ballR);
botTubeObj=mfs.moveObj2Origin(botTubeObj);
discObj=mfs.moveObj2Origin(discObj);
[botTubeObj,botDiscObj]=mfs.alignObj('bottom',botTubeObj,discObj);
botBoxObj=mfs.combineObj(botTubeObj,botDiscObj);
botBoxObj=mfs.align2Value('bottom',botBoxObj,0);
botBoxTopZ=mfs.getObjEdge('top',botBoxObj);
botRingObj=mfs.makeRing2(tubeR+ballR-ballR*(1-Rrate)*2,tubeR+
ballR+ringWidth,ballR,Rrate);
botRingObj=mfs.align2Value('top',botRingObj,botBoxTopZ);
botBoxObj=mfs.combineObj(botBoxObj,botRingObj);
```

在上述代码的第 1 行中使用了 denseModel 函数用于生成单元具有一定重叠量的模型。其第一个输入参数 Rrate 定义了模型紧邻的两单元距离与直径的比值；第二个参数为生成部件结构体的函数，这里使用的是内置的 mfs.makeTube 函数；其余参数为 makeTube 的输入参数。denseModel 将 ballR 乘以 Rrate 后代入 makeTube 函数，生成圆管结构体 botTubeObj，再重新把 ballR 赋给圆管结构体的单元，使得单元相互重叠，生成表面相对光滑的管状模型。

　　同样地，在第 2 行中利用 denseModel 函数调用 makeDisc 来生成剪切盒底板的圆盘结构体 discObj。参数列表中的（1-Rrate）*ballR*1 的作用是使得底板与管壁有一定的重叠量，从而确保整个模型内表面的光滑程度一致。

　　圆管和底板的结构体中含单元的 X、Y、Z 和 R 等信息。在默认情况下，由建模函数返回的结构体，对应坐标轴原点通常在结构体中心或左下角。需要通过对齐操作使底板恰好位于圆管底面：第 3、4 行将管子和底板的中心移动到原点，然后第 5 行使用 mfs.alignObj 函数将两个结构体的底部对齐。最后通过函数 mfs.combineObj 将二者拼合生成对象 botBoxObj，然后将其与水平面 Z = 0 底对齐。同样，生成外圆环的结构体 botRingObj，并将其对齐和拼合到 botBoxObj 上，生成下剪切盒。

```
topTubeObj=mfs.align2Value('bottom',botTubeObj,botBoxTopZ);
[topTubeObj,topPlatenObj]=mfs.alignObj('top',topTubeObj,botDiscObj);
topTubeBotZ=mfs.getObjEdge('bottom',topTubeObj);
topRingObj=mfs.align2Value('bottom',botRingObj,topTubeBotZ);
topTubeRingObj=mfs.combineObj(topTubeObj,topRingObj);
```

　　将下剪切盒部件复制即可生成上剪切盒的各个部件，然后进行拼合。需要注意的是，上剪切盒仅由侧限管子 topTubeObj 与圆环 topRingObj 拼合，而顶板 topPlatenObj 将用于施加法向荷载，不与上剪切盒拼合。

　　4）增加扭剪试验盒摩擦板

　　对于扭剪试验，为了增加剪切盒与试样的作用力，通过以下代码在下剪切盒中增加若干块摩擦板：

```
if strcmp(B.SET.shearType,'torsional')
    planeObj=mfs.makeBox(innerWidth,innerHeight,ballR,ballR);
    planeObj=mfs.rotate(planeObj,'YZ',90);
    planeObj=mfs.move(planeObj,sampleR-innerWidth,0,ballR*2);
    planeObj=mfs.rotateCopy(planeObj,60,6);
    botBoxObj=mfs.combineObj(botBoxObj,planeObj);
end
```

由函数 mfs.makeBox 返回的摩擦板默认是平铺的，因此需要再通过函数 mfs.rotate 与 mfs.move 函数旋转并移动此板至所需的角度。而在做出第一块摩擦板之后，通过函数 mfs.rotateCopy 将这块板绕指定旋转中心旋转并复制。在示例代码中每旋转 60°复制一次，将得到的 6 块板添加到下剪切盒的底板上。图 7.1.4 给出了扭剪试验的下剪切盒的底部的截面，可以看到 6 块摩擦板呈"*"字形排列。

7.1.3　将试样放入剪切盒

　　通过 BoxShear0～1 代码构建了试样和剪切盒的离散元模型，并存储在结构体数据中。进一步，建立一个空的箱子，将这些部件组合起来，完成剪切试验的建模。

图 7.1.4　扭剪试验下剪切盒底部的摩擦板（试样单元已放入）

```
B=obj_Box;
…%Define B.name,GPUstatus,ballR,distriRate,isClump and so on.
B.sampleW=(sampleR+ringWidth)*2.5;
B.sampleL=(sampleR+ringWidth)*2.5;
B.sampleH=sampleH+5*B.ballR;
B.BexpandRate=2;
B.PexpandRate=0;
B.isSample=0;%Won't generate sample when building initial model.
B.type='botPlaten';B.setType();
B.buildInitialModel();
d=B.d;
…
```

由于模拟箱必须要有活动单元，上述代码声明了 B.isSample = 0，并设置 B.type = 'botPlaten'，建立了一个只有下压力板的模拟箱。可以在添加试样后删除压力板。然后将圆柱状试样、下剪切盒、上剪切盒和上压力板导入空箱子中：

```
botBoxId=d.addElement(1,botBoxObj,boxType);
d.addGroup('botBox',botBoxId);
d.setClump('botBox');
topTubeRingId=d.addElement(1,topTubeRingObj,boxType);
d.addGroup('topTubeRing',topTubeRingId);
d.setClump('topTubeRing');
topPlatenId=d.addElement(1,topPlatenObj);
d.addGroup('topPlaten',topPlatenId);
d.setClump('topPlaten');
```

上述代码首先将下剪切盒 botBox、上剪切盒 topTubeRing 的结构体导入箱子模型，并将这些单元定义成特定的组并声明为团簇 clump。在 7.1.2 节中，已声明 boxType = 'wall'，所以第 1 行和第 4 行的 addElement 函数会将上下剪切盒均设置为墙单元，而第 3 行和第 6 行的 setClump 命令将不起作用。若 boxType = 'model'，上下剪切盒均为活动单元，此时则需使用 setClump 来消除活动单元间的初始作用力。第 7 行将上压力板导入箱子，并默认设置为活动单元，上压力板将用于给试样施加压力。

```
d.addGroup('shearBox',[d.GROUP.botBox;d.GROUP.topTubeRing;d.GROUP.
topPlaten]);
d.delElement('botPlaten');
d.moveGroup('shearBox',B.sampleW/2,B.sampleL/2,0);
boxSampleId=d.addElement(1,sampleObj);
d.addGroup('sample',boxSampleId);
boxZ=d.mo.aZ(d.GROUP.shearBox);
d.moveGroup('sample',B.sampleW/2,B.sampleL/2,mean(boxZ));
d.minusGroup('sample','shearBox',0.5);
d.removeGroupForce(d.GROUP.topTubeRing,d.GROUP.topPlaten);
…%Fix element coordinates,gravity sedimentation,etc.
```

为方便操作，以上第 1 行将上、下剪切盒和压力板合并定义为剪切盒组 shearBox，并将其移至模拟箱中央。然后将样品（sampleObj）加入模型，并将其置于剪切盒中，但样品通常会与剪切盒之间有一定的重叠量，因此需要通过函数 d.minusGroup 消除重叠作用。由于上压力板 topPlaten 与侧限管子 topTubeRing 之间具有一定的重叠量，最后通过命令 d.removeGroupForce 来消除二者间作用力。

此外，尽管上压力板单元可活动，但仅限于法线方向（即 Z 方向），因此还需要通过命令 d.addFixId 锁定上压力板在 X 和 Y 方向上的自由度。随后，需要进行重力沉积并压实样品，然后保存数据。具体代码请参见 BoxShear1，通过运行这个建模代码，可得到图 7.1.5（a）所示的直剪试验剪切盒模型和试样。

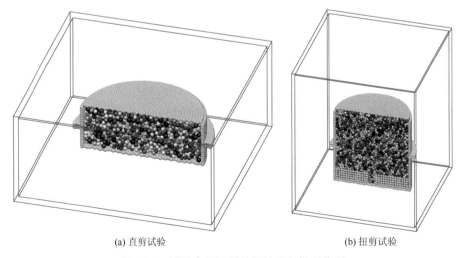

(a) 直剪试验　　　　　　(b) 扭剪试验

图 7.1.5　试验盒和试样的初始几何模型截面

7.1.4　材料设置和数值模拟

7.1.2 节和 7.1.3 节是本示例的重点和难点，对应于 BoxShear1 代码。接下来的材料设置和数值模拟分别对应于 BoxShear2 和 BoxShear3 代码。直剪和扭剪试验在几何建模和赋材料时共用代码文件 BoxShear0～2，但在第三步施加剪切荷载时，由于二者的加载方式差异较大，采用单独的代码 BoxShear3 和 BoxShearTorsional3。两个代码的总体思路上是一致的：以 totalCircle 和 stepNum 为循环变量，通过 for 循环分步施加位移或转动条件，完成直剪或扭剪试验的数值模拟。

1）材料设置

在 BoxShear2 代码中，材料的导入与设置属于常规的步骤，如有疑问可查阅第 3 章或其他示例中的相关内容：

```
matTxt=load('Mats\Soil1.txt');
Mats{1,1}=material('Soil1',matTxt,B.ballR);
Mats{1,1}.Id=1;
d.Mats=Mats;
d.setGroupMat('sample','Soil1');
d.groupMat2Model({'sample'},1);
```

通常情况下，需要按真实的试验来设置数值模拟的材料：上下剪切盒的材料通常为黄铜，需要赋黄铜材料（Mats\Brass.txt）；上压力板赋砂岩的力学性质（Mat\Sandstone.txt）；而试样则可赋土体的力学性质（Mats\Soil1.txt）。在本示例中，由于上下剪切盒的单元均为墙单元或锁定的活动单元，其整体形状不可变化，即为刚性的。因此，以上示例代码中，只添加了土样的材料，所有的单元将被赋以同样的土体材料。由于本示例主要研究土样的剪切变形，给刚性的剪切盒赋土的材料，不会影响其刚性边界的作用。同时，由于土材料的单元刚度小，可以显著提高计算速度（具体请见 1.3.3 节）。而如果需要模拟试样盒的变形，则需要设置剪切盒为活动单元，并赋黄铜材料。

2）直剪试验数值模拟

示例代码 BoxShear3 对直剪试验进行了模拟，基于实例的试验过程，缓慢水平移动下剪切盒，完成直剪试验，主要模拟代码如下：

```
for i=1:totalCircle
    for j=1:stepNum
        d.toc();%show the note of time
        d.moveGroup('botBox',dDis,0,0,'mo');
        d.balance('Standard',0.1);
    end
```

```
       d.clearData(1);%clear data in d.mo
       save([fName num2str(i)'.mat']);
       d.calculateData();
   end
```

通过 for 循环，将总位移分解成若干加载步完成，每步位移量为 dDis。例如，总剪切位移量为 5mm，分解成 20 个循环步（totalCircle，即记录 20 个文件），每个循环步里再分解成 10 个或更多的加载步（stepNum）。这样，剪切过程就被分解成 200 个加载步，每步采用 d.moveGroup 命令将下剪切盒水平移动 0.025mm，再做标准平衡。实际上，用户在进行数值模拟时，通常至少需要设置 2000 个加载步才能比较精确地模拟一个剪切过程。

需要注意的是，本示例模拟真实的试验过程，在施加剪切位移时，仅移动刚性的下剪切盒，而未移动盒中的试样。当下剪切盒移动时，其单元挤压试样单元，并通过迭代计算，推动下剪切盒中的试样单元发生移动。而上剪切盒保持固定，试样逐渐发生剪切变形和破坏，实现直剪试验数值模拟。示例代码的模拟结果位移场如图 7.1.6 所示。

图 7.1.6 直剪试验模拟结果（位移场）

每完成一步加载，就使用一次 d.balance('Standard', 0.1)命令来平衡模型，在该过程中试样逐渐发生移动和变形。通过调整标准平衡函数的第二项系数，可以模拟剪切速率的作用。一次标准平衡会将位移荷载产生的大部分能量消耗掉；而 0.1 次标准平衡通常对应于非常快的剪切过程，即上一次的剪切位移还未完全发生作用，又施加新的位移。从图 7.1.6 可以看到，由于剪切速度非常快，下剪切盒中试样左侧的位移明显较大，同时试样与下剪切盒右侧间出现间隙。关于以上命令的作用和参数取值，详见 4.3 节。

3）扭剪试验数值模拟

示例代码 BoxShearTorsional3 对扭剪试验进行了模拟，主要代码如下：

```
for i=1:totalCircle
    for j=1:stepNum
        d.toc();%show the note of time
        d.rotateGroup('botBox','XY',dAngle,B.sampleW/2,B.samp
        leL/2,0,'mo');
        d.balance('Standard',0.1);
    end
    d.clearData(1);%clear data in d.mo
    save([fName num2str(i)'.mat']);
    d.calculateData();
end
```

扭剪试验的基本过程与直剪试验一致：首先定义每一步旋转的角度 dAngle；然后通过命令 d.rotateGroup 函数来旋转底部的盒子。其中，参数'XY'确定旋转的平面为 XY 平面，参数 'dAngle' 为旋转角度，旋转中心为试样的正中心（B.sampleW/2, B.sampleL/2, 0），而最后一个输入参数'mo'声明只旋转 d.mo 中的单元坐标，而不改变 d 中的单元初始坐标。在 MatDEM 中，相对转角 dθ 不是内置后处理参数，用户如需定量研究扭剪试验中试样的角位移，可利用代码计算得到单元的角位移 mdA，赋给 d.mo.SET.mdA，通过后处理命令 d.show（'SETmdA'）则可绘制单元角速度图。模拟结果如图 7.1.7 所示，本示例的扭剪速度非常快，下剪切盒底部的摩擦板与试样单元间也出现了空隙。

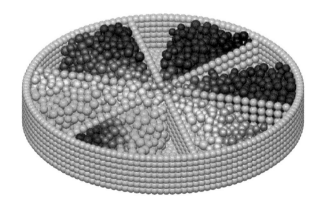

图 7.1.7　扭剪试验模拟结果

至此，使用 MatDEM 完成了剪切试验建模和数值模拟。示例的难点集中在建模上，利用建模函数集 mfs 和自定义函数，建立数值模拟所需各部分的结构体，并拼合成整体模型。通过将复杂问题和模型分块建模和拼合，可以建立非常复杂的离散元模型。这个示例的代码相对复杂，用户在学习和修订过程中，可以适当添加 return 指令，以检查和了解建模过程。

7.2 真三轴试验和节理建模

高应力作用下的真三轴试验非常困难，离散元数值模拟提供一个简单高效的测试方法。示例代码 3DJointStress 演示了如何建立三轴试验模拟器，并进行高压条件下岩石变形和破坏的数值模拟。这个示例的第一步和第二步通过常规方法堆积了一个岩石块体；第三步演示了如何向这个块体中增加复杂的节理和裂隙，并施加真三轴压力。

7.2.1 构建真三轴试验箱

1）堆积试样

在 3DJointStress1 中，绝大多数指令均为几何建模时的常规步骤，只是在调用函数 setType 时将输入参数声明为'3DJointStress'，从而使得模型被赋予上下左右前后六块压力板。在构建真三轴试验箱的过程中，用户需设定 BexpandRate 和 PexpandRate 这两个参数，其定义边界或压力板向外延伸的单元数，通常应根据模型尺寸与单元半径确定：

```
B.BexpandRate=B.sampleW*0.1/B.ballR;
B.PexpandRate=B.sampleW*0.1/B.ballR;
```

而在未设置这两个参数（即取默认值 0）时，程序会自动建立一个长方体模型。该模型边界上的压力板会把里面的单元恰好封闭住，防止其漏出来。但在真三轴试验中，样品可能发生侧向膨胀，并向外推压力板，此时单元可能从压力板的间隙溢出。为防止这种情况发生，需要向外延伸压力板和边界。图 7.2.1（a）为重力沉积前的初始模型，可以看到样品单元还在网格状排列，压力板和边界均向外延伸，并呈"井"字形。

2）压力板设置

```
B.SET.stressXX=-6e6;
B.SET.stressYY=-6e6;
B.SET.stressZZ=-10e6;
B.setPlatenFixId();
d.resetStatus();
B.setPlatenStress(B.SET.stressXX,B.SET.stressYY,B.SET.stressZZ,B.
ballR*5);
```

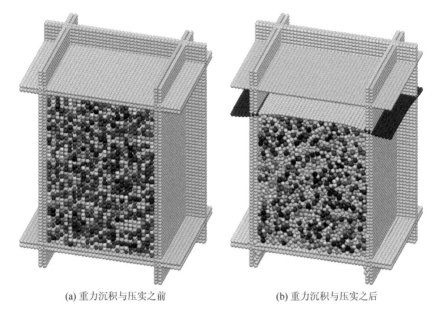

(a) 重力沉积与压实之前　　　　　　　　(b) 重力沉积与压实之后

图 7.2.1　"井"字形的边界与压力板

　　在建立了初始的几何模型后，需要设置模型的材料，随后可通过六块压力板对模型施加围压 σ_3，使样品固结。以上代码将压力板的应力记录在 B.SET 中。并且，为了保证压力板向试样施加相对均匀的应力、防止试样不平整时压力板从侧面滑落，利用 B.setPlatenFixId 函数锁定压力板单元自由度（3.1.1 节），使压力板边缘单元只能沿着压力板初始法向方向运动。例如，上、下压力板边缘的 X、Y 坐标都会被锁定，但它仍可在 Z 方向上运动。

　　与 7.1 节的直剪（扭剪）试验不同，MatDEM 中的真三轴试验采用矩形压力板，故可直接调用函数 B.setPlatenStress 来设置三轴压力（4.4.2 节）。此命令仅对可能与试样接触的压力板单元施加体力，以产生压力作用。图 7.2.1（b）中，深蓝色的单元为上压力板不施加体力的部分，因为其未与试样接触。至此，完成了真三轴试验箱的构建。

7.2.2　利用三角面和多边形定义裂隙面

　　在第三步的示例代码 3DJointStress3 中，演示了向模型中添加复杂节理的若干种方法。需要注意的是，由于设置材料后单元力学性质突变模型需要重新平衡，因此设置节理和裂隙步骤应在第二步模型平衡之后，或在第三步施加新荷载前。由于在第二步中赋完材料后需要重新进行平衡迭代，然后才能生成节理，在第三步开始时执行节理定义操作会较方便。

在示例 3DSlope 示例中,也在滑坡上部的岩石中设置了裂隙。但不同之处在于:在该示例中,程序将滑动带以上的岩体定义成一个组,然后将本组内的单元相互胶结,并断开本组单元与外部单元之间的胶结,从而使得岩体中产生裂隙面并下滑,这种方法简单方便,但难以设置局部的、非贯通的裂隙。本节利用一系列三角面来定义空间曲面,能够设置非常复杂的裂隙面。

1) 三角面定义函数

3DJointStress3 示例代码演示了利用三角面顶点坐标来生成裂隙面:

```
TriX=[0.01,0.08,0.02];TriY=[0.05,0.1,0.05];TriZ=[0,0.05,0.1];
bondFilter=mfs.setBondByTriangle(d,TriX,TriY,TriZ,type);
d.mo.zeroBalance();
d.showFilter('Group',{'sample'});
d.show('Crack');
```

代码第 1 行定义了空间三角面的三个顶点的 X、Y 和 Z 坐标,将这三个参数的第一个元素取出,即构成了三角形的第一个顶点;mfs.setBondByTriangle 函数根据三个点的坐标,在模型对象 d 中产生一个三角面,并返回与三角面接触的单元连接的布尔矩阵,即连接过滤器 bondFilter(详见 3.6.2 节连接过滤器定义)。该过滤器中,被三角面切割的单元连接值为 true(1),其余值为 false(0)。参数 type 为计算操作类型,可声明为进行胶结('glue')或者生成裂隙('break'),程序会进行对模型连接进行胶结或断开(修改 d.mo.bFilter)。而输入其他的字符串则不会执行任何操作,仅返回筛选的连接矩阵 bondFilter,供进一步的操作使用。通过运行以上命令,得到图 7.2.2(a)所示的微裂隙面图。

以下代码演示了利用连接过滤器获得相关单元:

```
bondFilter=bondFilter&(d.mo.cFilter|d.mo.bFilter);
connectFilter=sum(bondFilter,2)>0;
connectId=find(connectFilter);
d.addGroup('JointLayer',connectId);%add a new group
figure;
d.showFilter('Group','JointLayer','aR');
```

首先将连接压缩状态矩阵 cFilter 和连接胶结状态矩阵 bFilter 取并集,得到连接接触矩阵,再与 bondFilter 取交集,则得到与三角面接触的连接;第 2 行得到与三角面接触的单元过滤器;然后利用 find 命令得到与三角面接触的单元编号,定义为 'JointLayer'组,并显示。图 7.2.2(b)为与三角面接触的单元。利用三角面来定义裂隙面是最基本的方法,接下来介绍的多边形定义函数和 Tool_Cut 工具均基于三角面定义。

2) 多边形定义函数

基于以上三角面函数,在 MatDEM 中可以通过空间多边形来定义节理面,与之相对应的函数为 setBondByPolygon。相关示例代码如下:

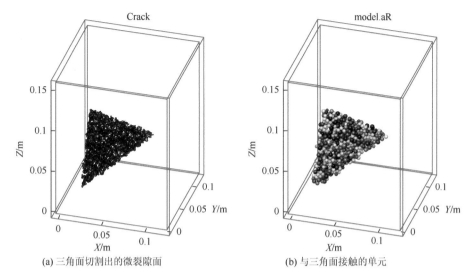

(a) 三角面切割出的微裂隙面   (b) 与三角面接触的单元

图 7.2.2 三角面定义的裂隙面和接触单元

```
TriX=[0.09,0.09,0.1,0.01];TriY=[0,0.1,0,0.1];TriZ=[0,0,0.1,0.1];
bondFilter=mfs.setBondByPolygon(d,TriX,TriY,TriZ,'glue');
d.mo.nBondRate(bondFilter)=2;%make strong joint
```

此函数的输入参数意义与 setBondByTriangle 函数类似。该函数需要空间点的 X、Y、Z 坐标，但数量可多于三个，函数会自动地将多个点构成的空间多边形分解成若干个三角形，然后通过函数 setBondByTriangle 对模型进行切分。setBondByPolygon 函数将四个坐标点有序组合，构成不同的三角面。这些三角面均以第一个顶点为起点，以 1-2-3、1-3-4 的顺序生成相邻三角面。此命令第三个输入参数为'glue'，因此将胶结节理面。同样地，这个函数也会返回连接过滤器 bondFilter，此矩阵记录了与这些三角面相交的单元连接。

在 d.mo 中定义了连接强度系数矩阵 nBondRate，其作用是控制单元之间连接的强度。在 MatDEM 中可以通过修改该矩阵的值来改变节理连接的强弱，当值大于 1 时，连接强度增加，反之减小。MatDEM 在计算两单元的连接破坏时，会将计算得到的单元间抗拉力和初始抗剪力矩阵再乘以 nBondRate，从而根据 nBondRate 的值来增强和减弱连接强度。以上第 3 行命令利用连接过滤器来设置节理的强度系数，将此节理面的强度设为原始值的 2 倍（见图 7.2.3 右侧节理面）。在通常情况下，节理强度会降低，需要取小于 1 的值，并可模拟含结构面的岩体。

7.2.3 利用 Tool_Cut 定义复杂的节理面

对于复杂三维空间裂隙和节理面，需要用一系列的三角面来表示，显然无法

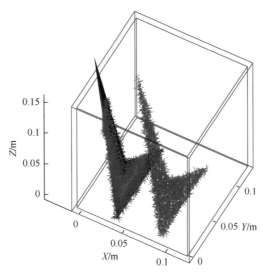

图 7.2.3　连接强度系数图

使用函数 setBondByTriangle 或 setBondByPolygon 来逐一设置三角面的连接。对此，MatDEM 提供了更加高效模型的切割工具 Tool_Cut，Tool_Cut 的对象通常命名为 C，主要用于利用三维面来定义组（3.2.3 节），以及节理面相关操作等。该工具能利用输入的一系列三角面来定义三维节理面；也可以根据离散的点自动生成一系列三角面，以拟合出复杂的三维节理面。

1）利用一系列三角面定义节理面

在 3DJointStress3 代码中，以下命令实现了利用 Tool_Cut 来定义三角形节理面：

```
TriX2=[TriX(1:3);TriX([1,3,4])]-0.05;
TriY2=[TriY(1:3);TriY([1,3,4])];
TriZ2=[TriZ(1:3);TriZ([1,3,4])];
C=Tool_Cut(d);
C.setTriangle(TriX2,TriY2,TriZ2);
bondFilter=C.setBondByTriangle(type);
d.mo.nBondRate(bondFilter)=0.5;%make weak joint
d.show('BondRate');
C.showTriangle();
```

以上代码前三行利用已赋值的参数定义了两个三角面的顶点。图 7.2.4 给出了 TriX2 的数据，其中每一行数据表示一个三角面的三个顶点的 X 坐标。此矩阵包括两行数据，因此将生成两个三角面。第 4 行命令生成 Tool_Cut 对象 C，其输入参数为模型对象 d；通过 C.setTriangle 函数将三角面顶点坐标赋给 C 的三角面属性 TriangleX、Y 和 Z。图 7.2.5（a）为对象 C 的数据结构，其中三角面属性均为 2×3 矩阵。

≺	TriX2	TriY2	TriZ2
	1	2	3
1	0.0400	0.0400	0.0500
2	0.0400	0.0500	-0.0400

图 7.2.4　C.setTriangle 函数的输入三角面坐标数据

≺	C			
	1	2	3	4
1	d	1×1 build		
2	layerNum	0	0	0
3	TriangleX	2×3 double	-0.0400	0.0500
4	TriangleY	2×3 double	0	0.1000
5	TriangleZ	2×3 double	0	0.1000
6	SurfTri	0×0 double		
7	Surf	0×0 double		

≺	C			
	1	2	3	4
1	d	1×1 build		
2	layerNum	0	0	0
3	TriangleX	13×3 double	0.0098	0.0971
4	TriangleY	13×3 double	0.0036	0.0959
5	TriangleZ	13×3 double	0.0513	0.0803
6	SurfTri	1×1 cell		
7	Surf	1×1 cell		

(a) 输入参数为三角面　　　　　　　　　(b) 输入参数为离散点

图 7.2.5　Tool_Cut 对象的数据结构

在执行 C.setBondByTriangle 函数时，程序会逐行读取 C.TriangleX、Y、Z 矩阵中记录的三角面坐标，并调用 mfs.setBondByTriangle 函数生成相应的连接过滤器矩阵。然后根据输入参数 type 来确定对连接进行胶结还是断开操作。进一步，将函数返回参数 bondFilter 用来设置连接强度矩阵 nBondRate，将其三角面对应的连接的强度设为原始值的 0.5 倍（见图 7.2.3 左侧节理面）。

随后，用户可以通过命令 C.showTriangle 查看 C 中存储的三角面，也可以通过后处理命令 d.show（'BondRate'）显示连接强度系数图。在图 7.2.3 中，红色的连接（右侧）表明此处节理的胶结比原来还要强，蓝色的连接（左侧）则意味着连接强度降低。

2）利用离散点定义复杂节理面

从理论上说，利用一系列三角面可以定义任意复杂的三维曲面，但是，手动生成这些三角面会非常耗时。对于复杂的三维曲面，一方面可以使用外部 CAD 等软件制作和导出面的信息；另一方面，在 MatDEM 中，也可以利用离散点的坐标来定义三角面。例如，可以利用数字高程数据或 GPS 记录的地面坐标，在 MatDEM 中自动生成三角面。此种方法对应于示例文件 3DJointStress3 中的如下代码片段：

```
fs.randSeed(2);
d.mo.bFilter(:)=false;
d.mo.zeroBalance();
randN=10;
PX=rand(randN,1)*0.1;PY=rand(randN,1)*0.1;PZ=0.05+rand(randN,1)*
```

```
0.04;
C.addSurf(PX,PY,PZ);
C.getSurfTri(1,1);
C.getTriangle(1);
```

以上代码随机生成 10 个离散元坐标，并建立三角面构建的曲面。其中，fs.randSeed（seed）首先确定了随机数种子，如果输入参数不变，程序每次都会生成相同的三角面，修改 seed 值则可以获得不同的三角面；然后利用 rand 函数生成了一系列随机点坐标。然后，基于这些离散点来生成三角面，包括导入离散点数据（C.addSurf）、获得离散元三角面信息（C.getSurfTri）和获得三角面顶点坐标（C.getTriangle）三个步骤。

（1）首先使用 C.addSurf 函数导入离散点数据。此命令基于 MATLAB 内置函数 scatteredInterpolant，用户可在 MATLAB 中或网络中查阅该函数的说明。运行 C.addSurf(PX, PY, PZ)命令后，离散点的坐标信息被储存在 C.Surf{1, 1}对象中（图 7.2.5（b））。可以看到，C.Surf 是一个 cell 数组，C 对象可以多次运行 C.addSurf 函数，并导入多个面。如图 7.2.6（a）中，离散点的 X、Y 坐标被储存在 Surf{1, 1}.Points 里，Z 坐标被储存在 Surf{1, 1}.Values 里。

（2）C.Surf 中存储的只是离散点的坐标，需要通过命令 C.getSurfTri（m，rate）函数将离散点坐标转化成三角面信息。这个函数有两个输入参数，第一个输入参数指明使用 C.Surf 数组中的第 m 组数据来生成三角面信息，并将其存储在 C.SurfTri{m}中。SurfTri{m}.X、Y、Z 记录了导入点的 X、Y、Z 坐标信息（图 7.2.6），而 Tri 矩阵则逐行记录了生成的三角面的顶点的编号。例如，矩阵 Tri 的第 1 行记录了第一个三角形三个顶点的编号，并对应着 SurfTri 中相应点的 X、Y、Z 坐标信息。如图 7.2.6（b）所示，Tri 矩阵大小为 13×3，其定义了 13 个三角面。用户可以直接修改 Tool_Cut 中的结构体来定义三角面。

⟨	C	C.Surf	C.Surf{1,1}	
	1	2	3	4
1	Points	10×2 double	0.0036	0.0971
2	Values	10×1 double	0.0513	0.0803
3	Method	1×6 char		
4	ExtrapolationMethod	1×6 char		

⟨	C	C.SurfTri	..SurfTri{1,1}	
	1	2	3	4
1	Tri	13×3 double	1	10
2	X	10×1 double	0.0098	0.0971
3	Y	10×1 double	0.0036	0.0959
4	Z	10×1 double	0.0513	0.0803

(a) C.Surf{1, 1}中离散数据点　　　　　　　　(b) C.SurfTri{1, 1}中的三角面信息

图 7.2.6　C.Surf 中记录离散点和三角面信息

（3）利用已有的三角面信息 SurfTri，通过 C.getTriangle(Id)命令获得三角面的顶点坐标数据，即 C.TriangleX、Y、Z。与前面示例相同，TriangleX、Y 和 Z 逐行记录了三角面的坐标。这个函数有一个输入参数 Id，当其为 1 时，将根据 C.SurfTri 中的第一组三角面信息来生成三角面坐标数值 TriangleX、Y 和 Z。

此时，可通过以下命令获得连接过滤器，并对曲面的连接进行操作：

```
bondFilter=C.setBondByTriangle(type);
d.mo.bFilter=bondFilter;
d.showFilter('Group',{'sample'});
d.show('--');
C.showTriangle();
```

最后，使用后处理命令显示试样中的胶结连接，以及使用 C.showTriangle( ) 命令来显示三角面，得到图 7.2.7 所示的节理面和相关胶结图。

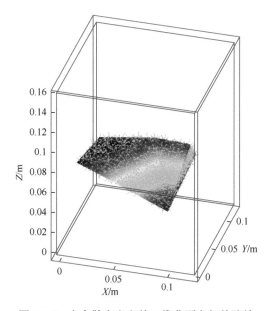

图 7.2.7　由离散点定义的三维曲面和相关胶结

7.2.4　施加真三轴应力

3DJointStress3 中，在正式施加真三轴应力之前，需移动模型的右边界与后边界：

```
d.moveBoundary('right',B.sampleW*0.2,0,0);
d.moveBoundary('back',0,B.sampleL*0.2,0);
```

以上命令将 X、Y 正方向上的边界向正方向移动一定的距离，以保证试样和压力板有足够的膨胀空间，避免当试样膨胀时，边界挤压压力板，造成模拟误差。在完成以上设置后，可直接调用函数 B.setPlatenStress 对试样施加应力荷载条件：

```
for i=1:totalCircle
    B.setPlatenStress(B.SET.stressXX,B.SET.stressYY,B.SET.stre
```

```
        ssZZ*(1+i/totalCircle),B.ballR*5);
        d.balance('Standard',1);
        …%save data
end
```

在以上的 for 循环中，通过循环变量 i 的递增来控制轴向压力增加，用户也可预先将应力步存储于某一数组中，然后在循环中逐次访问该数组的元素，从而实现真三轴应力的施加。

本示例中，仅不断增加 Z 方向的竖向压力，其他方向的应力保持不变。在完成模拟后，运行 d.show('Displacement')命令获得图 7.2.8 所示的位移场图。在图中可以看到明显的剪切破坏带。还可以运行 d.show( )等命令查看模拟的各类曲线等。

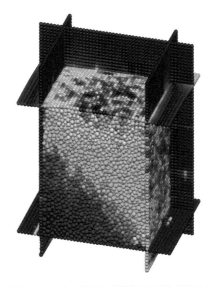

图 7.2.8　真三轴试验模拟结果位移场图

第 8 章　复杂三维模型的建模

对于非常复杂的模型，MatDEM 提供了根据离散点和数字高程数据来快速建模的功能。本章将以茂县新磨村滑坡的三维建模为例，介绍如何进行数字高程建模，数值模拟所对应的示例代码为 3DSlope0～3。这个示例的建模过程较为复杂，建议在阅读和理解前面的示例后，再阅读本章内容。

在此滑坡形成过程中，只有表层的土体发生下滑，而深部土体受影响很小。为了减少计算量，我们建立了薄壳模型，仅对滑面以上的浅层土体建模。这样建模过程虽然会相对复杂，但显著减少了计算量。薄壳建模的基本思想类似于利用模具浇筑混凝土块体。此处基于滑坡地层的高程数据，制作出封闭模具的各个面，然后在模具中生成单元，通过堆积生成初始模型，然后做进一步的切割操作。这一过程和 obj_Box 类的建模过程类似，事实上 obj_Box 类生成了一个长方体的模具，并在其中堆积单元。而本示例中，模具则为一个薄壳，用户可以根据需求建立各类模具，并堆积相应模型。

8.1　用数字高程定义三维层面

8.1.1　利用离散点获得数字高程

数字高程模型是描述地表起伏形态特征的空间数据模型，由地面规则格网点的高程值构成矩阵，形成栅格结构数据集。其通常包括大量的矩阵数据，栅格数据包括平面点位的 X、Y 坐标，以及相应高度的 Z 坐标。本节主要介绍如何将离散点转换为数字高程数据。

MatDEM 中提供了示例文件 XYZ2Surf，可以将离散点的坐标转换为数字高程数据（供 Tool_Cut 对象使用），并生成相对光滑的三维曲面。这个示例的代码如下：

```
d1=load('slope/XYZData.txt');%load scattered XYZ data
X1=d1(:,1);Y1=d1(:,2);Z1=d1(:,3);
[X1,Y1]=mfs.rotateIJ(X1,Y1,90);%rotate the surface data
F1=scatteredInterpolant(X1,Y1,Z1,'natural','nearest');
```

离散点的数据存储于 XYZData.txt 文件中。首先，将离散点的数据加载到矩阵 d1 中，其第 1、2、3 列分别对应离散点的 X、Y、Z 坐标，将其分别赋给 X1、

Y1、Z1 数组。第 3 行代码演示用 mfs 类中提供的 rotateIJ 函数将 X、Y 坐标在 XY 平面上旋转 90°（也可去除这行）。第 4 行使用 MATLAB 的离散点插值函数 scatteredInterpolant，其中 X1、Y1、Z1 是插值所用的数据，生成散点数据插值对象 F1；'natural'表示插值的方法为自然邻点插值；'nearest'表示外插的方法为最近邻点外插，其具体意义和使用方法见 MATLAB 帮助文件。

```
gSide=20;%side of grid
x1=min(X1);x2=max(X1);%find the span of the data
y1=min(Y1);y2=max(Y1);
[gX,gY]=meshgrid(x1:gSide:x2,y1:gSide:y2);%X,Y mesh coordinates
gZ=F1(gX,gY);%calculate Z by using function of scattered data
```

gSide 定义数字高程数据的网格边长。第 2~3 行获得数据 X 和 Y 方向的最小、最大值，从而确定插值的范围。第 4 行使用 MATLAB 内置函数 meshgrid，基于两个向量中包含的坐标返回二维网格坐标（详见 MATLAB 帮助文件）。此处 x1：gSide：x2 是从 x1 到 x2 公差为 gSide 的等差数列，y1：gSide：y2 是从 y1 到 y2 公差为 gSide 的等差数列，返回的[gX, gY]为网格点组成的矩阵。然后，使用 F1（gX, gY）对格点的 Z 坐标进行插值，得到结果 gZ。gX、gY、gZ 即构成了一个方形区域的高程数据，这些数值点均由 XYZData.txt 中的离散坐标插值得到。

```
figure;
surface(gX,gY,gZ,gZ);
fs.general3Dset();
```

在得到栅格数据 gX、gY、gZ 的基础上，使用 MATLAB 内置函数 surface 可以绘制栅格数据的三维图像，再利用 MatDEM 的 fs.general3Dset 函数进行常规三维渲染，得到图 8.1.1 所示的三维高程图。

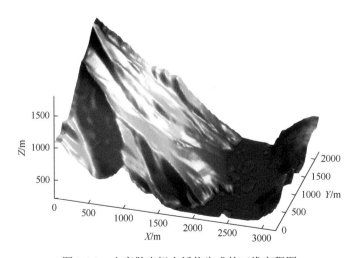

图 8.1.1　由离散坐标点插值生成的三维高程图

8.1.2　层面的数字高程数据处理

　　与常规示例代码的三个文件不同,本示例中增加了代码文件 3DSlope0,用于处理原始的数字高程数据,并通过切割、复制和移动等操作,生成建模所需的三维曲面的高程数据。3DSlope0 文件中的命令均为 MATLAB 命令,用户也可在MATLAB 中完成数值高程层面的绘制。

　　1)数据导入和裁剪

　　首先定义层面的基本参数:

```
r=20;%radius of element
surfPackNum=4;%number of surface element along depth direction
surfPackNum2=1;%additional surface element
botPackNum=1.5;
topPackNum=1.5;
```

以上代码中,r 定义了模型单元的半径,第 2～5 行的参数用于控制各层堆积的单元数。其中 surfPackNum 和 surfPackNum2 分别定义了滑坡体的厚度,botPackNum和 topPackNum 分别定义了下模具板和上模具板的厚度,将在后面应用时进行具体介绍。

```
load('slope/slopeSurface.mat');%data saved in S
gSide=S.Y(2)-S.Y(1);
cutX1=floor(250/gSide);cutX2=floor(150/gSide);
cutY1=floor(400/gSide);cutY2=floor(300/gSide);
S.X=S.X(1+cutY1:end-cutY2,1+cutX1:end-cutX2);
S.Y=S.Y(1+cutY1:end-cutY2,1+cutX1:end-cutX2);
S.Z1=S.Z1(1+cutY1:end-cutY2,1+cutX1:end-cutX2);
S.Z2=S.Z2(1+cutY1:end-cutY2,1+cutX1:end-cutX2);
S.X=S.X-min(S.X(:));
S.Y=S.Y-min(S.Y(:));
S.dZ=S.Z2-S.Z1;
```

　　经过处理的滑坡数字高程数据存储于软件的 slope 文件夹下的 slopeSurface.mat文件中。以上第 1 行命令将数据加载到软件中,在数据查看器中可以看到导入的结构体 S(图 8.1.2)。其中,X、Y 矩阵为平面上的栅格坐标;Z1 为原始层面的高程;Z2 为滑坡结束后的高程数据。gSide 为高程数据的精度,即原始数据的采样间隔。接下来,对数据区域进行裁剪,以选取需要进行建模的区域(图 8.1.3):去除 X 方向左边 250m 和右边 150m 的数据、Y 方向上方 400m 和下方 300m 的数据,得到长宽为 2800m×1500m 的新的高程数据。最后,再将高程数据的 X、Y

均减去其最小值，将相应曲面的左下角移到坐标原点，将滑动前后的高程差存于 S.dZ 中。

⟨		S		
	1	2	3	4
1	X	442×641 double	0	3200
2	Y	442×641 double	0	2205
3	Z1	442×641 double	190.1176	2.0084e+03
4	Z2	442×641 double	197.6748	2.0123e+03

8.1.2　原始数字高程数据结构体 S

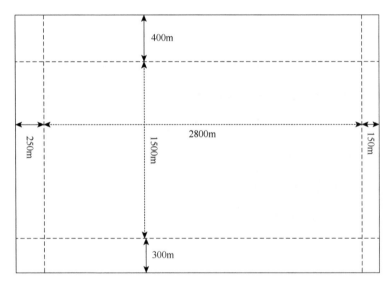

图 8.1.3　数据区域裁剪示意图（四周区域的数据被切除）

此时，利用 8.1.1 节所述的 surface 函数即可显示这个三维曲面，如图 8.1.4 所示。本示例中的高程数据并不是真实滑坡的高程数据，而是在原始滑坡数字高程数据的基础上加入正弦噪声，存在正弦波形态的地形起伏。

2）构建基本层面高程数据

表 8.1.1 给出了建模中使用的主要层面的高程数据参数及其意义。表中前 7 个层面自上而下绘于图 8.1.5 中。其中 S0 为滑坡前的坡面；S0min 为滑坡前后坡面的高程较小值，用于定义下方的其他层面；S2 为古滑坡底面。这三个层面为构建滑坡的基本层面。基于结构体 S 中的数据，来构建这些层面的高程数据：

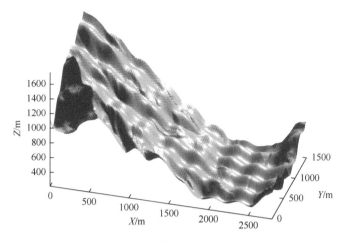

图 8.1.4　原始坡面地形数据

```
[imH,imW]=size(S.X);
SOmin.X=S.X;SOmin.Y=S.Y;
SOmin.Z=min(S.Z1,S.Z2);
S0.X=S.X;S0.Y=S.Y;S0.Z=S.Z1;
```

第 1 行代码获得了高程栅格数据的高和宽，在后面操作中，将用于从图像构建过滤器。随后，第 2~3 行构建了一个结构数组 SOmin，用于记录原始高程 Z1 和滑动后高程 Z2 这两个层面的底面（即取同一点位高程中较低点的值）。第 4 行用 S0 来记录原始坡面的高程数据，SOmin 与 S0 非常接近。

表 8.1.1　建模中使用的主要层面的意义

高程数据	层面的意义	图示
S_source	用于定义滑坡物源区域的面，即初始节理面	图 8.1.5
S_top	上模具板的上表面，与 S_top0 共同定义上模具板的单元区域	图 8.1.5
S_top0	上模具板的下表面	图 8.1.5
S0	滑坡前的坡面	图 8.1.5
S2	古滑坡底面	图 8.1.5
S1	下模具板的上表面，也是滑坡体活动单元的底面	图 8.1.5
S_bot	下模具板的下表面，与 S1 共同定义下模具板的单元区域	图 8.1.5
S	原始数据，包括滑坡前后坡面数据（Z1 和 Z2）	
SOmin	滑坡前后坡面的高程较小值	

边坡中下部存在厚达 30m 的古滑坡层，以下代码构建古滑坡层的底部层面数据 S2，所构建的滑坡层中部厚度 30m，边缘厚度 10m：

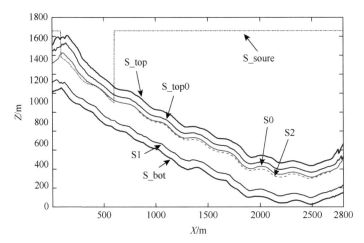

图 8.1.5　slopeSurface2 中保存的七个主要层面数据

```
S2=S0;
oldSlopeT=30/3;
slopeOldFilter=mfs.image2RegionFilter('slope/slopeOld.png',imH,
imW);
se1=strel('disk',40);
slopeOldFilter2=imerode(slopeOldFilter,se1);
slopeOldFilter3=imerode(slopeOldFilter2,se1);
S2.Z(slopeOldFilter)=S2.Z(slopeOldFilter)-oldSlopeT;
S2.Z(slopeOldFilter2)=S2.Z(slopeOldFilter2)-oldSlopeT;
S2.Z(slopeOldFilter3)=S2.Z(slopeOldFilter3)-oldSlopeT;
```

首先依据初始滑坡表面高程数值 S0 来初始化 S2。随后,使用 image2RegionFilter 函数从图片 slopeOld 中获得古滑坡区域的过滤器 slopeOldFilter。第 4~6 行使用图像腐蚀算法将古滑坡区域缩小 40 像素和 80 像素,分别得到 slopeOldFilter2 和 3。其中,strel 函数用于构造腐蚀所用的结构元素,imerode 是对图像进行腐蚀的函数,它们都是 MATLAB 函数,详细用法与原理请查看 MATLAB 帮助文件。最后,根据构建的三个过滤器,从外向内使 S2 中古滑坡层所在区域的原始层面高程依次下降 oldSlopeT(10m)的高度,从而得到一个最低处比原始层面低 30m 的古滑坡层的底面高程数据。图 8.1.5 中给出了 S2 面的示意,其中部较厚,向外减薄,层面 S0 和 S2 间即为古滑坡层。

3)薄壳模型的层面

这个范围内的空间足够进行滑坡建模。以下命令定义下模具板的面:

```
S_b1t=mfs.moveMeshGrid(S0min,-r*2*(surfPackNum+botPackNum));
S1=mfs.moveMeshGrid(S_bot,r*2*botPackNum);
```

此处使用了函数 mfs.moveMeshGrid(S, moveDis),这个函数将输入的层面

S 向上或向下扩展 moveDis 距离，返回新的层面。新的层面与老层面距离间垂直
向和水平向的距离不小于 moveDis，类似于生成同心层面。以上两行命令使用这
个函数生成了下模具板的下表面 S_bot 和上表面 S1。如图 8.1.5 所示，将 S0min
面向下移动若干单元距离作为模型最底面 S_bot，再将 S_bot 向上移动 botPackNum
单元距离得到面 S1。在离散元建模中，S_bot 和 S1 之间的区域会被定义为下模具
板。可以看到，参数 botPackNum 决定了下模具板的厚度，即 S_bot 和 S1 间的距
离。而 surfPackNum 决定了 S_bot 和 S0min 间的距离，并影响参与计算的滑坡体
厚度。

　　类似地，以下代码定义了上模具板的底面（S_top0）和顶面（S_top）：

```
S_top=mfs.moveMeshGrid(S0,r*2*(topPackNum+surfPackNum2));
topRate=0.3;%add elements on top
dZ=max(S_top.Z(:))-min(S_top.Z(:));
topFilter=S_top.Z>max(S_top.Z(:))-dZ*topRate;
topAddH=100;
topZ=S_top.Z(topFilter);
dTopZ=topAddH*(topZ-min(topZ))/(dZ*topRate);
S_top.Z(topFilter)=S_top.Z(topFilter)+dTopZ;
S_top0=mfs.moveMeshGrid(S_top,-r*2*topPackNum);
```

　　将 S0 面向上移动约 100m 并进行调整后，得到上模具板的顶面 S_top，再将
S_top 向下移动约 50m 获得上模具板的底面 S_top0。参数 topPackNum 决定上模
具板的厚度。而 surfPackNum2 决定坡面上部土层额外增加的厚度，保证建立足够
厚的地层模型，供后续切割地层操作使用。

　　在利用 obj_Box 来堆积建模时，通常堆积出来的模型的高度会比模拟箱低一
些。同样地，在利用薄壳模具建模时，由于重力沉积作用，上部也可能缺少单元，
从而导致建模不完整。为了避免出现这种问题，需要将上模具较高位置的层面向
上移动，以便在后续操作中放置更多的单元。以上代码第 2～8 行用于加高顶面
S_top 中地形较高处层面的高度，在此不作深入介绍。

　　最后定义滑坡物源区的层面，即初始的裂隙面 S_source：

```
S_source=S0;
S_source.Z=S.Z2;
sourceFilter=mfs.image2RegionFilter('slope/slopesource.png',imH,
imW);
S_source.Z(~sourceFilter)=max(S_source.Z(:))+100;
S_source.Z(sourceFilter)=S_source.Z(sourceFilter)-10;
...
save('slope/slopeSurface2.mat','S_bot','S_top','S_top0','S0','S1
','S2','S_source','r');
```

第 1、2 行代码，构建了 S_source，其 Z 坐标为滑动后的坡面高程。然后，使用 image2RegionFilter 函数从图片 slopesource 获得滑坡源区的过滤器 sourceFilter。这部分区域的土层作为滑坡源，仅在这个区域内的地层将产生初始裂隙。将 S_source 中非滑源区的地形高度设为最高点再加 100m。在后续操作时，使用 S0 面和经过上述处理的 S_source 面可以直接切出滑坡源地层区。

至此，我们已完成了建模所需的七个层面的高程数据的构建（图 8.1.5），从下往上依次为 S_bot、S1、S2、S0、S_top0、S_top 和 S_source，其具体含义列于表 8.1.1，而相应的图则绘于图 8.1.5。最后，将这些数据保存到 slope 文件夹中，并命名为 slopeSurface2。

```
V=S_top0;
surface(V.X,V.Y,V.Z,30*ones(size(V.X)));
colorbar;
fs.general3Dset();
```

在这个文件中，使用了 surface 函数来查看构建的层面数据，这是 MATLAB 的内置函数，详见 MATLAB 帮助文件。进一步，可使用函数 fs.general3Dset 进行三维渲染。

8.2　创建薄壳模型

在构建各个层面数字高程数据的基础上，本节制作了薄壳模型的模具，并堆积单元进行建模，使用的代码文件为 3DSlope1。首先，在模拟箱中规则位置生成样品单元；利用层面高程数据定义上模具板和下模具板，其与四周边界构成一个封闭的容器；最后，对内部单元进行堆积等操作。

8.2.1　建立几何模型

首先，导入层面数据 slopeSurface2.mat，并构建 Box 对象，随后进行一些初始参数的设置，这个过程与其他建模示例一致，不再展开讲解。需要说明的是，本示例设置的模型尺寸和数字高程文件中的尺寸一致：2800m×1500m×1800m。

```
···%set initial parameters
B.platenStatus(:)=0;%no platen in the model
B.buildModel();
B.createSample();%create balls in the box
B.sample.R=B.sample.R*2^(1/12);
```

```
%Radius deviation between close packing and cube packing is 2^(1/6)
```

在薄壳模型中不需要使用压力板来堆积模型，因此第 1 行将 platenStatus 数组中的值全部设为 0。然后，使用函数 buildModel 生成模型箱边界单元，使用函数 createSample 在模型箱中生成样品单元。由函数 createSample 生成的模型是立方排列的，当其紧密堆积时，堆积体的体积会减小，所以由 obj_Box 对象堆积而成的模型通常不会充满整个模拟箱。而在此示例中，为了获得完整的堆积模型，需要略微增大单元半径，确保单元刚好填充整个模具。考虑到紧密堆积和立方堆积的单元体积间的差距，此处将单元半径乘以系数 $2^{\frac{1}{12}}$。

以下代码将模型顶底面导入模型：

```
S_Bbot=S_bot;
S_Bbot.Z=S_Bbot.Z-ballR*4;
S_Btop=S_top;%top limit of boundary
S_Btop.Z=S_Btop.Z+500;
B.addSurf(S_bot);%add the bottom surface
B.addSurf(S_top);%add the top surface
B.addSurf(S_Bbot);%add the bot surface of boundary
B.addSurf(S_Btop);%add the top surface of boundary
```

本示例使用了自定义的模具，为减少计算量，对 obj_Box 自动生成的边界墙也进行切割。第 1~4 行代码确定了选取的边界单元的范围。S_Bbot 定义了边界单元的下表面，其比下模具板低 4 个单元半径；S_Btop 定义了边界单元的上表面，其比上模具板高 500m，以防止单元飞出模型。然后，使用函数 B.addSurf 将这四个层面导入 B 中，并按顺序保存在 B.surf 数组中，S_bot 的编号为 1，S_top 的编号为 2，依次类推。导入层面数据后，程序会通过 MATLAB 的插值函数 scatteredInterpolant 对数据进行插值，生成一个 scatteredInterpolant 类的对象 F，然后记录在 B.surf 中。

随后，可利用这些层面来切割模型：

```
B.cutGroup({'sample','botB','topB'},1,2);
B.cutGroup({'lefB','rigB','froB','bacB'},3,4);
B.finishModel();%built the geometric model
B.setSoftMat();%set soft balls to increase the speed of computing
B.d=B.exportModel();%tranform model data to build object
B.d.mo.isShear=0;
d=B.d;
```

第 1、2 行使用函数 B.cutGroup 对样品单元和边界进行切割，第一个输入参数为要进行切割的组名（如 sample），第二和第三个参数为切割底面和顶面的编号。第 3 行使用函数 B.finishModel 整合边界和样品单元的信息；再使用 setSoftMat 函数设置默认的柔性材料；最后导出模型对象 d。图 8.2.1 为通过以上操作得到的初始几何模型。

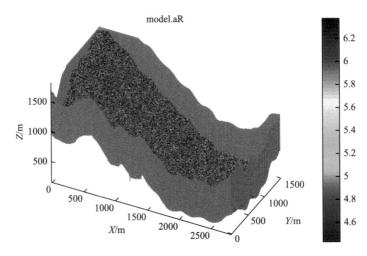

图 8.2.1　初始几何模型和切割过的边界墙

8.2.2　切割和堆积模型

1）使用 Tool_Cut 切割模型

```
C=Tool_Cut(d);%use the tool to cut sample and get layers
C.addSurf(S_bot);
C.addSurf(S1);
C.addSurf(S2);
C.addSurf(S0);
C.addSurf(S_top0);
C.addSurf(S_top);
C.addSurf(S_source);
C.setLayer({'sample'},[1,2,3,4,5,6]);
gNames={'layer1';'layer2';'layer3';'layer4';'layer5'};
d.makeModelByGroups(gNames);%make the model by using the layers
```

以上代码使用 Tool_Cut 对象 C 对模型进行分层和切割，其步骤如下。

第一步，生成一个 Tool_Cut 类型的对象 C，其输入参数为 d。

第二步，使用函数 C.addSurf 将层面高程数据导入 C 中，这个函数的原理与 B.addSurf 函数相同，将层面数据转化为 scatteredInterpolant 类的对象，并依次存储于 C.Surf 数组中。第 2~8 行将 8.1.2 节定义的七个层面由下到上依次导入 C 中。

　　第三步，运行函数 C.setLayer，利用 C.surf 中的层面对指定组（可以是多个组）的单元进行切割，并生成一系列的新组。此函数的第一个参数为元胞数组（如{'sample'}），指定要进行切割的组；第二个参数为进行切割操作的层面编号数组。函数 C.setLayer 根据输入的层面编号，依次对指定的组单元进行切割，并生成新的组。如层面数组为[1, 2]，则以层面 1 为下边界，层面 2 为上边界，切割出新的组 layer1。如果输入了多个层面编号，如本例中的[1, 2, 3, 4, 5, 6]，则以[1, 2], [2, 3], [3, 4], [4, 5], [5, 6]这五组层面依次进行切割，得到相邻层面间的五个地层。注意，切割地层时，编号需按层面由低到高排列，否则，会切割出空组。切割完成后，各组的单元编号数据会被保存在数组 d.GROUP 中，前缀为layer，按照切割的顺序命名为 layer1、layer2 等。参数 C.layerNum 定义了当前的地层数，其初始值为 0，每次通过切割得到一个新的地层组时，此参数递增。通过以上第 9 行命令，使用编号 1～6 的层面切割 sample 组，并在 d.GROUP 中就会生成 5 个组，由下到上依次为 layer1, layer2, ···, layer5。其中，layer1 为下模具板；layer2 为主要滑坡地层；layer3 为古滑坡体；layer4 为额外增加的坡面层；layer5 为上模具板。

　　第四步，运行函数 d.makeModelByGroups，使用指定的组构建新的模型。以上最后一行代码利用指定的五个组来构建新的模型，并删除多余的单元，建立薄壳模型。但是，边界等被保护的组不会被删除（详见 2.4.3 节）。图 8.2.2 为薄壳模型的一个截面，图中显示了六个层面和五个地层。这六个层面的含义可见表 8.1.1，五个地层由下而上分别为：薄壳下模具板、边坡主体岩层、古滑坡碎石层、额外的坡面层和薄壳上模具板。

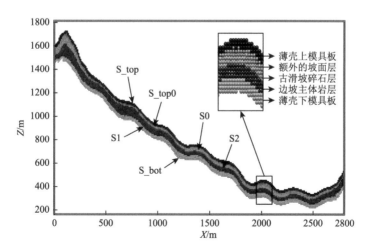

图 8.2.2　离散元模型的层面和地层

2）设置薄壳的模具板

```
d.defineWallElement('layer1');
d.mo.aR(d.GROUP.layer1)=B.ballR*1.3;
mo=d.mo;
mo.isFix=1;%fix coordinates;
gId_top=d.getGroupId('layer5');%get element Id of group
mo.FixXId=gId_top;%fix X coordinate
mo.FixYId=gId_top;
mo.FixZId=gId_top;
```

在切割模型后，上下模具板单元均为活动单元。为了进一步堆积单元，需要将模具板单元的坐标固定。坐标固定有两种方法，一种是将单元设定为固定单元，另一种是锁定单元所有的自由度。为演示这两个功能，以上代码分别对下模具板（layer1）和上模具板（layer5）采用以上第一和第二种方法。

第 1 行命令使用函数 defineWallElement 将下模具板单元声明为固定单元（即墙单元）。第 2 行命令将 layer1 中单元的半径乘以 1.3，使这些单元相互重叠，从而避免上覆地层的较小单元从空隙中掉落。第 4~8 行代码通过锁定坐标的方式来固定 layer5 的单元。由于自由度被锁定坐标的单元仍是活动单元，会占用计算资源。通常情况下，为加快计算速度，建议按第一种方法将模具板设置为固定单元。采用第二种方法时，可以随时解除自由度的锁定，恢复单元运动。

```
nBall=d.mo.nBall;
bcFilter=sum(nBall>d.mNum&nBall~=d.aNum,2)>0;
gFilter=zeros(size(bcFilter));
gFilter(gId_top)=1;
mo.aR(gId_top)=B.ballR;
mo.aR(gFilter&(~bcFilter))=B.ballR*1.3;
d.setClump('layer5');
```

同样地，需要增大上模具板 layer5 的单元半径，防止半径较小的单元漏出。上模具板为活动单元，为避免其与边界间产生巨大的应力，与边界相接触的单元的半径需保持不变。以上代码 1~5 行筛选出上模具板内部的单元，并将其半径设为平均半径的 1.3 倍。其中，第 1 行得到邻居矩阵 nBall；第 2 行获得边界单元的连接过滤器 bcFilter；第 3~4 行生成过滤器，并记录上模具板；第 5 行将上模具板单元半径设为模型平均半径；第 6 行再将其内部（与边界不接触）单元的半径设为平均半径的 1.3 倍，其筛选条件为上模具（gFilter）和非边界连接单元（~bcFilter）。由于 layer5 的单元为活动单元，单元发生重叠后，第 7 行需再运行函数 d.setClump，将 layer5 声明为 clump，并消除由单元半径增加而产生的单元间作用力。通过以上步骤，完成薄壳模型的上下模具板的设置。

```
B.uniformGRate=1;%using uniform g in B.gravitySediment
B.gravitySediment(0.5);
d.mo.FixZId=[]; %unfix all Z coordinates
d.mo.dT=d.mo.dT*4;
d.balance('Standard');
d.mo.dT=d.mo.dT/4;
…% save result
```

随后对模型单元进行重力堆积操作。在沉积之前，第 1 行首先设置重力沉积操作的加速度统一为 g。重力沉积完成之后，由于上下模具板的单元都是固定的，有可能出现较大范围的应力集中（如单元过多）。因此，接下来需要让上模具板活动，并通过迭代计算来释放应力。第 3 行将 d.mo.FixZId 设为空，解除对 layer5 中单元 Z 方向自由度的锁定。由于重力堆积不要求较高的计算精度，可通过提高时间步来加快应力平衡计算。第 4～6 行将时间步增大为 4 倍，并进行一次标准平衡，后续将恢复时间步。最后获得平衡的薄壳模型，并保存文件，完成第一步的建模过程。图 8.2.3 为所建立的薄壳分层模型，其中不同颜色表示不同的层。

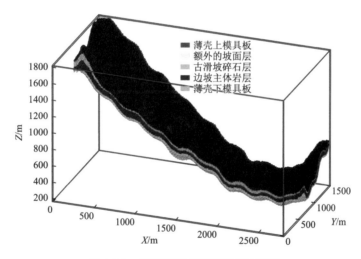

图 8.2.3　堆积的薄壳模型切面示意图

8.3　建立三维边坡模型

在前面建立几何模型的基础上，在 3DSlope2 文件中，重新划分地层，并对模型赋予实际的岩石材料。为提高迭代计算速度，将滑坡区域以外的单元均设为固定单元。最后平衡模型，建立最终的三维边坡模型。

8.3.1　导入材料

```
load('Mats\Mat_mxRock2.mat');%load a trained material
Mats{1,1}=Mat_mxRock2;
Mats{1,1}.Id=1;
matTxt2=load('Mats\mxSoil.txt');%load a un-trained material file
Mats{2,1}=material('mxSoil',matTxt2,B.ballR);
Mats{2,1}.Id=2;
d.Mats=Mats;
```

本示例中，采用两种方法分别创建了 mxRock 和 mxSoil 两种材料。第 1～3 行设置第一种材料，首先导入训练好的材料文件，文件中包含 Mat_mxRock2 材料对象，将其赋给第一个材料。第 4～6 行导入材料文件 mxSoil.txt 直接生成材料，并赋给第二个材料。导入的材料放在 cell 型数组 Mats 中，通过 d.Mats = Mats 命令直接把材料导入模型。

8.3.2　设置地层的材料

1）切割地层和赋材料

堆积模型的过程中，各层单元在重力作用下产生位移。因此，在设置材料前，需要删除原来定义的组，并重新对模型进行地层划分。

```
d.addGroup('slopeBottom',d.GROUP.layer1);
d.protectGroup('slopeBottom','on');
d.delGroup({'layer1';'layer2';'layer3';'layer4';'layer5'});
C.layerNum=0;
C.setLayer({'sample'},[2,3,4,5]);
```

薄壳的下模具板 layer1 的单元为固定单元，其不产生位移，因此不需要重新划分地层。第 1、2 行命令将下模具板重命名为 'slopeBottom'，并添加保护标签，防止其单元被误删除。第 3、4 行通过函数 d.delGroup 将之前切割得到的组全部删除，并将 C.layerNum 重置为 0。注意此处仅删除组，而没有删除组的单元。然后运行函数 C.setLayer，利用第 2～5 层面，重新划分地层，得到新的 layer1、layer2 和 layer3，其分别对应图 8.2.3 边坡主体岩层、古滑坡碎石层和额外的坡面层。设置材料后，单元还会发生位移，因此，在这个步骤中还需要保留额外的坡面层。

在此基础上，使用这三个层建立模型（删除其他活动单元），并对这些层的单元赋材料：

```
gNames={'layer1';'layer2';'layer3'};
d.makeModelByGroups(gNames);
d.setGroupMat('layer2','mxSoil');
d.groupMat2Model(gNames,1);
```

第 1、2 行利用 layer1、layer2 和 layer3 创建模型；第 3 行设置 layer2（古滑坡碎石层）的材料为 mxSoil；最后，将组的材料赋给单元。

赋新材料后，由于刚度变化，单元间的应力也发生变化，需要通过迭代计算来重新平衡模型。为了加快数值模拟的计算速度，将滑坡区域外没有移动的岩体单元设置为固定单元：

```
sX=d.mo.aX(1:d.mNum);
sY=d.mo.aY(1:d.mNum);
imH=302;imW=561;%height and width of image
regionFilter=mfs.image2RegionFilter('slope/slopepack.png',imH,imW);
sFilter=mfs.applyRegionFilter(regionFilter,sX,sY);
sFilter=~sFilter;
sId=find(sFilter);
sId(sId>d.mNum)=[];
d.addGroup('slopeWall',sId);
d.defineWallElement('slopeWall');
d.protectGroup('slopeWall','on');
```

第 1、2 行得到活动单元的坐标 sX 和 sY；第 3 行的 imH 和 imW 为代码 3Slope0 中数字高程矩阵的高度和宽度，由于这两个数据没有保存，在此重新赋值；第 4、5 行导入滑坡区域的图像（滑坡区域显示为黑色），所使用的函数在 3.3.1 节中已详细说明；第 6～9 行筛选出滑坡区域的单元，并将其定义为 slopeWall 组；最后两行将这个组的单元设置为固定单元，并添加保护。

```
d.balanceBondedModel0(0.5);
d.mo.mVis=d.mo.mVis*5;
d.balanceBondedModel(0.5);%bond all elements and balance the model
d.mo.setGPU('off');
```

完成设置后，使用强胶结平衡来释放应力。先进行 0.5 次无摩擦力的强胶结平衡，此时应力会很快平衡，单元迅速移动到新的位置。然后，将单元阻尼系数提高 5 倍，再进行 0.5 次有摩擦力的强胶结平衡，使单元的振动能量迅速消散，得到平衡的模型。由于系统的默认阻尼系数与模型的单个维度上的单元数成反比，对于薄层模型，默认阻尼可能会偏小，此处将阻尼增大为 5 倍，并再做一次平衡，以迅速消散系统动能。

2）重新切割地层和赋材料

```
d.delGroup({'layer1';'layer2';'layer3'});
```

```
C.layerNum=0;
C.setLayer({'sample'},[1,3,4]);%set layers by surfaces
C.setLayer({'sample'},[7,4]);
gNames={'layer1';'layer2';'layer3'};
d.makeModelByGroups(gNames);
d.setGroupMat('layer2','mxSoil');
d.groupMat2Model(gNames,1);
d.mo.zeroBalance();
```

由于设置材料和平衡后，单元的位置会再次发生变化，需要重新切割和设置地层。以上代码与前一次操作相同，故不再逐行介绍。第 3 行建立 layer1 层和 layer2 层，分别代表边坡主体岩层单元（包括薄壳下模具板和边坡主体岩层）和古滑坡碎石层单元。第 4 行命令在 S_source 层面（层号为 7，图 8.1.5）和 S0 层面（层号为 4）间切割出滑源的块体组 layer3。进一步使用新的 layer1～3 建立最终的三维边坡模型（图 8.3.1）。最后，进行强胶结平衡，完成三维边坡模型构建。

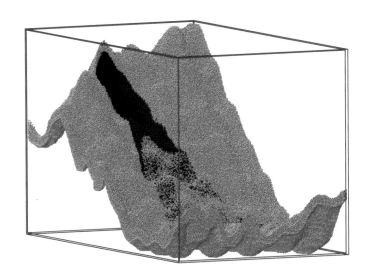

图 8.3.1　最终的三维边坡模型

8.4　滑坡运动过程数值模拟

代码 3DSlope3 中，设置滑源初始裂隙，并施加重力作用，通过迭代计算完成三维滑坡的数值模拟。

8.4.1　数值模拟参数设置

```
…%initialize model status
d.breakGroupOuter({'layer3'});%break the outer connection of the group
d.breakGroup({'layer3'});%break the connection of the group
visRate=0.00001;
d.mo.mVis=d.mo.mVis*visRate;
d.setStandardddT();
…%initialize model status
```

　　第三步代码的开始部分与其他代码类似，在此不作介绍。以上第 2、3 行命令将 layer3（即滑源）的组内外连接和组内连接全部断开；由于此模拟是动态问题，第 4、5 行将单元阻尼设置为较小值；第 6 行 d.setStandardddT 将时间步 d.mo.dT 设置为标准值。

8.4.2　迭代计算和模拟结果

　　参数设置完成后，通过 for 循环进行滑坡运动过程迭代计算：

```
totalCircle=50;
for i=1:totalCircle
    d.balance('Standard');
    d.clearData(1);
    d.mo.setGPU('off');
    save([fName num2str(i) '.mat']);
    d.calculateData();
    d.mo.setGPU(gpuStatus);
    d.toc();%show the note of time;
end
…% save results
```

　　滑坡在重力作用下滑动，模拟中不需要施加位移和应力荷载，因此只需设置单层的循环进行数值计算。将 totalCircle 设置为 50，即保存 50 个中间文件。本三维示例尺度达到公里级，模型单元数较多，当单元平均半径为 5m 时，离散元模型共有约 40.3 万个单元，因此采用 Tesla P100 GPU 进行计算。数值模拟的时间步为 2×10^{-4}s，计算耗时 15h，模拟真实世界 116.5s。如使用笔记本电脑进行计算，可将单元半径设为 10m。通过数值模拟，得到图 8.4.1 所示的滑坡最终堆积状态的位移云图。

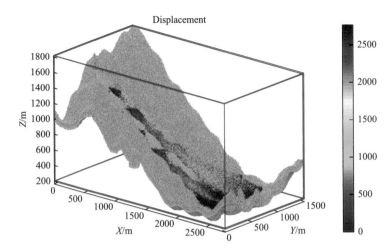

图 8.4.1　滑坡最终堆积状态的位移云图

第9章 动力作用数值模拟

本章介绍动力作用数值模拟，包括陨石撞击地面、矿山斜坡爆破和地震动力作用三个示例。这些过程均只施加一次初始条件或荷载，如陨石示例只需设置陨石部分的初始速度，地震动力作用示例只需设置一次左边界位移，并产生应力波。因此，这些数值模拟的计算量相对较小。本章的示例均为二维模型，所有示例均在笔记本电脑上完成，耗时为几十分钟至几个小时。当参数 B.sampleL 不为零时，可生成三维模型，并需要采用高性能的台式计算机或 GPU 服务器进行计算。

9.1 陨石撞击地面

本节主要讲解撞击作用的离散元模拟，以陨石撞击地面为例（BoxCrash），建立了二维数值模型。陨石撞击作用模拟的基本思路是先堆积地层生成地面，然后在地面之上一定距离建立圆形的陨石模型，赋予其一定的初速度，并撞击地面。通过少量的修改，这个示例可以模拟许多问题，例如，减小模型尺寸，提高陨石单元的刚度和胶结力（或使用 clump），其可以模拟子弹击穿水泥板的过程；通过切割模型和定义新部件，其可以改为霍普金森杆试验模拟器等。

9.1.1 堆积地层模型

在 BoxCrash1 代码中，首先建立基本的堆积地层：

```
…
B.name='BoxCrash';
B.ballR=0.5;
B.distriRate=0.2;
B.sampleW=500;
B.sampleL=0;
B.sampleH=300;
B.BexpandRate=4;
B.type='topPlaten';
```

```
B.setType();
B.buildInitialModel();
```

建立的模型命名为 BoxCrash，宽度为 500m，高度为 300m，模型单元半径为 0.5m（低精度模拟可取 1.5~2m），分散系数取 0.2；模型边界额外扩展 4 个单元；B.type='topPlaten'命令生成上压力板用以压实模型；最后，通过 B.buildInitialModel 命令建立初始的堆积模型。同样地，建立初始堆积模型后，需要进行沉积和压实等操作：

```
…
B.gravitySediment();
d.mo.aMUp(:)=0;
B.compactSample(2);%input is compaction time
…
```

通过 B.gravitySediment 命令进行重力沉积。为加快压实速度，通过 d.mo.aMUp（：）＝0 命令将模型颗粒间的摩擦力设为 0，然后用 B.compactSample（2）进行 2 次压实操作。最后保存初始建模数据，建立的堆积地层模型如图 9.1.1 所示，其中包含 15.3 万个单元。

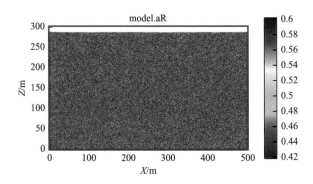

图 9.1.1　堆积地层模型

9.1.2　建立陨石模型

BoxCrash2 代码中建立陨石模型的基本思想为：先在地层模型中间筛选出一个圆形区域的单元；将其添加为一个组，并导出为陨石结构体；最后将陨石结构体的单元添加进模型。

1）利用过滤器削平堆积地层

第二步首先加载第一步建立的堆积模型。为获得平整的地表，同时在地面上方保留一定的空间，需利用过滤器将堆积模型上半部分颗粒删除，代码如下：

```
mZ=d.mo.aZ(1:d.mNum);
topLayerFilter=mZ>max(mZ)*0.5;
d.delElement(find(topLayerFilter));
```

通过第 1 行命令获得模型中所有活动单元的 Z 坐标，即 mZ。第 2 行命令将 Z 坐标位于样品上层 50%的活动单元筛选出来，并记录在布尔矩阵 topLayerFilter 中。使用 find 函数找到上述单元对应的编号后，利用 d.delElement 命令把选中的单元从模型中删除，得到图 9.1.2 所示的地层模型，其中包含约 7.5 万个活动单元。

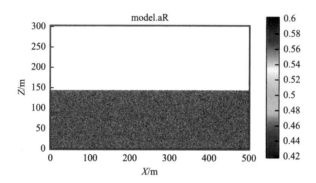

图 9.1.2　删除模型上半部分单元后的地层模型

2）材料设置

在模型中需要对陨石和地层分别设置不同的材料，共导入两种材料：

```
…
matTxt=load('Mats\WeakRock.txt');
Mats{1,1}=material('WeakRock',matTxt,B.ballR);
Mats{1,1}.Id=1;
matTxt2=load('Mats\StrongRock.txt');
Mats{2,1}=material('StrongRock',matTxt2,B.ballR);
Mats{2,1}.Id=2;
d.Mats=Mats;
d.groupMat2Model({'sample'},1);
…
```

材料 1 为 WeakRock，作为地层模型的材料；材料 2 为 StrongRock，作为陨石模型的材料。所加载的两种材料的性质如表 9.1.1 所示。注意，这里所采用的是直接输入的材料性质，基于这些性质设定单元参数，其堆积体力学性质可能与设定值有一定误差（详见 3.4 节）。最后，通过 d.groupMat2Model({'sample'}, 1)命令设置地层模型单元的材料。

表 9.1.1　WeakRock 和 StrongRock 两种材料的输入力学性质

材料名称	杨氏模量/GPa	泊松比	单轴拉伸强度/MPa	单轴压缩强度/MPa	内摩擦系数	密度/(kg/m³)
WeakRock	5	0.2	2	20	0.6	2600
StrongRock	10	0.15	10	100	0.6	2850

3）建立陨石结构体

在地层模型中选取圆形区域建立陨石结构体：

```
sampleId=d.GROUP.sample;
sX=d.aX(sampleId);sZ=d.aZ(sampleId);sR=d.aR(sampleId);
discCX=mean(sX);discCZ=mean(sZ);
discR=20;
discFilter=(d.aX-discCX).^2+(d.aZ-discCZ).^2<discR^2;
d.addGroup('Disc0',find(discFilter));
discObj=d.group2Obj('Disc0');
```

第 1 行命令得到样品单元（地层）的 Id，并将其储存在 sampleId 矩阵中；第 2 行中的 sX 表示地层单元的 X 坐标，sZ 表示地层单元的 Z 坐标，aR 表示地层单元的半径；第 3 行 discCX（X-coordinate of disc center）为所有地层单元的 X 坐标平均值，discCZ 为所有单元坐标的 Z 坐标平均值，则坐标（discCX，discCZ）可以表示长方形地层的中心点；第 4 行中的 discR 为选取圆形区域的半径，即陨石的半径为 20m；第 5 行选取了以（discCX，discCZ）为圆心，半径 20m 的圆形区域，建立了过滤器矩阵 discFilter；最后，通过 addGroup 命令将 discFilter 选中的单元添加为 Disc0 组；并通过 group2Obj 命令将 Disc0 组转化为结构体 discObj（图 9.1.3），以供进一步使用。

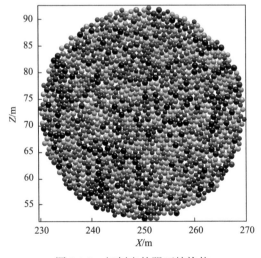

图 9.1.3　切割出的陨石结构体

4）将陨石结构体导入模型

进一步，将陨石结构体导入模型：

```
discId=d.addElement('StrongRock',discObj);
d.addGroup('Disc',discId);
disZ=max(sZ+sR)-min(discObj.Z-discObj.R);
d.moveGroup('Disc',0,0,disZ);
d.balanceBondedModel0();
```

第 1 行通过 addElement 命令将 discObj 添加进模型，材料为 StrongRock，得到单元 Id 为 discId；第 2 行通过 addGroup 命令将 discId 添加为 Disc 组；第 3 行的 disZ 为 Disc 组在 Z 方向将要移动的距离；第 4 行通过 moveGroup 命令将 Disc 刚好移动到地面之上。最后平衡模型，得到的最终模型如图 9.1.4 所示。然后，通过 save 命令保存第二步的建模数据。

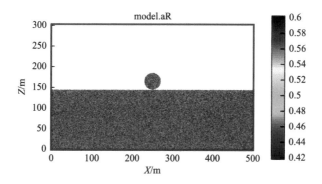

图 9.1.4　地层与陨石模型

9.1.3　陨石撞击过程模拟

BoxCrash3 首先加载第二步的计算数据，并初始化模型，然后设置相关的模拟参数：

```
d.mo.isHeat=1;
visRate=0.0001;
d.mo.mVis=d.mo.mVis*visRate;
discId=d.GROUP.Disc;
d.mo.mVZ(discId)=-1000;
d.setStandarddT();
d.mo.dT=d.mo.dT*0.05;
```

其中，d.mo.isHeat = 1 声明记录模拟过程中的热量生成；在动力作用数值模拟中，阻尼系数需按实际情况取较小值（原因见 4.3.3 节），该处将 d.mo.mVis 设为最优阻尼的 1/10000；d.mo.mVZ（discId）= −1000 将陨石单元的速度设为−1000m/s，即以 1km/s 的速度向下撞击地面；最后，适当减小计算时间步（原因见 4.3.3 节），设为标准时间步的 1/20。

当模拟参数设置完成后，可通过 for 循环进行撞击作用的数值计算：

```
totalCircle=40;
for i=1:totalCircle
    d.mo.setGPU(gpuStatus);
    d.balance('Standard',0.4);
    d.mo.setGPU('off');
    d.clearData(1);
    save([fName num2str(i) '.mat']);
    d.calculateData();
end
```

其中，totalCircle = 40 表示循环 40 次，并保存 40 个中间过程文件；每次循环计算进行 0.4 次标准平衡；在关闭 GPU 计算并压缩数据后，通过 save 命令保存计算数据。

计算完成后，可通过后处理得到撞击过程的各类场图及动画。在网站 http://matdem.com 上提供了精细模型的数值模拟结果的 GIF 动画。图 9.1.5 显示了在 0.42s 时间内应力分布 StressZZ 的变化，该模型包含 41 万个单元，可精细地展现应力波的产生和传播。从图中可以看到，当陨石接触地面时，二者间产生巨大的

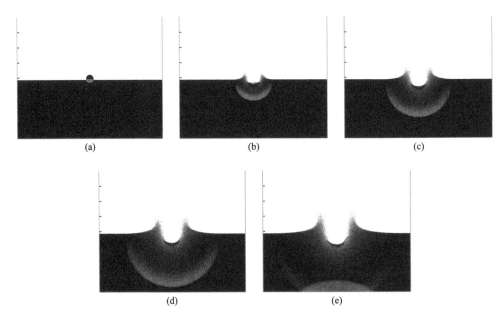

图 9.1.5　撞击作用过程图（StressZZ）

应力作用，应力波向四周传播，并在遇到下边界时发生反射（图 9.1.5）。同时，在地面形成巨大陨石坑。

图 9.1.6（a）和图 9.1.6（b）分别给出了初始撞击时刻和 0.21s 时的单元热量分布图。从图中可以看到，绝大多数热量均产生于陨石和地面的界面上。通过产生的热量，可以进一步得到温度，结合图 9.1.5 研究陨石撞击地面时的温度和压力。同时，通过改变参数，也可以研究陨石撞击地面的角度、速度等因素对陨石坑形态、应力波特征的影响。本例中，下边界是固定边界，因此，会产生反射波。需要通过二次开发来制作吸附边界，以正确地完成进一步的数值模拟。

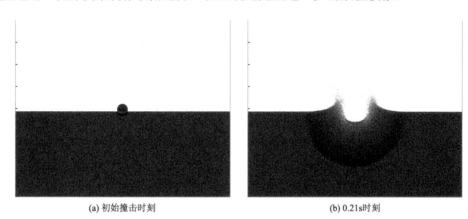

(a) 初始撞击时刻   (b) 0.21s时刻

图 9.1.6 模拟过程中的热量分布

9.2 矿山斜坡爆破

矿山斜坡爆破模拟基于 BoxModel 示例代码，这个代码最初用于二维和三维滑坡数值模拟。代码分为三步：BoxModel1 为常规的堆积建模过程；BoxModel2 利用 Excel 折线表来定义地层，并切割出斜坡面，其中包含一个软弱夹层；BoxModel3 则施加重力模拟滑坡生热过程（详见 10.1 节）。

本例需先运行 BoxModel1 和 BoxModel2 代码来生成斜坡，再利用 Model3Exploisive 代码实现矿山斜坡爆破过程的数值模拟。爆破模拟的基本原理为：搜索出一定区域内的单元，定义为爆破点，增加这些单元的半径，使单元间相互重叠，产生巨大压力和弹性应变能。在数值模拟过程中，爆破点的单元在内压力作用下，迅速向外运动，释放应变能，并模拟爆破作用。

9.2.1 建立斜坡模型

BoxModel1 与其他示例的第一步相同，在此不作深入介绍。本节直接使用第一步得到的二维堆积模型（B.sampleL = 0）。在加载第一步生成的堆积模型数据后，BoxModel2 的主要建模代码分为两个部分。

1）导入数据并切割模型

```
C=Tool_Cut(d);%cut the model
lSurf=load('slope/layer surface.txt');%load the surface data
C.addSurf(lSurf);%add the surfaces to the cut
C.setLayer({'sample'},[1,2,3,4]);
gNames={'lefPlaten';'rigPlaten';'botPlaten';'layer1';'layer2';
'layer3'};
d.makeModelByGroups(gNames);
```

首先利用 BoxModel1 得到的离散元堆积体来构建斜坡面。主要采用 Tool_Cut 对象 C 和 addSurf 命令，读入记事本文档中的高程数据。为方便查看层面，这些数据记录于"滑坡高程.xls"的 BoxModel 数据表中，具体数据和格式如表 9.2.1 所示，相应的 Excel 折线图如图 9.2.1（a）所示。在 Excel 中设定完高程数据后，再将其复制到记事本文档中，以方便读取。在图 9.2.1（a）中，我们只定义了 0～80m 处的高程，在图 9.2.1（b）中，MatDEM 自动根据已有的高程数据向外延伸，切分出了 80～100m 的地层。

表 9.2.1　Excel 表中用于生成折线图的高程数据

折线号	surface 0			surface 1			surface 2			surface 3		
坐标	x	y	z	x	y	z	x	y	z	x	y	z
高程数据	1	0	0	1	0	29	1	0	33	1	0	43
	4	0	0	4	0	26	4	0	30	4	0	42
	7	0	0	7	0	22	7	0	26	7	0	42
	10	0	0	10	0	16	10	0	20	10	0	38
	⋮	⋮	⋮	⋮	⋮	⋮	⋮	⋮	⋮	⋮	⋮	⋮

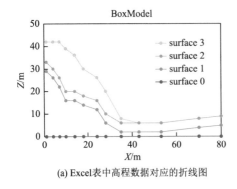

(a) Excel表中高程数据对应的折线图

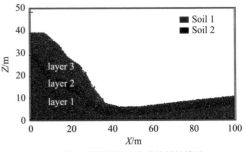

(b) 由折线图数据生成的斜坡模型

图 9.2.1　利用 Excel 折线图数据生成斜坡模型

2）设置材料和平衡模型

```
%---------set material of model
matTxt=load('Mats\Soil1.txt');
Mats{1,1}=material('Soil1',matTxt,B.ballR);
Mats{1,1}.Id=1;
matTxt2=load('Mats\Soil2.txt');
Mats{2,1}=material('Soil2',matTxt2,B.ballR);
Mats{2,1}.Id=2;
d.Mats=Mats;
%---------assign material to layers and balance the model
d.setGroupMat('layer2','Soil2');
d.groupMat2Model({'sample','layer2'});
d.balanceBondedModel();
```

以上代码设定了两种材料 Soil1 和 Soil2，其力学性质和密度记录于 Mats 文件夹下的记事本文档中，通过直接设定材料性质的方法来生成材料对象，并得到材料数组 Mats。如表 9.2.2 所示，Soil2 的强度只有 Soil1 的 1/10，且内摩擦系数也较小，将作为软弱层。由于单元默认的材料号为 1，因此只需将软弱层（layer2）的材料设为 Soil2，并使用 groupMat2Model 将材料性质赋给单元。最后平衡模型，得到图 9.2.1（b）所示的离散元模型，其中 layer2 为软弱层。

表 9.2.2　Soil1 和 Soil2 两种材料的输入力学性质

材料名称	杨氏模量 /MPa	泊松比	单轴拉伸强度 /kPa	单轴压缩强度 /kPa	内摩擦 系数	密度 /(kg/m³)
Soil1	20	0.14	20	200	0.8	1900
Soil2	10	0.18	2	20	0.6	2000

9.2.2　设置爆破点和爆破能量

```
…
B.name=[B.name 'Exploision'];
d.mo.aBF=d.mo.aBF*10;
d.mo.aFS0=d.mo.aFS0*10;
```

由于第二步默认的材料力学性质较弱，为保证斜坡稳定，第三步先将单元的断裂力（aBF）和初始抗剪力（aFS0）增加 10 倍。以下代码定义爆破点在斜坡中的位置和半径，搜索出相应的单元编号 bombId，并将其定义为 Bomb1 组。

```
centerX=15;centerZ=20;
```

```
bombR=2;
dX=d.mo.aX-centerX;
dZ=d.mo.aZ-centerZ;
bombId=find((dX.*dX+dZ.*dZ)<bombR.*bombR);%get the Id of bomb
d.addGroup('Bomb1',bombId);%add a new group
d.mo.zeroBalance();
d.recordStatus();
```

以下命令定义爆破点单元的组号为1，利用 d.show 函数显示出爆破点的位置（图 9.2.2（a））；并计算平均应力 Stress，记录于 d.data.Stress 中，通过 d.show（'Stress'）显示结果。

```
d.setData();
d.data.groupId(d.GROUP.Bomb1)=1;
d.show('groupId');
d.data.Stress=(abs(d.data.StressXX)+abs(d.data.StressZZ));
d.show('Stress');
```

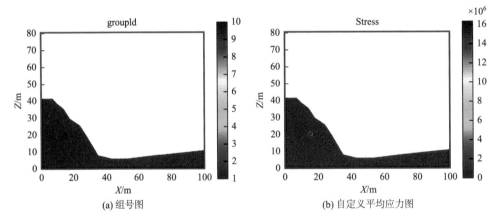

(a) 组号图　　　　　　　　(b) 自定义平均应力图

图 9.2.2　爆破点单元示意图

在获得爆破单元的基础上，通过增加其半径来产生爆破能量。在以下代码中，单元半径增加 40%，并记录新的系统状态。图 9.2.2（b）为此时的 StressZZ 应力分布图，可以看到，爆破点处单元的应力非常大。为了计算爆破能量，利用 oldKe 记录原始的弹性应变能，用 newKe 记录单元半径增加后的弹性应变能，计算得到由于爆破点单元半径增加而增加的弹性应变能。

```
oldKe=d.status.elasticEs(end);%record the original energy
bombExpandRate=1.4;
d.mo.aR(bombId)=d.mo.aR(bombId)*bombExpandRate;
d.mo.zeroBalance();
```

```
d.recordStatus();
newKe=d.status.elasticEs(end);
dKe=newKe-oldKe;%calculate the energy increment
fs.disp(['Energy of the bomb is'num2str(dKe)'J',' ~='num2str
(dKe/4.2e6)'kg TNT']);
```

最后一条命令，将能量转化为 TNT 当量，以量化爆破能量。得到以下信息，即模拟的爆破能量相当于 4.3 公斤的 TNT 炸药。

```
Energy of the bomb is 17973262.3911J ~=4.2793 kg TNT
```

需要注意的是，在本例中，为了较清晰地显示爆破点的位置，采用了较大的爆破点半径。在实际应用中，可根据需要设置较小的区域半径，并通过增加爆破点单元的刚度来增加爆破能量。同时，也可以通过给单元施加较大初速度的方法来增加能量。

9.2.3　迭代计算和模拟结果

第三步代码的开始部分为常规的加载和初始化步骤，因此不再深入说明。由于本例为动力作用，因此需要将活动单元的阻尼系数（d.mo.mVis）设小一些，相当于模拟空气阻力。同时，运行 d.mo.setGPU('auto')命令，测试 GPU 和 CPU 的速度，选择更快的一个，用于后继计算。

```
visRate=0.00001;
d.mo.mVis=d.mo.mVis*visRate;
gpuStatus=d.mo.setGPU('auto');
```

在设置好模型后，通过以下代码实现迭代计算，并保存数据文件。数值模拟的时间步为 3×10^{-4} s，分 20 次循环，每次循环进行 0.1 次标准平衡，共模拟真实世界时间 5s。图 9.2.3（a）为 0.1s 时的单元速度场图。在图中可以清晰地看到，应力波以爆破点为中心向外传播，并在坡面形成较大的单元速度场（40m/s）。图 9.2.3（b）为 0.5s 时的单元速度场图，部分表面单元向空中飞溅。

```
totalCircle=20;
d.tic(totalCircle);
fName=['data/step/'B.name  num2str(B.ballR)'-'num2str(B.
distriRate)'loopNum'];
save([fName '0.mat']);
for i=1:totalCircle
    d.mo.setGPU(gpuStatus);
    d.balance('Standard',0.1);
    d.clearData(1);
    save([fName num2str(i)'.mat']);
```

```
    d.calculateData();
    d.toc();%show the note of time
end
d.show('mV');
```

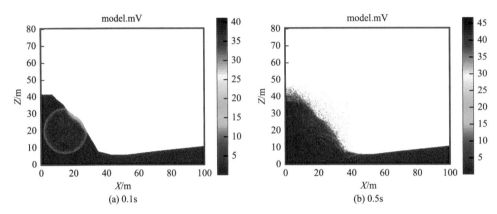

图 9.2.3　单元速度场分布图

　　图 9.2.4（a）和图 9.2.4（b）为 2s 时单元的速度场分布图和胶结图。坡体内以爆破点为中心，出现明显的放射状裂缝。表面单元在爆破动能和重力作用下，开始快速向下滑动。

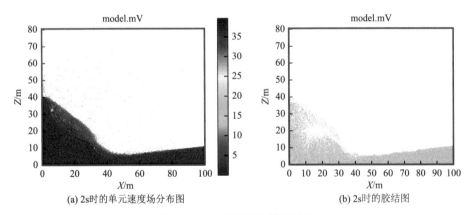

图 9.2.4　2s 时的数值模拟结果

9.3　地震动力作用

　　本节以地震动力作用（Earthquake）为例，介绍离散元数值模拟中地震波的生成。地震动力作用模拟的基本思路是：首先创建地层堆积模型，在此基础上通过

切割生成地形起伏和地下软弱层，在近左边界处生成缓冲块体，并通过移动边界
来生成地震波。

9.3.1　建立地形和分层

Earthquake1 设置模型箱的长、宽、高分别为 0m、200m、160m，即创建二维
模型箱；单元半径为 0.2m，分散系数取 0.2，其余步骤与其他示例的第一步相同，
在此不作深入介绍。Earthquake 2 的建模代码主要可分为两个部分。

1）材料设置

同样地，首先载入第一步建立的堆积模型并进行模型的初始化，随后进行材
料的导入：

```
…
matTxt=load('Mats\Soil3.txt');%material of soil
Mats{1,1}=material('Soil1',matTxt,B.ballR);
Mats{1,1}.Id=1;
matTxt2=load('Mats\Rock1.txt');
Mats{2,1}=material('Rock1',matTxt2,B.ballR);%material of rock
Mats{2,1}.Id=2;
d.Mats=Mats;
…
```

此处导入两种材料，材料性质列于表 9.3.1。第一种材料为 Soil1，材料编号
为 1，作为山体模型中软弱层的材料。第二种材料为 Rock1，材料编号为 2，作为
山体模型中岩石的材料。最后将包含这两种材料的 Mats 元胞数组赋值给 d.Mats。

表 9.3.1　Soil1 和 Rock1 两种材料的输入力学性质

材料名称	杨氏模量/MPa	泊松比	单轴拉伸强度/kPa	单轴压缩强度/kPa	内摩擦系数	密度/(kg/m³)
Soil1	20	0.14	20	200	0.8	1900
Rock1	77.1×10^3	0.18	17.3×10^3	216×10^3	0.5	2850

2）创建山体模型

创建 Tool_Cut 类的对象 C 对第一步建立的地层模型进行切割：

```
C=Tool_Cut(d);%cut the model
lSurf=load('slope/Earthquake.txt');%load the surface data
C.addSurf(lSurf);%add the surfaces to the cut
C.setLayer({'sample'},[1,2,3,4]);
gNames={'lefPlaten';'rigPlaten';'botPlaten';'layer1';'layer2';
```

```
'layer3'};
d.makeModelByGroups(gNames);%build new model
d.setGroupMat('layer1','Rock1');
d.setGroupMat('layer2','Soil1');
d.setGroupMat('layer3','Rock1');
d.groupMat2Model({'layer1','layer2','layer3'},2);
d.balanceBondedModel0();
```

通过第 2 行命令载入 Earthquake.txt 中的高程数据，并保存在 lSurf 中，包括山体顶、底层面的高程信息与中间两层的层面信息。这些数据记录于"滑坡高程.xls"的 BoxEarthquake 工作表中，相应的 Excel 折线图如图 9.3.1（a）所示。在第 3 行命令中，用 addSurf 将各层面的高程数据加载至模型切割工具 C 中。由于共有 4 个地层层面的高程数据，使用 setLayer 切割 sample 组时，将生成 3 层地层，程序会自动将其从下向上命名为'layer1'、'layer2'、'layer3'。随后创建元胞数组 gNames，其包含了创建新模型所需要的组名，并使用 makeModelByGroups（gNames）命令创建新模型；第 7～9 行使用 setGroupMat 声明各组（地层）材料；使用 groupMat2Model 给指定组赋材料，其余单元的材料号设为 2；最后对模型进行强胶结平衡，即可生成山体模型，如图 9.3.1（b）所示。此山体模型包括 12.1 万个单元。

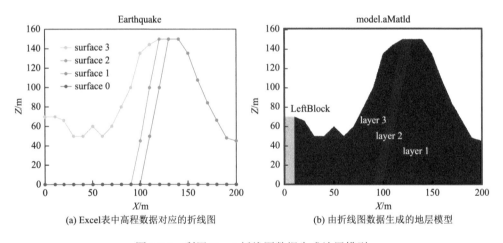

(a) Excel表中高程数据对应的折线图　　　　　(b) 由折线图数据生成的地层模型

图 9.3.1　利用 Excel 折线图数据生成地层模型

3）创建缓冲区

由于在该模拟中使用位移加载来生成地震波。而在离散元数值模拟中，位移变化在瞬间完成。因此，若将较大的位移变化直接作用于岩体，将导致岩体瞬间破坏。为此，需要将靠近左边界的块体区域定义为缓冲区（图 9.3.1（b）中的

LeftBlock 组），从而有效地产生地震波，代码如下：

```
mX=d.mo.aX(1:d.mNum);
leftBlockId=find(mX<0.05*max(mX));%choose element Id of block
d.addGroup('LeftBlock',leftBlockId);%add a new group
d.setClump('LeftBlock');%set the block clump
d.mo.zeroBalance();
```

第 1～2 行命令通过过滤，将模型最左侧靠近左边界的单元筛选出来，并将其单元编号保存于 leftBlockId 中；定义名为'LeftBlock'的新组作为缓冲区，并将该组设置为 clump，以保证组内单元的连接不被破坏，并进行 1 次零时平衡。

```
d.mo.bFilter(:)=true;
d.mo.dT=d.mo.dT*4;
d.balance('Standard',1);
d.mo.bFilter(:)=true;
d.balance('Standard',0.5);
d.mo.dT=d.mo.dT/4;
…
```

其中，d.mo.bFilter (:) = true 胶结所有的活动单元，然后手动修改 dT 为默认值的 4 倍，从而加快系统平衡速度；在此基础之上再进行 1 次标准平衡。由于在上次标准平衡中某些连接可能断开，为此，需再次胶结所有的活动单元，并进行 0.5 次标准平衡；最后恢复时间步 dT，通过 save 命令保存第二步的建模数据。

9.3.2　地震波产生和传播过程

1）模拟设置和迭代计算

首先载入第二步计算数据，并初始化模型，之后进行相关模拟参数的设置：

```
d.mo.isHeat=1;%calculate heat in the model
d.mo.isCrack=1;%record in the model
visRate=0.000001;
d.mo.mVis=d.mo.mVis*visRate;
gpuStatus=d.mo.setGPU('auto');
d.setStandarddT();
```

设定 d.mo.isHeat = 1、d.mo.isCrack = 1 以记录模拟过程中的热量、裂隙的生成；为模拟真实的地震波传播过程，第 3、4 行命令设定了非常小的阻尼系数；在设置了 GPU 状态后，对时间步进行初始化。

```
d.moveBoundary('left',0.01,0,0);
totalCircle=40;
d.tic(totalCircle);
```

```
fName=['data/step/'B.name num2str(B.ballR)'-'num2str(B.distriRate)'
loopNum'];
save([fName '0.mat']);
for i=1:totalCircle
        d.mo.setGPU(gpuStatus);
        d.balance('Standard',0.01);
        d.clearData(1);
        save([fName num2str(i) '.mat']);
        d.calculateData();
        d.toc();%show the note of time
end
...
```

使用命令 moveBoundary('left', 0.01, 0, 0)将左边界向 X 轴正方向移动 0.01m来模拟地震波的产生；边界移动后直接作用在缓冲区，由于缓冲区被设为 clump，单元间为强胶结不会断裂，将产生弹性波并逐渐沿 X 轴正方向传播；在设置了总循环次数 totalCircle 后开始进行循环迭代，每步循环中进行 0.01 次标准平衡迭代，并保存一次中间文件。由于地震波数值模拟对应的真实世界时间很短，通常能很快完成。采用笔记本电脑，此数值模拟耗时 28min，模拟真实世界时间 0.06s。

2）地震波的传播过程

图 9.3.2 为数值模拟在 0.003s、0.018s、0.024s 和 0.048s 时的单元速度场图。0.003s 时，地震波由左缓冲块体传出；0.018s 时，波刚好接触到软弱层，同时向山体上方传播，对比图 9.3.2（a），可以看到图 9.3.2（b）模型最左侧坡面上单元运动速度非常快，达到 35m/s；在 0.024s 时（图 9.3.2（c）），地震波继续向上方和右方传播，并在软硬层界面上出现明显的动能集中区，地震波在界面上出现反射现象；在图 9.3.2（d）中，地震波已接触右边界，并发生反射，此时单元的最大速度仅为 6m/s，同时在山体顶部出现单元速度较大的区域。

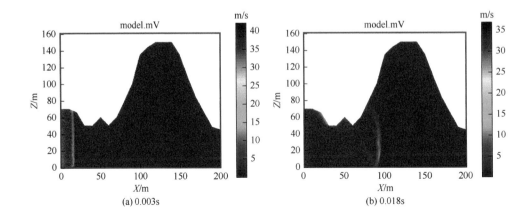

(a) 0.003s　　　　　　　　　　　　　　　(b) 0.018s

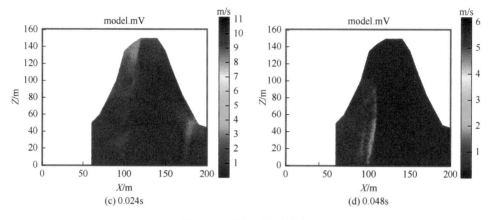

(c) 0.024s   (d) 0.048s

图 9.3.2   模拟过程速度场

3）后处理曲线分析

在数值模拟结束后，运行以下后处理命令获得图 9.3.3：

```
.show('--','EnergyCurve','ForceCurve','HeatCurve');
```

其中图 9.3.3（a）为模拟结束时的单元胶结图，可以看到，左缓冲块体与岩体界面上较为破碎，且软弱层非常破碎。软弱层左侧下方的岩石也较为破碎，这一破碎区与图 9.3.2（c）的较高单元速度区一致。

图 9.3.3（b）～图 9.3.3（d）分别为能量转化图、边界受力图和热量生成图。通过分析这些曲线，可以了解离散元系统的动态模拟过程。例如，在 A 时刻（约 0.018s），地震波刚好接触中间软弱层，此时软弱层单元迅速运动，并导致动能增加（图 9.3.3（b））。然后，由于软弱层单元强度很弱，产生大量的裂隙，并发生单元的滑动摩擦，所以，可以看到图 9.3.3（b）和图 9.3.3（d）中，A 时刻后动能迅速下降，断裂热（Both spring）和摩擦热（Slipping）呈现出增加趋势。

在 B 时刻（图 9.3.3（c）），由软弱层反射的地震波刚好接触到左边界，并使其受力发生跳动，然后反射地震波，在 D 时刻受力又下降。在 C 时刻（0.0432s），

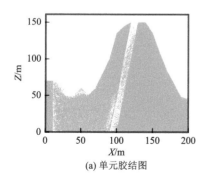

(a) 单元胶结图

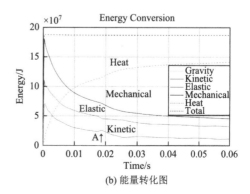

(b) 能量转化图

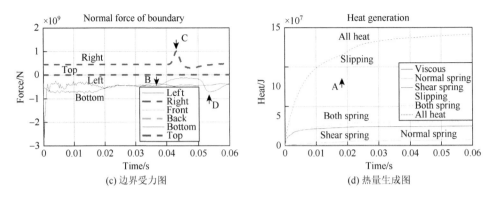

(c) 边界受力图　　　　　　　　　(d) 热量生成图

图 9.3.3　数值模拟结束后得到的效果图

地震波刚好接触到右边界，因此，右边界受力出现跳动。由于模型水平方向长度为 200m，可计算得到纵波波速为 4630m/s。

第 10 章　多场耦合数值模拟

基于 MatDEM 的自定义参数和二次开发功能,可以完成复杂的多场耦合数值模拟。本章从 MatDEM 软件提供的基本的摩擦生热功能出发,对滑坡滑带摩擦生热的模拟进行了介绍。并通过将渗流压力、温度场等各类场等效到离散元单元上,实现了对地面沉降、微波辅助破岩、能源桩热力耦合的数值模拟。

10.1　滑坡滑带摩擦生热

滑坡滑带摩擦生热数值模拟基于示例代码 BoxModel。这个代码的前两步已经在 9.2 节中介绍了,因此,本节主要介绍 BoxModel3 的数值模拟过程。在 BoxModel2 中,通过折线图数据切割出斜坡坡面,以及三个地层,并给中间的软弱层施加了较低的单元强度。经测试,此单元强度是无法保证边坡的稳定的,因此,在 BoxModel3 中,通过简单的迭代计算即可得到数值模拟结果。

以下代码中,将阻尼系数降低(动态问题),设置时间步为标准时间步,进行 20 次循环,每次循环做 0.2 次标准平衡,模拟真实世界中的 15s。数值模拟结果如图 10.1.1 所示:在 0.75s 时,滑坡的软弱层产生较多的热量(绝大部分为摩擦热),说明此处连接破坏,并形成破坏面,滑坡开始沿着破坏面滑动,形成滑带;在 7.5s 时,整个坡体下滑过程已接近完成,在软弱层中生成大量的热量。

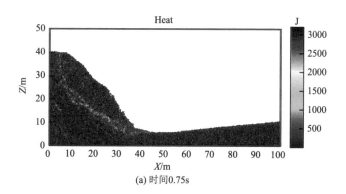

(a) 时间0.75s

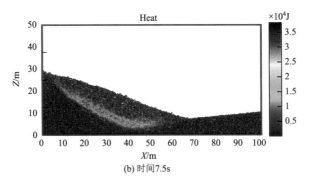

(b) 时间7.5s

图 10.1.1　不同时间滑坡的形态和热量分布

```
d.mo.isHeat=1;%calculate heat in the model
visRate=0.001;
d.mo.mVis=d.mo.mVis*visRate;
gpuStatus=d.mo.setGPU('auto');
d.setStandardddT();
totalCircle=20;
d.tic(totalCircle);
fName=['data/step/' B.name num2str(B.ballR)'-' num2str (B.distriRate)
'loopNum'];
save([fName'0.mat']);
for i=1:totalCircle
    d.mo.setGPU(gpuStatus);
    d.balance('Standard',0.2);
    d.clearData(1);
    save([fName num2str(i)'.mat']);
    d.calculateData();
    d.toc();%show the note of time
End
```

图 10.1.2 给出高精度的滑坡滑带摩擦生热模拟结果，通过精确的热量计算，

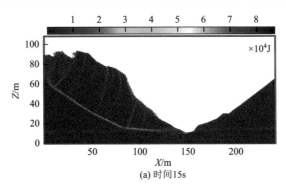

(a) 时间15s

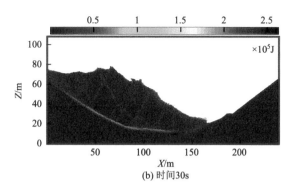

图 10.1.2　高精度的滑坡滑带摩擦生热数值模拟

可以得到滑坡过程中滑带温度的变化情况。由于土体的抗剪强度与温度相关，热量和温度的计算有利于研究高速远程滑坡的形成机制。在 9.2 节中的第三步，我们将单元的强度增加到 10 倍，可以保证边坡稳定。因此，通过调整单元强度和强度折减法进行计算，可以得到边坡的安全系数。

10.2　微波辅助破岩

本章示例用于模拟微波辅助破岩过程，对应于 BoxMixMat 代码。示例岩块由不同形态、含量的辉石和长石颗粒组成。当微波作用于岩石时，会首先加热导热性好的辉石颗粒，使其受热膨胀并挤压周围矿物，在岩石中产生裂隙，进而引起岩石破坏。

10.2.1　建立 clump 团簇堆积模型

第一步建立初始堆积模型（BoxMixMat1）：

```
B.ballR=0.001;
B.isClump=1;%make clump particles
B.distriRate=0.3;
B.sampleW=0.1;
B.sampleL=0;
B.sampleH=0.1;
B.type='topPlaten';
```

建立尺寸为 0.1m×0.1m，平均半径为 0.001m，分散系数为 0.3 的二维模型。如需建立三维模型，可自行设置 sampleL 使其值大于 0。设置 B.type='topPlaten' 生成上压力板来压实模型。由于需要模拟不同形态的单个颗粒，所以设置

B.isClump=1，此时程序会自动生成不规则的团簇颗粒。这些团簇颗粒由 2～8 个基本单元组成，如需生成特定的颗粒，需要自行编写函数来定义结构体，具体请见 2.6.2 节。

初始模型建立之后需要进行重力沉积和压实：

```
B.gravitySediment();
B.compactSample(2);
mfs.reduceGravity(d,5);%reduce the gravity of element
```

最后将初始建模的数据进行保存。微波辅助破岩初始堆积模型如图 10.2.1 所示。

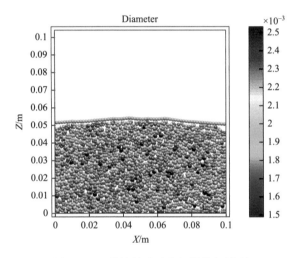

图 10.2.1　微波辅助破岩初始堆积模型

10.2.2　辉石和长石的分组和材料设置

本模型中包含辉石和长石两种材料，首先导入这两种材料，然后将团簇颗粒按一定比例分为辉石和长石两组，最后再分组赋不同的材料。

1）利用过滤器削平 clump 堆积块

首先加载第一步建立的堆积模型并进行模型初始化，然后将堆积模型的顶部削平：

```
mZ=d.mo.aZ(1:d.mNum);
topLayerFilter=mZ>max(mZ)*0.85;%make filter for top layer
d.delElement(find(topLayerFilter));%delete top layer elements
```

通过上述第 1 条命令获得模型活动单元的 Z 坐标，即 mZ。第 2 条命令将 Z 轴坐标位于样品上层 15%的活动单元挑选出来，并记录在布尔矩阵 topLayerFilter

（过滤器）中。使用 find 命令找到上述单元的对应编号后，利用 d.delElement 命令把选中的单元从模型中删除。

2）建立辉石和长石材料数组

在模型中需要对辉石和长石分别设置不同的材料，所以导入两种材料：

```
matTxt=load('Mats\Rock1.txt');
Mats{1,1}=material('Rock1',matTxt,B.ballR);
Mats{1,1}.Id=1;
matTxt2=load('Mats\Rock2.txt');
Mats{2,1}=material('Rock2',matTxt2,B.ballR);
Mats{2,1}.Id=2;
d.Mats=Mats;
```

第一种材料的名字为 Rock1，材料编号为 1；第二种材料名字为 Rock2，材料编号为 2。需要注意的是，为了方便起见，这里材料直接由记事本文件中的数值来定义。通过这种方法定义的材料，其实际杨氏模量和强度与设定值可能有较大的误差（如 50%），需要通过材料训练以获得更准确的模型。关于材料训练，详见 3.4.3 节；关于训练好的材料的使用，详见 8.3.1 节。

3）建立辉石和长石 clump 的过滤器

下面代码将模型中随机的一部分 clump 颗粒挑选出来设置为辉石，其余的设置为长石：

```
groupId=d.GROUP.groupId;%groupId of all elements
matContents=[9,1];%percentage of material 1 is 90%
matContents=matContents/(sum(matContents));
groupIdUnique=unique(groupId);
clumpId=groupIdUnique(groupIdUnique<-10);
clumpNum=length(clumpId);%get the number of clump in the sample
```

groupId 存储所有单元的组号（为整数），同一团簇的组号相同。辉石和长石的含量可以通过 MatContents 数组来控制。MatContents[9, 1]命令定义了模型中长石的含量是 90%，则其余的 10%为辉石。以上代码的第 4～6 行主要用于计算团簇的数目，并不是建模必需过程。由于同一团簇的单元具有相同的组号，且团簇颗粒组号均小于-10。通过 unique（groupId）命令将 groupId 中各个组号提取出来，并将其中组号小于-10 的组保存在 clumpId 中，最后使用 length 函数得到团簇的个数 clumpNum。

```
clumpFilter=groupId<-10;%filter of clump
matSeed=mod(groupId*pi^2,1);
mat1Filter=(matSeed<matContents(1))&clumpFilter;
mat2Filter=(matSeed>=matContents(1))&clumpFilter;
```

以上命令筛选出属于团簇颗粒的单元，并生成了长石（mat1Filter）和辉石

（mat2Filter）的过滤器。使用 clumpFilter = groupId<−10 命令可以去除 groupId 中的压力板颗粒。matSeed = mod（groupId*pi^2, 1）把所有的团簇颗粒的 groupId 乘以 π^2，得到一个有很多小数的数字，然后把这个数除以 1 再取余数，就会得到一个 0~1 的无理数，当颗粒数量很多时，余数会接近（0, 1）的均匀分布。通过进一步的筛选，即可根据实际情况设定比例，得到长石颗粒过滤器 mat1Filter（90%）与辉石颗粒过滤器 mat2Filter（10%）。

4）给辉石和长石 clump 赋材料

```
mat1Group=find(mat1Filter);
mat2Group=find(mat2Filter);
d.addGroup('Mat1Group',mat1Group);
d.addGroup('Mat2Group',mat2Group);
d.setGroupMat('Mat1Group','Rock1');
d.setGroupMat('Mat2Group','Rock2');
d.groupMat2Model({'Mat1Group','Mat2Group'});
```

通过 find 函数得到长石和辉石颗粒的编号数组 mat1Group 和 mat2Group，并利用 addGroup 函数建立长石组 Mat1Group 和辉石组 Mat2Group，然后用 d.setGroupMat 命令将 Mat1Group 的材料设置为 Rock1、Mat2Group 的材料设置为 Rock2，最后通过 d.groupMat2Model 命令将材料应用到模型中。分组设置完材料后，效果见图 10.2.2，其中蓝色代表长石，红色代表辉石（少量的颗粒）。

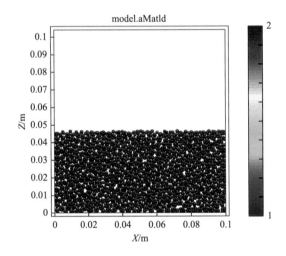

图 10.2.2 长石和辉石混合模型的材料图

5）平衡模型

赋完材料后需要平衡模型：

```
d.balanceBondedModel0(1);
mfs.reduceGravity(d,10);%reduce the gravity of element
d.balanceBondedModel0(1);
d.balance('Standard',5);
```

初始堆积时，MatDEM 均采用柔软的单元（类似橡胶球）。当材料转为相对坚硬的岩石材料时，为了防止模型因弹性应变能突然增加而"爆炸"，首先通过命令 d.balanceBondedModel0（1）进行一次强胶结平衡；因为此模型为试样尺度，受重力作用非常小，所以通过 mfs.reduceGravity（d, 10）命令消除重力作用，然后再次进行强胶结平衡，最后通过命令 d.balance（'Standard', 5）进行 5 次标准平衡。图 10.2.3 的各曲线在后半段几乎水平，说明此时模型已经完全平衡。

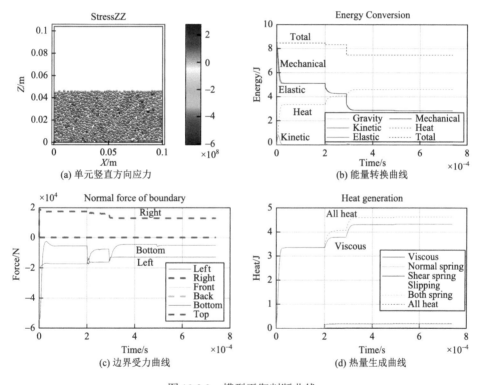

图 10.2.3　模型平衡判断曲线

10.2.3　辉石受热膨胀数值模拟

当微波作用于岩石时，导电性较好的辉石颗粒升温较快，发生膨胀并产生热应力，使岩石内部产生裂隙。MatDEM 无法模拟电磁波的作用，但可以模拟升温膨胀（单元半径增加）及其热应力作用。

1）模拟参数设置

首先加载第二步的计算数据，然后初始化模型，之后要设置辉石膨胀的相关参数：

```
...
d.mo.isHeat=1;%calculate heat in the model
d.mo.isCrack=1;%record cracking process
gpuStatus=d.mo.setGPU('auto');
d.setStandardddT();%set standard dT
mat2Id=d.GROUP.Mat2Group;
totalCircle=10;
stepNum=100;
elementExpandRate=0.01;%material 2 will be expanded by 1%
aR0=d.mo.aR;
daR=(aR0*elementExpandRate)/totalCircle/stepNum;
```

以上代码中，d.mo.isCrack = 1、d.mo.isHeat = 1 可设置程序自动记录裂隙生成与热量变化情况；mat2Id = d.GROUP.Mat2Group 可得到辉石颗粒单元编号矩阵，并保存在参数 mat2Id 中；elementExpandRate = 0.01 设置辉石的总膨胀量为 1%，即模拟完成时辉石半径总共增加 1%。

由于辉石颗粒受热膨胀时，其半径增加，单元间的受力剧增，当单元每次的膨胀量足够小时，才能保证数值模拟的准确性。因此，需要将热膨胀过程进行分解。通过设定 totalCircle = 10，stepNum = 100 将辉石膨胀过程分为 1000 次，每次辉石膨胀自身半径的 0.001%，每膨胀 100 次记录一次模拟结果。通过对比辉石每次的绝对膨胀半径 daR 和材料的断裂位移（详见 4.3.4 节），可得膨胀半径远小于断裂位移，所以 stepNum 取 100 满足计算精度。

2）迭代计算和模拟结果

参数设置完成后就可以通过 for 循环进行辉石膨胀的模拟计算：

```
for i=1:totalCircle
    for j=1:stepNum
        d.mo.aR(mat2Id)=d.mo.aR(mat2Id)+daR(mat2Id);
        d.mo.setNearbyBall();
        d.mo.zeroBalance();
        d.balance('Standard',1);
    end
    d.clearData(1);%clear data in d.mo
    save([fName num2str(i) '.mat']);
    d.calculateData();
end
```

d.mo.aR（mat2Id）= d.mo.aR（mat2Id）+ daR（mat2Id）表示辉石的半径每次增加 daR，即 0.001%。颗粒膨胀之后，原来不接触的颗粒可能相互接触，所以需要运行邻居查找命令 d.mo.setNearbyBall 重新计算邻居矩阵。邻居查找完成后，单元相互接触状态也可能发生改变，再运行零时平衡命令 d.mo.zeroBalance 以更新模型状态。之后用 d.balance（'Standard', 1）命令进行标准平衡。在数值模拟完成后，模型中产生裂隙，见图 10.2.4，裂隙的分布与辉石的分布有一定的关联。

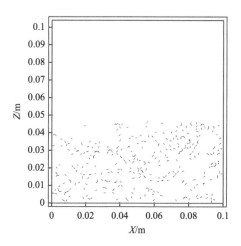

图 10.2.4　辉石膨胀后模型中产生的裂隙

当微波的功率不同时，温度上升的速度和辉石膨胀的速率也会改变。如果要模拟真实世界中的微波加热和膨胀快慢，则可以通过修改标准平衡的次数和两层 for 循环的步数来实现，二者均会改变数值模拟对应的真实世界总时间（即 d.mo.totalT）。

10.3　能源桩热力耦合

能源桩是一种将桩基础与地源热泵相结合的新型地下换热器，其涉及温度场与应力场之间的相互耦合。能源桩热力耦合的示例代码为 TunnelHeat，这个示例由 TunnelNew 示例修改而来，主要将 TunnelNew 示例中的二维隧道拓展成三维模型（B.sampleL 设为正数），并旋转 90°，成为管柱。本示例主要演示如何使用自定义函数和自定义参数，属于 MatDEM 中比较复杂的示例。

热交换是一个相当复杂的过程，由傅里叶定律可知，单位时间内通过给定截面的热量，正比于该截面法线方向上的温度梯度和截面面积，比例系数即为导热系数 κ。本示例仅为演示如何进行多场耦合数值模拟，为了易于理解，不使用常规的导热系数，而使用导温系数的概念进行数值模拟，即根据单元间温度的差异和导温系数确定单元温度的变化。在实际数值模拟中，需要在此基础上考虑每个单元不同的比热容，并根据材料固有属性和单元间的接触面积来设定导热系数，最终按傅里叶定律进行计算。关于导热系数与导温系数的转换可参考相关资料。

10.3.1　建立能源桩-地层模型

1）建立能源桩模型

TunnelHeat1 建立了初始的地层堆积模型，此处不再赘述。在第二步 TunnelHeat2 中，首先削去堆积地层的顶部单元，并设置材料，得到图 10.3.1 所示的地层模型。然后建立能源桩的模型，并将其埋入地层中。如图 10.3.2 所示，能源桩为中空的管桩，流体在管中流动并交换热量。MatDEM 未直接给出空心圆柱的建模函数，但在 fun 文件夹下提供了建立二维圆环的函数 makeRing。因此，可以通过不断复制二维圆环，将其旋转一定角度并在法向上移动适当距离，最后将这些圆环组合在一起从而得到一个空心圆柱的结构体。管桩的建模代码如下：

```
mX=d.mo.aX(1:d.mNum);mY=d.mo.aY(1:d.mNum);mZ=d.mo.aZ(1:d.mNum);
mR=d.mo.aR(1:d.mNum);
innerR=0.2;%inner radius of tube
layerNum=2;%layer number of tube
minBallR=min(mR)*0.9;
Rrate=1;
ringObj=f.run('fun/makeRing.m',innerR,layerNum,minBallR,Rrate);
tubeL=4;%length of tube
dZ=minBallR*sqrt(3)/2;
ringNum=(tubeL-minBallR)/dZ+1;
ringZ=(1:ringNum)*dZ;
dAngle=180/(length(ringObj.R)/layerNum);
pipeObj=ringObj;
for i=1:ringNum-1
    newObj=mfs.rotate(ringObj,'XY',dAngle*i);
    newObj=mfs.move(newObj,0,0,dZ*i);
    pipeObj=mfs.combineObj(pipeObj,newObj);
end
outerR=(max(pipeObj.X)-min(pipeObj.X))/2;
```

在二次开发过程中，用户可以通过在代码行中指定部分插入 return 命令中止程序，并检查中间结果。例如，在以上代码尾部插入 return 命令，程序运行结束后可以通过函数 fs.showObj（'pipeObj'）查看能源桩的几何建模是否正确，如图 10.3.1 所示。

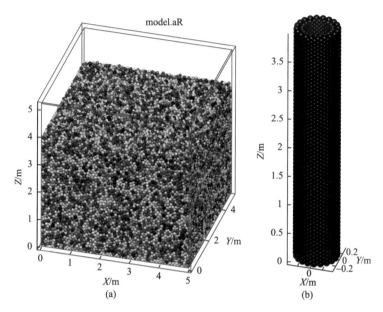

图 10.3.1　原始土层和管桩模型

2）将能源桩放入地层

随后，需要在地层中挖出用于放置管桩的孔：

```
sampleId=d.getGroupId('sample');
sX=d.mo.aX(sampleId);sY=d.mo.aY(sampleId);sZ=d.mo.aZ(sampleId);
dipD=0;dipA=0;radius=outerR;height=5;
columnFilter=f.run('fun/getColumnFilter.m',sX,sY,sZ,dipD,dipA,
radius+B.ballR,height);
zFilter=sZ>1;
tunnelId=find(columnFilter&zFilter);
d.delElement(tunnelId);
```

在地层中挖孔需要使用 fun 文件夹下的自定义函数 getColumnFilter，在示例 BoxTunnel 以及 BoxTunnelNew 中均用到了该函数。以上代码利用此函数，根据设定的圆柱切割的参数，生成地层中部圆柱体区域的过滤器矩阵，并删除模型中相应的单元。

```
tubeId=d.addElement(1,tubeObj);%add a slope boundary
d.addGroup('ringTube',tubeId);%add a new group
d.setClump('ringTube');%set the pile clump
d.moveGroup('ringTube',(max(mX)+min(mX))/2,(max(mY)+min(mY))/2,1);
d.minusGroup('sample','ringTube',0.4);%remove overlap elements
from sample
innerTubeId=find(d.mo.aR==minBallR);
```

```
d.addGroup('innerTube',innerTubeId);%add a new group
```

以上代码将管桩的结构体导入模型并定义为组；由于桩的单元相互重叠，需要将桩声明为团簇，并移动至模型中央的孔中；此时，使用 minusGroup 函数删除与桩接触的部分地层单元（关于此命令，详见 6.1.2 节）；为方便在第三步中施加温度荷载，将能源桩内侧的单元声明为 innerTube 组。

```
d.addFixId('X', d.GROUP.ringTube);
d.addFixId('Y', d.GROUP.ringTube);
d.addFixId('Z', d.GROUP.ringTube);
d.balanceBondedModel0();%bond the elements and balance the model
d.breakGroup();%break all connections
d.balance('Standard');%balance the model
```

为了防止桩在接下来的平衡计算中发生移动和倾斜，先使用 **d.addFixId** 函数锁定桩单元的 X、Y 和 Z 方向的自由度；然后运行强胶结平衡函数，平衡由材料变换造成的应力突变；再断开所有单元连接，使地层中的单元在重力作用下重新堆积，并与管桩紧密接触，得到图 10.3.2 所示的能源桩与地层相互作用模型。

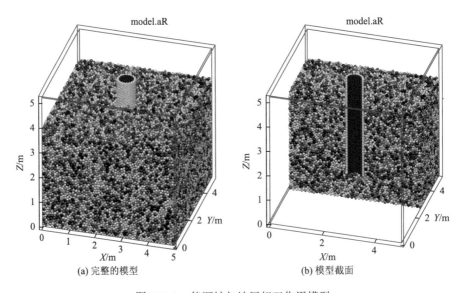

(a) 完整的模型　　　　　　　　　　　　　(b) 模型截面

图 10.3.2　能源桩与地层相互作用模型

10.3.2　热力耦合过程数值模拟

1）参数初始化

在本例中，实现能源桩热力耦合的基本思路为：对桩内层单元施加恒定温度荷载；根据接触单元间的温度差和导温系数，确定单元温度的变化；根据单元膨胀率和温度之间的关系，再确定单元的半径；通过平衡迭代计算实现热力耦合模拟。

在 d.mo 中没有单元的温度属性，需要在结构体 d.mo.SET 中新增单元温度参数 aT，用于记录模型中所有单元的温度：

```
innerTubeId=d.GROUP.innerTube;
d.mo.SET.aT=ones(d.aNum,1)*15;%initial temperature is 15 degrees
initialT=d.mo.SET.aT(1:d.mNum); %record the initial temperatures
innerTubeT=25;%temperature of innerTube group
d.mo.SET.aT(d.mNum+1:d.aNum)=-1000;%boundary is insulated
mdR0=zeros(d.mNum,1);%deviation of radius of active elements
```

以上命令将所有单元的温度初始化为 15℃，并用 initialT 记录其中活动单元的温度；然后，给能源桩内侧单元设定更高的温度（innerTubeT），如 25℃，从而使得能源桩与地层之间形成温差；将边界单元的温度设为–1000℃，在迭代计算中，需根据这个不可能存在的温度值将边界设为绝热边界，若边界为恒温边界，则此处需设置为其他温度。mdR0 记录上一次邻居检索时，活动单元的半径增加量，将在下面小节中具体说明。

2）热传导计算

热传导计算和热力耦合计算通过常规的两层 for 循环实现，外层循环中保存数据文件，内层循环中进行数值计算。以下为内层循环中的热传导计算部分代码：

```
d.mo.SET.aT(innerTubeId)=innerTubeT;%assign temperture
nRow=ones(1,size(d.mo.nBall,2));
NBall=gather(d.mo.nBall);
nTempDiff=d.mo.SET.aT(NBall)-d.mo.SET.aT(1:d.mNum)*nRow;
```

上述代码中的第 1 行命令将能源桩内侧单元的温度设为 25℃。第 3 行利用 gather 函数将 d.mo.nBall 中的数据放到 CPU 中。在数值计算中，d.mo 中的矩阵数据可能为 GPU 数据，而 GPU 数据的矩阵代入操作非常缓慢（如 aT（d.mo.nBall）），同时容易出错，所以此处使用 gather 命令来获取 d.mo 中的数据。当使用自定义参数和进行多场耦合数值模拟时，特别需要注意 GPU 数据的使用，避免出现计算速度急剧下降和报错。第 4 行命令得到一个与邻居矩阵 nBall 相同大小的矩阵 nTempDiff，该矩阵记录着所有活动单元与其邻居单元间的温度差。

本例旨在展示如何使用 MatDEM 进行多场耦合研究，为方便起见，将热传导计算做了简化：当两个单元发生热交换时，温度变化量（nTempFlow）等于"导温系数"（本例中取 0.02）与两单元温差的乘积。以下代码演示了如何进行导温数值模拟：

```
nThermalC=0.02;%Coefficient of thermal conductivity
cbFilter=gather(d.mo.cFilter|d.mo.bFilter);
nBoundaryFilter=(d.mo.SET.aT(NBall)==-1000);
inslatedFilter=(~cbFilter|nBoundaryFilter);
nTempFlow=nTempDiff.*nThermalC;
nTempFlow(inslatedFilter)=0;
mTempFlow=sum(nTempFlow,2);
d.mo.SET.aT(1:d.mNum)=d.mo.SET.aT(1:d.mNum)+mTempFlow;
```

连接间"导温系数"nThermalC 统一设为 0.02；cbFilter 定义存在力作用的单元连接，热量仅在这些连接中传导；第 3 行筛选出边界连接过滤器 nBoundaryFilter，这些连接是绝热的；第 4、5 行计算得到单元间"导温量"；将矩阵 nTempFlow 在行方向上求和，得到活动单元在一次热交换中的温度变化量（mTempFlow），然后把各活动单元在热交换之前的温度记录在 initialT 中，再根据 mTempFlow 计算它们在热交换之后的温度即可。需要注意的是，这里的 nThermalC 为无量纲参数，而实际的导温系数的量纲为 m^2/s，即与接触面积成正比，与时间成反比。进一步，需要改进这一部分代码，实现准确和精细的热传导数值模拟。图 10.3.3 为热传导的模拟结果，热量由桩向土层中传导。

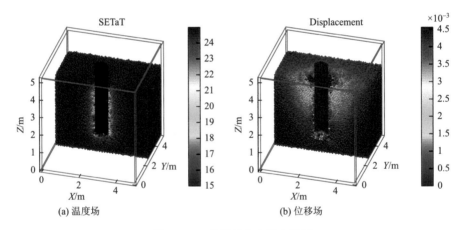

图 10.3.3　能源桩热力耦合模拟

3）热力耦合计算

在进行热传导计算的过程中，需要根据单元的温度来计算其半径，使其膨胀或收缩：

```
expandRate=0.001;%expanded by 0.1% per
mdR=d.mo.aR(1:d.mNum).*(d.mo.SET.aT(1:d.mNum)-initialT)
*expandRate;
```

```
d.mo.aR(1:d.mNum)=d.aR(1:d.mNum)+mdR;
```

以上代码实现了单元温度对其半径的作用。其中 **expandRate** 定义"热膨胀率",本示例中统一设为 0.001,即温度每升高 1℃,单元半径增加 0.1%。在实际模拟中,需要根据材料的性质来设置每个单元的膨胀性质。第 2 行命令根据单元当前温度和初始温度,计算单元半径较初始半径(d.aR)的膨胀量 mdR1。第 3 行命令则将获得当时的单元半径,实现温度对单元半径的作用。

在 10.2.3 节中,当单元膨胀时,单元可能与新的单元发生接触,需要运行 d.mo.setNearbyBall 函数以更新邻居矩阵。在本示例中,为减小计算量(减少邻居检索次数),当单元膨胀时,先判断单元是否可能与新的单元接触,当其符合条件时再更新邻居矩阵。以下代码实现了这一功能:

```
maxDis=gather(max(max(abs(d.mo.dis_mXYZ),[],2)+(mdR1-mdR0)));
if(maxDis>0.5*d.mo.dSide)
    fs.disp(['balanceTime' num2str(d.mo.totalT) '->expand->
    setNearbyBall']);
    d.mo.setNearbyBall();
    mdR0(:)=mdR1;
end
```

在上述代码中,通过第 1 行命令获得了单元在某一坐标方向上的最大位移 maxDis(包括膨胀引起的表面位移),其中 mdR1-mdR0 得到自上一次邻居检索以来单元半径的增加量。当 maxDis>0.5*d.mo.dSide 时(详见 3.5.3 节),运行邻居检索函数 d.mo.setNearbyBall。以上代码也可直接使用 d.mo.setNearbyball 来代替,但计算量将增加。最后,进行迭代计算,并记录模拟状态:

```
d.mo.balance();
d.recordStatus();
```

本示例代码的核心在于自定义参数 d.mo.SET.aT,使用这个参数记录单元的温度,并在数值迭代中计算单元温度的变化。用户在进行其他多场耦合的二次开发时,也可将自定义参数记录在结构体 d.mo.SET 中。示例代码 SoilCrackNew 也采用了一系列的自定义参数,实现土体失水开裂过程数值模拟,其基本原理与本示例非常接近,可相互参考,在此不再赘述。

10.4 地面沉降和地裂缝

10.4.1 切割地层模型

地面沉降和地裂缝均可由超采地下水引发:当地下水位下降时,根据有效应力原理，在总应力不变的情况下，若孔隙水压力减小，则有效应力增大，地面发生沉降。然而含水层的厚度通常是不均匀的，从而引发差异沉降，当差异沉降量超过土体所能承受的极限时，便会在局部产生地裂缝。

在 MatDEM 中，地面沉降和地裂缝的示例代码为 LandSubsidence1～3，其中，LandSubsidence1 建立了初始的地层堆积模型，LandSubsidence2 从外部读入层面高程的数据文件，然后使用模型切割工具类 Tool_Cut 将地层切割为起伏的上、下两层，并分别赋予砂层和基岩的材料性质，其中基岩单元被设为固定单元（图 10.4.1）。第一、二步均为常规步骤，具体内容请参见相关章节，此处不再赘述。

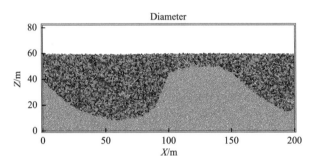

图 10.4.1　砂层和基岩数值模型

第三步模拟了地下水位显著下降时砂层的变形与开裂。对于表面活性较弱的砂、粉砂等，饱和土中的孔隙水压力等效于土颗粒受到一个向上的浮力，因此在模拟地下水的浮力作用时，将水位以下单元的 Z 方向体力 d.mo.mGZ 减去相应的浮力即可。相关代码如下：

```
mGZ0=d.mo.mGZ;
waterDensity=1e3;
mR=d.mo.aR(1:d.mNum);
mVolumn=4/3*pi*mR.^3;
mBuoyancy=waterDensity*9.8*mVolumn;
waterTable1=60;
waterTable2=30;
```

上述代码中，mGZ0 为无水条件下单元在 Z 方向上受到的体力（即重力）；waterDensity 为水的密度；第 3～5 行代码计算了每个活动单元位于地下水位以下时受到的浮力，并记录在矩阵 mBuoyancy 中；waterTable1 为初始时的最高水位，而 waterTable2 为最终的最低水位。模拟时，地下水位 waterTable 由 waterTable1 分若干次降至 waterTable2。

10.4.2　水位下降过程数值模拟

在第二步建立的模型中并无地下水，因此在第三步引入地下水的作用后应当重新平衡模型：

```
mZ=d.mo.aZ(1:d.mNum);
waterFilter=mZ<waterTable1;
d.mo.mGZ=mGZ0+mBuoyancy.*waterFilter;
d.balanceBondedModel0();
d.mo.bFilter(:)=true;
d.balance('Standard',3);
```

其中，waterFilter 为与 d.mo.mGZ 维度相同的过滤器矩阵，若某单元的 Z 坐标小于地下水位 waterTable，则其在 waterFilter 中的对应值为 1，否则为 0。而在接下来的第 3 行命令中，将 mBuoyancy 与 waterFilter 相乘即可得到每个活动单元所受的浮力（地下水位以上为 0），然后与 mGZ0 相加即可得到每个活动单元当前所受的体力。需要特别注意的是，在 MatDEM 中 Z 轴正方向竖直向上，因此在计算体力时需要注意正负号。

接下来，初始化模型并设置数值模拟：

```
d.getModel();
d.resetStatus();
d.mo.isCrack=1;
d.mo.isHeat=1;
d.setStandardddT();
```

本例中对地面沉降和地裂缝的数值计算代码如下：

```
totalCircle=(waterTable1-waterTable2)/5;
for i=1:totalCircle
    waterTable=waterTable1-5*i;
    waterFilter=mZ<waterTable;
    d.mo.mGZ=mGZ0+mBuoyancy.*waterFilter;
    d.balance('Standard',3);
end
```

由于地下水位下降是一个连续的过程，需要通过 for 循环模拟地下水位的逐步下降，然后计算此时所有地层单元在 Z 方向上受到的体力，并重新平衡模型。模拟结果如图 10.4.2 所示，当水位下降时，砂层厚的区域沉降较多，由于基岩起伏，出现较大差异性沉降，并产生地裂缝。如需进行更高精度的模拟，可设置循环变量 totalCircle 和 stepNum 进行双重 for 循环，二者的取值参见 4.3 节。

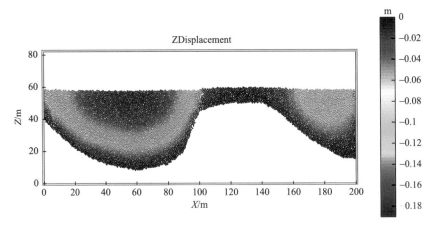

图 10.4.2　地面沉降和地裂缝（颜色代表 Z 方向位移）

参 考 文 献

冯春，李世海，王杰. 2012. 基于 CDEM 的顺层边坡地震稳定性分析方法研究[J].岩土工程学报，34（4）：717-724.

冯春，李世海，刘晓宇. 2016. 基于颗粒离散元法的连接键应变软化模型及其应用[J].力学学报，48（1）：76-85.

顾颖凡，卢毅，刘兵，等. 2016. 基于离散元法的水力压裂数值模拟[J]. 高校地质学报，22（1）：194-199.

郭照立，郑光楚. 2009. 格子 Boltzmann 方法的原理及应用[M]. 北京：科学出版社.

季顺迎. 2018. 计算颗粒力学及其工程应用[M]. 北京：科学出版社.

季顺迎，李春花，刘煜. 2012. 海冰离散元模型的研究回顾及展望[J].极地研究，24（4）：315-330.

贾富国，韩燕龙，刘扬，等.2014. 稻谷颗粒物料堆积角模拟预测方法[J]. 农业工程学报，30（11）：254-260.

蒋明镜，张伏光，孙渝刚，等.2012. 不同胶结砂土力学特性及胶结破坏的离散元模拟[J]. 岩土工程学报，34（11）：1969-1976.

蒋明镜，陈贺，刘芳. 2013. 岩石微观胶结模型及离散元数值仿真方法初探[J].岩石力学与工程学报，32（1）：15-23.

蒋明镜，陈贺，张宁，等. 2014. 含双裂隙岩石裂纹演化机理的离散元数值分析[J].岩土力学，35（11）：3259-3268，3288.

蒋明镜，申志福. 2016. 用于离散元分析的胶结材料三维微观接触模型[J]. 地下空间与工程学报，12（1）：30-37.

蒋明镜. 2019. 现代土力学研究的新视野——宏微观土力学[J]. 岩土工程学报，41（2）：185-253.

焦玉勇. 1999. 三维离散单元法及其应用[J].岩石力学与工程学报，（2）：98.

焦玉勇，葛修润，刘泉声，等. 2000. 三维离散单元法及其在滑坡分析中的应用[J].岩土工程学报，（1）：104-107.

景路，郭颂怡，赵涛. 2019. 基于流体动力学-离散单元耦合算法的海底滑坡动力学分析[J].岩土力学，40（1）：388-394.

李磊，蒋明镜，张伏光. 2018. 深部岩石考虑残余强度时三轴试验离散元定量模拟及参数分析[J].岩土力学，39（3）：1082-1090.

李世海，董大鹏，燕琳. 2003. 含节理岩块单轴受压试验三维离散元数值模拟[J].岩土力学，（4）：648-652.

李世海，汪远年. 2004a. 三维离散元计算参数选取方法研究[J].岩石力学与工程学报，（21）：3642-3651.

李世海，汪远年. 2004b. 三维离散元土石混合体随机计算模型及单向加载试验数值模拟[J].岩土工程学报，（2）：172-177.

刘春，施斌，顾凯，等.2014.岩土体大型三维离散元模拟系统的研发与应用[C]. 2014 年全国工程地质学术大会（秋季），太原.

刘春，张晓宇，许强，等. 2017. 三维离散元模型的滑坡能量守恒模拟研究[J].地下空间与工程学报，13（S2）：698-704.

秦岩，刘春，张晓宇，等. 2018. 基于 MatDEM 的砂土侧限压缩试验离散元模拟研究[J].地质力学学报，24（5）：676-681.

瞿生军，赵建军，丁秀美，等. 2016. 降雨诱发缓倾顺层滑坡机制离散元模拟[J]. 水文地质工程地质，43（6）：120-126.

申志福，蒋明镜，朱方园，等. 2011. 离散元微观参数对砂土宏观参数的影响[J].西北地震学报，33（S1）：160-165.

石崇，王盛年，刘琳. 2013. 地震作用下陡岩崩塌颗粒离散元数值模拟研究[J]. 岩石力学与工程学报，31（a01）：2798-2805.

孙其诚，王光谦. 2009. 颗粒物质力学导论[M]. 北京：科学出版社.

孙其诚，金峰，王光谦. 2010. 密集颗粒物质的多尺度结构[J].力学与实践，32（1）：10-15.

孙其诚，程晓辉，季顺迎，等. 2011. 岩土类颗粒物质宏-细观力学研究进展[J].力学进展，41（3）：351-371.

索文斌，刘春，施斌，等. 2017. 深基坑 PCMW 工法开挖过程离散元数值模拟分析[J]. 工程地质学报，（4）：920-925.

王雪，何立，周开发. 2016. EDEM 及其应用研究与最新进展[J]. 科学咨询（科技·管理），（3）：52-54.

王泳嘉，宋文洲，赵艳娟. 2000. 离散单元法软件系统 2D-Block 的现代化特点[J].岩石力学与工程学报，（S1）：1057-1060.

徐士良，朱合华. 2011. 公路隧道通风竖井岩爆机制颗粒流模拟研究[J]. 岩土力学，32（3）：885-890.

徐泳，孙其诚，张凌，等. 2003. 颗粒离散元法研究进展[J].力学进展，（2）：251-260.

张晓宇，许强，刘春，等. 2017. 黏性土失水开裂多场耦合离散元数值模拟[J]. 工程地质学报，25（6）：1430-1437.

周健，池永，池毓蔚，等. 2016. 颗粒流方法及 PFC2D 程序[J]. 岩土力学，21（3）：271-274.

Antonellini M A，Pollard D D. 1995. Distinct element modeling of deformation bands in sandstone[J]. Journal of Structural Geology，17（8）：1165-1182.

Cundall P A，Strack O D L. 1979. A discrete numerical model for granular assemblies[J]. Géotechnique，29（1）：47-65.

Goldenberg C，Goldhirsch I. 2005. Friction enhances elasticity in granular solids[J]. Nature，435（7039）：188-191.

Hardy S，Finch E. 2006. Discrete element modelling of the influence of cover strength on basement-involved fault-propagation folding[J]. Tectonophysics，415（1/2/3/4）：225-238.

Hardy S，Finch E. 2010. Discrete-element modelling of detachment folding[J]. Basin Research，17（4）：507-520.

Jiang M J，Yu H S，Harris D. 2005. A novel discrete model for granular material incorporating rolling resistance[J]. Computers and Geotechnics，32（5）：340-357.

Kloss C，Goniva C. 2011. LIGGGHTS-open source discrete element simulations of granular materials based on Lammps[J]. Supplemental Proceedings：Materials Fabrication，Properties，Characterization and Modeling，2：781-788.

Kozicki J，Donze F V. 2008. YADE-OPEN DEM：An opensource software using a discrete element method to simulate granular material[J]. Engineering Computations，26（7）：786-805.

Liu C，Pollard D D，Shi B. 2013. Analytical solutions and numerical tests of elastic and failure behaviors of close-packed lattice for brittle rocks and crystals[J]. Journal of Geophysical Research Solid Earth，118（1）：71-82.

Liu C，Pollard D D，Gu K，et al. 2015. Mechanism of formation of wiggly compaction bands in porous sandstone：2. Numerical simulation using discrete element method[J]. Journal of Geophysical Research Solid Earth，120（12）：8153-8168.

Liu C，Xu Q，Shi B，et al. 2017. Mechanical properties and energy conversion of 3D close-packed lattice model for brittle rocks[J]. Computers & Geosciences，103（C）：12-20.

Mora P，Place D. 1993. A lattice solid model for the nonlinear dynamics of earthquakes[J]. International Journal of Modern Physics C，4（06）：1059-1074.

Place D，Mora P. 1999. The lattice solid model to simulate the physics of rocks and earthquakes：Incorporation of friction[J]. Journal of Computational Physics，150（2）：332-372.

Zhao G F. 2015. DICE2D and Cluster，High Performance Computing and the Discrete Element Model[M]. Am sterdam：Elsevier：113-136.

附录 属性、函数和常见问题

附录 A   类 的 属 性

obj_Box 类的属性

obj_Box 为模拟箱，在一个长方体的封闭区域内构建各种模型，几乎所有的二次开发均基于 obj_Box 模型。以下输入参数 varargin 表明可变输入参数个数。

属性名称	数据类型	说明
lang	字符串（char）	软件语言
randomSeed	双精度浮点（double）	随机种子，默认为 1
distriRate	双精度浮点（double）	颗粒直径分散系数，即最大直径与最小直径的比值为 $(1+rate)^2$，默认为 0.25
GPUstatus	字符串（char）	GPU 的初始状态，可取'off'，'on'，'auto'，'fixed'（锁定为仅使用 CPU 进行计算），默认为'auto'
isUI	逻辑值	是否在窗口程序中运行，取 0 或 1，默认为 1，取 0 时，d.show 命令将在新窗口画图
edit_output	—	提示信息对象，系统参数，勿修改
uniformGRate	逻辑值	重力沉积时是否采用统一的重力加速度 g，取 1 或 0，默认为 0
Surf	结构体（struct）	用于切分模型的层面，详见 BoxModel 示例
name	字符串（char）	模型名
type	字符串（char）	模型类型，可取：'none'，'botPlaten'，'topPlaten'，'GeneralSlope'，'TriaxialCompression'，默认为'topPlaten'。在调用函数 B.setType（）时，根据 type 确定 B.platenStatus 的取值，并用于生成相应的压力板
isClump	逻辑值	决定模型颗粒是否为团簇颗粒 clump
d	build 类	build 类的对象
g	双精度浮点（double）	重力加速度，默认为 $-9.8m/s^2$
TAG	结构体（struct）	模拟信息记录，用于记录和输出信息，可利用其存储各类输出数据
SET	结构体（struct）	记录数值模拟的设置信息，以及存储二次开发中的自定义参数
is2D	逻辑值	是否为二维模型，默认为 0，即不是二维模型

续表

属性名称	数据类型	说明
GROUP	结构体（struct）	记录了定义的各个组，组名不能以 group 开头
Mo	结构体（struct）	模型单元结构体，包括压力板
Bo	结构体（struct）	边界单元结构体
Mats	元胞数组（cell array）	材料元胞数组
ballR	双精度浮点（double）	单元的平均半径
modelH_rate	双精度浮点（double）	模型边界的增高比率，由于重力沉积后样品高度会比边界高度低，故需适当增高，使沉积后模型高度符合预期，默认为 1，即不增高
X	aNum×1 的数组	初始生成单元时，单元的 X 坐标数组
Y	aNum×1 的数组	初始生成单元时，单元的 Y 坐标数组
Z	aNum×1 的数组	初始生成单元时，单元的 Z 坐标数组
R	aNum×1 的数组	初始生成单元时，单元的半径数组
isShear	逻辑值	初始堆积计算时是否考虑单元间的剪切力作用，默认为 0
isSample	逻辑值	初始建模时是否生成样品单元，默认为 1，取 0 时只生成边界和下压力板（即空箱子）
sampleW	双精度浮点（double）	模型箱内部的宽（X 方向）
sampleL	双精度浮点（double）	模型箱内部的长（Y 方向）
sampleH	双精度浮点（double）	模型箱内部的高（Z 方向）
sample	结构体（struct）	样品单元结构体，不包括压力板
boundaryRrate	双精度浮点（double）	边界单元的重叠率，即两单元间距与其直径之比
platenStatus	1×6 的逻辑数组	依次对应于[左, 右, 前, 后, 下, 上]六块压力板，为 1 则相应压力板存在，否则不存在，默认为[0, 0, 0, 0, 0, 1]
lefPlaten	结构体（struct）	左压力板的结构体，包含 XYZR 信息
rigPlaten	结构体（struct）	右压力板的结构体，包含 XYZR 信息
froPlaten	结构体（struct）	前压力板的结构体，包含 XYZR 信息
bacPlaten	结构体（struct）	后压力板的结构体，包含 XYZR 信息
botPlaten	结构体（struct）	底压力板的结构体，包含 XYZR 信息
topPlaten	结构体（struct）	顶压力板的结构体，包含 XYZR 信息
lefB	结构体（struct）	左边界的结构体，包含 XYZR 信息
rigB	结构体（struct）	右边界的结构体，包含 XYZR 信息
froB	结构体（struct）	前边界的结构体，包含 XYZR 信息
bacB	结构体（struct）	后边界的结构体，包含 XYZR 信息
botB	结构体（struct）	底边界的结构体，包含 XYZR 信息
topB	结构体（struct）	顶边界的结构体，包含 XYZR 信息

属性名称	数据类型	说明
groupId	aNum×1 的数组	各个单元所属组的编号,其中 6 个边界编号由–1~–6,6 块压力板编号由 1~6
aMatId	aNum×1 的数组	各个单元的材料的编号
compactNum	双精度浮点(double)	建好堆积模型后的压实次数,默认为 0
PexpandRate	逻辑值	压力板向外延伸的单元数,默认为 1
BexpandRate	逻辑值	边界向外延伸的单元数,默认为 2
fixPlaten	逻辑值	是否锁定压力板(platen)单元的自由度,使其只能在压力板的法向上运动,默认为 1
saveFileLevel	双精度浮点(double)	保存文件的重要性等级,0 不保存文件,1 保存主要文件,2 保存所有文件,默认为 1

build 类的属性

主要记录模型在初始时的状态信息,以及用于后处理的数据,如 d.data 中的数据。

属性名称	数据类型	说明
name	字符串(char)	模型名称
TAG	结构体(struct)	模拟信息记录,用于记录和输出信息,可利用其存储各类输出数据
SET	结构体(struct)	记录数值模拟的设置信息,以及存储二次开发中的自定义参数
GROUP	结构体(struct)	记录了定义的各个组和组信息,组名不能以 group 开头
is2D	逻辑值	是否为二维模型,默认为 0(false),表明进行三维计算
data	结构体(struct)	模型结果数据集,部分后处理命令的数据集,如位移场、应力场,可在此增加自定义的后处理参数(见后处理相关说明)
mo	model 类	model 类对象,计算模块
status	modelStatus 类型	modelStatus 类对象,模型状态
Mats	元胞数组(cell array)	材料的元胞数组
vRate	双精度浮点(double)	阻尼系数的比率,即临界阻尼所要乘以的系数(见阻尼系数相关说明)
g	双精度浮点(double)	重力加速度,默认为–9.8 m/s^2

续表

属性名称	数据类型	说明
isUI	逻辑值	是否在窗口程序中运行，默认为 1，取 0 时，show 命令将在新窗口画图
edit_output	—	提示信息对象，系统参数，勿修改
aNum	双精度浮点（double）	模型全部单元个数
mNum	双精度浮点（double）	模型中活动单元个数
aMatId	aNum×1 的数组	所有单元的材料号
aX	aNum×1 的数组	所有单元的 X 坐标
aY	aNum×1 的数组	所有单元的 Y 坐标
aZ	aNum×1 的数组	所有单元的 Z 坐标
aR	aNum×1 的数组	所有单元的半径
aKN	aNum×1 的数组	所有单元法向刚度系数
aKS	aNum×1 的数组	所有单元切向刚度系数
aBF	aNum×1 的数组	所有单元断裂力
aFS0	aNum×1 的数组	所有单元初始抗剪强度
aMUp	aNum×1 的数组	所有单元摩擦系数
mVis	mNum×1 的数组	活动单元阻尼系数
mM	mNum×1 的数组	活动单元质量
period	双精度浮点（double）	单元最小的简谐振动周期
dbXYZ	（aNum-mNum）×1 的数组	单元在 newStep 函数中的边界位移
saveHour	双精度浮点（double）	保存数据文件间隔时间
step	双精度浮点（double）	当前模拟步，用于迭代计算，见示例第三步
totalStep	双精度浮点（double）	总模拟步
isNote	逻辑值	是否显示模拟提示，默认为 1（true）
note	字符串（char）	提示内容
Rrate	双精度浮点（double）	执行 d.show 命令时，单元显示的半径系数，默认为 1。取 0.5 时，单元的显示半径为实际值的一半
showB	双精度浮点（double）	显示边界方式，取值范围为[0, 1, 2, 3]，具体见后处理
showBallLimit	双精度浮点（double）	默认为 1000 万，大于此值时，单元显示为点

model 类的属性

model 类，即求解器，是 MatDEM 程序的核心，包含最基本的邻居单元查找、迭代计算和 GPU 设定等。

属性名称	数据类型	说明
TAG	结构体（struct）	模拟信息记录，用于记录和输出信息，可利用其存储各类输出数据
SET	结构体（struct）	记录数值模拟的设置信息，以及存储二次开发中的自定义参数
status	modelStatus 类的对象	通常用命令 d.status=modelStatus（d）或 d.resetStatus 将 d.status 中的模型状态信息初始化
FnCommand	字符串（char）	单元间法向接触力的计算公式，默认为'nFN0=obj.nKNe.* nIJXn;'
aNum	双精度浮点（double）	所有单元个数
aMatId	aNum×1 的数组	所有单元的材料号
aX；aY；aZ；aR；	aNum×1 的数组	所有单元的 X、Y、Z 坐标与半径
aKN；aKS；	aNum×1 的数组	所有单元的法向刚度系数和切向刚度系数
aBF	aNum×1 的数组	所有单元的断裂力
aFS0	aNum×1 的数组	所有单元的初始抗剪强度
aMUp	aNum×1 的数组	所有单元的摩擦系数
mNum	双精度浮点（double）	活动单元个数
mVis	mNum×1 的数组	活动单元的阻尼系数
mM	mNum×1 的数组	活动单元的质量
mVX；mVY；mVZ；	mNum×1 的数组	活动单元在 X、Y、Z 方向上速度
mAX；mAY；mAZ；	mNum×1 的数组	活动单元在 X、Y、Z 方向上加速度
mVFX；mVFY；mVFZ；	mNum×1 的数组	活动单元在 X、Y、Z 方向上阻力
g	双精度浮点（double）	重力加速度
mGX；mGY；mGZ；	mNum×1 的数组	活动单元在 X、Y、Z 方向上的体力
aHeat	（mNum+1）×5 的数组	由左至右依次为某单元的阻尼热、法向断裂热、切向断裂热、摩擦热、破碎热（未公开），最后一行为所有边界单元的热量
dSide	双精度浮点（double）	查找邻居单元时的格网边长
dis_mXYZ	mNum×3 的数组	模型单元在上次邻居查找后的位移
dis_bXYZ	mNum×3 的数组	边界单元在上次邻居查找后的位移
nBall	mNum×n 的矩阵，其中 n 为最大邻居数	邻居矩阵
bFilter	逻辑矩阵	连接胶结状态过滤器，与 nBall 矩阵的长宽相同（下同）
cFilter	逻辑矩阵	连接压缩状态过滤器
tFilter	逻辑矩阵	拉张过滤器

续表

属性名称	数据类型	说明
nBondRate	逻辑矩阵	残余强度系数
nKNe；nKSe；nIKN；nIKS；	逻辑矩阵	单元与邻居间的刚度系数
nFnX；nFnY；nFnZ；	逻辑矩阵	单元与邻居间的法向力
nFsX；nFsY；nFsZ；	逻辑矩阵	单元与邻居间的切向力
nClump	与 nBall 维度相同的矩阵	单元与邻居间的重叠量，当其不为零时为 clump 连接
dT；totalT；	双精度浮点（double）	时间步和总时间，均默认为 0
isGPU	逻辑值	是否用 GPU 计算，默认为 0
isHeat	逻辑值	是否计算热，默认为 0
isClump	逻辑值	是否有 clump，默认为 0
isFix	逻辑值	是否锁定自由度，锁定活动单元自由度后，其类似固定墙单元，默认为 0
FixXId；FixYId；FixZId；	n 行 1 列的数组（0≤n≤aNum）	锁定 X、Y、Z 坐标的单元编号
isWaterDiff	逻辑值	是否进行有限差分计算
isCrack	逻辑值	是否统计生成的裂隙，默认为 0，即不统计
isShear	逻辑值	是否考虑单元之间的切向力，默认为 1，即考虑
isSmoothB	逻辑值	是否采用平滑边界，默认为 0，即不考虑

Tool_Cut 类的属性

用于存储数字高程层面，并利用两个或更多层面来切割模型，以及生成节理和裂隙。

属性名称	数据类型	说明
d	build 类	build 类的对象
layerNum	双精度浮点（double）	用于切割的层面数
TriangleX		
TriangleY	n×3 的矩阵	单行上为一个三角形的坐标
TriangleZ		
SurfTri	元胞数组（cell array）	三角面数据
Surf	元胞数组（cell array）	层面数据

附录 B　主 要 函 数

obj_Box 类的函数

　　obj_Box 类为模拟箱，在一个长方体的封闭区域内堆积单元和构建各种几何模型。obj_Box 类的对象通常命名为 B，几乎所有的二次开发示例均基于 obj_Box 对象。以下输入参数 varargin 表明可变输入参数个数。

名称	calculateBlockDensity()
功能	计算模型样品的密度
输入	无
输出	模型密度值
示例	用于材料训练中

名称	compactSample(compactNum，varargin)
功能	利用上压力板来压实样品
输入	compactNum：压实次数 varargin：夯实压力，当无输入时，夯实力取模型所有单元重力的两倍
输出	无
示例	B.compactSample(2，10e-6)

名称	cutGroup(gNames, surfId1, surfId2)
功能	用两个层面切割组，将其余单元从模型中删除
输入	gNames：被切割的组名；surfId1：层面的编号；surfId2：层面的编号
输出	无
示例	B.cutGroup({'sample', 'botB', 'topB'}, 1, 2)，详见 3DSlope1 示例

名称	gravitySediment(varargin)
功能	让单元随机运动，然后在重力作用下沉积，建立堆积模型
输入	varargin：可变输入参数，当有一个输入参数 rate 时，可人为指定沉积的时间比率， 当无输入参数时，rate 默认为 1
输出	无
示例	B.gravitySediment()

名称	removeInterPlatenBoundaryForce()
功能	消除压力板与相垂直的边界之间的相互作用力
输入	无
输出	无
示例	B.removeInterPlatenBoundaryForce()，用于系统建立三轴应力模型

名称	removeInterPlatenForce()
功能	消除各压力板间的作用力
输入	无
输出	无
示例	B.removeInterPlatenForce()，用于系统建立三轴应力模型

名称	setGPU(varargin)
功能	设置 GPU 计算模式
输入	varargin：与函数 d.mo.setGPU 具有相同的输入参数，当无输入参数时，程序会自动将 B.gpuStatus 作为输入参数
输出	无
示例	B.setGPU('off')

名称	setUIoutput(varargin)
功能	设置在消息输出区显示消息，在加载文件后，需运行此命令
输入	varargin：无输入参数时，程序自动查找窗口中的消息框；当输入消息框的句柄时，使用该消息框显示消息
输出	无
示例	B.setUIoutput()

名称	setPlatenFixId()
功能	设置压力板边缘单元的自由度，使其只能在压力板法向上运动，防止压力板滑落
输入	无
输出	无
示例	B.setPlatenFixId()，详见 BoxLayer2 示例

build 类的函数

build 类为数据中转和控制中心，用于修改模型、数据中转、控制数值模拟和显示结果等。build 类的对象通常命名为 d，在二次开发中，多数重要的命令为 d.* 的形式，这些函数为 MatDEM 最重要、最常用的函数。

名称	addElement(matId, addObj, varargin)
功能	利用结构体（包含 X、Y、Z、R 信息）增加单元
输入	matId：材料号；addObj：结构体 varargin：单元类型。取值："model"（活动单元），"wall"（固定单元）。省略时，取默认值"model"
输出	无
示例	d.addElement(1, ring)，详见 BoxSlopeNet2 示例

名称	addFixId(direction, gId)
功能	增加要锁定自由度的单元（锁定坐标）
输入	direction：锁定的方向，取值：'X', 'Y', 'Z' gId：单元编号数组
输出	无
示例	d.addFixId('X', [fixId; d.GROUP.topPlaten])，详见 BoxShear1 示例

名称	addGroup(gName, gId, varargin)
功能	在当前模型中定义一个新组
语法	addGroup(gName, gId, matId)
输入	gName：组名；gId：单元编号数组 varargin：材料号，无输入时默认为 1
输出	无
示例	d.addGroup('topPlaten', topPlatenId)，详见 BoxShear1 示例

名称	addMaterial(newMat)
功能	增加一个新材料到 d.Mats 数组中
输入	newMat：material 类的材料对象
输出	无
示例	d.addMaterial(Soil)

名称	balance(varargin)
功能	平衡迭代计算函数，为最重要的系统函数
输入	balance()：平衡计算 1 次 balance（Num）：平衡计算 Num 次 balance(Num, Time)：平衡迭代 Num×Time 次，每 Num 次记录一次状态 balance('Standard')：进行一次标准平衡迭代 balance('Standard', R)：进行 R 次标准平衡迭代，R>0 balance('Standard', R, 'off')：进行 R 次标准平衡迭代，但不显示迭代过程提示
输出	无
示例	d.balance('Standard', 1, 'off')

名称	balanceBondedModel(arargin)
功能	考虑单元间摩擦力的强胶结平衡，通常用在赋材料后。给单元间连接赋予极大的 抗拉力和初始抗剪力（不可断裂），并进行标准平衡计算
输入	varargin：一个输入参数时，为进行标准平衡的次数；无输入参数时，次数为 1
输出	无
示例	d.balanceBondedModel(3)，详见 3DSlope2 示例

名称	balanceBondedModel0(varargin)
功能	不考虑单元间摩擦力的强胶结平衡（压实更充分），通常用在赋材料后。给单元间连接赋予极大的抗 拉力和初始抗剪力（不可断裂），并进行标准平衡计算
输入	varargin：一个输入参数时，为进行标准平衡的次数；无输入参数时，次数为 1
输出	无
示例	d.balanceBondedModel0(3)，详见 BoxTBMCutter2 示例

名称	balanceForce(Amax, num)
功能	平衡模型中的力，使单元加速度（对应于不平衡力）小于某一值。此函数不常用
输入	Amax：目标最大加速度，标准单位 num：平衡次数
输出	无
示例	d.balanceForce(0.1, 100)

名称	breakGroup(varargin)
功能	断开指定组的组内连接，或断开两个组间的连接
输入	varargin：无输入参数时，断开所有单元连接；一个输入参数时，为元胞数组，如 {'sampel', 'layer1', 'layer2'}断开组内单元间的连接；两个输入组名时，断开两个组之间的连接
输出	进行断开胶结操作的连接过滤矩阵
示例	d.breakGroup()，详见 BoxTunnelNew2 示例

名称	breakGroupOuter(varargin)
功能	断开指定组向外的连接
输入	varargin：无输入参数时，断开所有组外连接；一个输入参数时，为元胞数组，如 {'sampel', 'layer1', 'layer2'}，断开这些组的向外连接；多个输入参数时，输入多个组的组名（字符串），断开这些组的向外连接
输出	进行断开胶结操作的连接过滤器矩阵
示例	d.breakGroupOuter()

名称	calculateData()
功能	计算得到非独立性数据，在加载数据后使用
输入	无
输出	无
示例	d.calculateData()

名称	clearData(varargin)
功能	清理非独立性的数据，使保存的数据文件较小
输入	Varargin 的输入值可以取 1 或 2。取 2 时会将 GROUP 信息清除，无输入时默认为 1
输出	无
示例	d.clearData()

名称	connectGroup(varargin)
功能	胶结指定组内单元间的连接，或两个组的组间连接
输入	一个输入组名时，胶结组内单元间的连接；两个输入组名时，胶结两个组的单元间的连接
输出	无
示例	d.connectGroup('sample')，详见 BoxLayer2 示例

model 类的函数

　　model 类为求解器，是 MatDEM 程序计算的核心，包含最基本的邻域查找、迭代平衡和 GPU 设定等。model 类的对象通常命令名 mo，并赋给 d.mo。

名称	balance()
功能	进行一次平衡迭代计算，时间向前移动 d.mo.dT
输入	无
输出	无
示例	d.mo.balance()

名称	setGPU(type)
功能	设置 GPU 状态
输入	type 可以为： 'on'：将计算状态设置为使用 GPU 计算 'off'：将计算状态设置为不使用 CPU 计算 'auto'：测试 CPU 和 GPU 速度，选择其中较快者进行计算 'fixed'：锁定当前的计算状态，以上'on'和'off'的功能将不能使用 'unfixed'：解锁当前的计算状态，恢复以上'on'和'off'的功能
输出	无
示例	d.mo.setGPU('on')

名称	setModel()
功能	设置模型
输入	无
输出	无
示例	d.mo.setModel()

名称	setKNKS()
功能	设置单元与邻居之间的刚度，需在改变单元刚度后使用
输入	无
输出	无
示例	d.mo.setKNKS()

名称	setNearbyBall()
功能	三维邻居单元查找函数
输入	无
输出	无
示例	d.mo.setNearbyBall()，详见 BoxMixMat3 示例

名称	zeroBalance()
功能	零时平衡，重新计算当前模型中单元的受力状态，但并不进行时间步迭代，通常用于修改模型之后
输入	无
输出	无
示例	d.mo.zeroBalance()，详见 BoxMixMat3 示例

fs 类的函数

fs(functions)类为程序的基本函数，包括基本绘图函数、基本的矩阵变换、参量的计算，大部分为系统内置函数。

名称	disp(note)
功能	在消息框中显示结果
输入	note：需要显示的消息字符串
输出	字符串提示信息
示例	fs.disp('message')

名称	save(path, name, value)
功能	保存数据到.mat 文件
输入	path：存储路径；name：变量名；value：变量值
输出	.mat 文件
示例	fs.save('pile.mat', 'pile', d.mo)

名称	showObj(obj)
功能	显示模型部分的结构体，结构体中包含单元的 X、Y、Z、R 信息
输入	obj：结构体数据
输出	显示结构体图像
示例	fs.showObj(pile)

名称	setPlatenStress(d, StressXX, StressYY, StressZZ, border)
功能	设置压力板上的压力，仅给 border 范围内有接触的单元设置体力，力作用于 right、back 和 top 压力板上
输入	d：build 对象 StressXX、YY、ZZ：X、Y、Z 方向的正压力 border：施加应力的距离
输出	无
示例	fs.setPlatenStress(d, 0, 0, B.SET.stressZZ, B.ballR*5)，详见 BoxTunnelNew2 示例

mfs 类的函数

mfs(modeling functions)类主要用于结构体建模。

名称	applyRegionFilter(regionFilter, sX, sY)		
功能	用 image2RegionFilter 生成的矩阵来过滤单元，得到单元过滤器矩阵		
输入	regionFilter：image2RegionFilter 的返回值 sX, sY：单元的 X, Y 坐标（均为单列矩阵）		
输出	单元过滤器矩阵		
示例	mfs.applyRegionFilter(regionFilter, sX, sY)，详见 BoxWord2 和 3DSlope2 示例		

名称	alignObj(type, varargin)		
功能	将多个结构体模型沿某一侧对齐		
输入	type：字符串，可取'left', 'right', 'front', 'back', 'bottom', 'top', 'Xcenter', 'Ycenter', 'Zcenter'；varargin：多个结构体的参数		
输出	按顺序返回对齐好的多个结构体		
示例	[obj1, obj2]=mfs.alignObj('left', obj1, obj2)，详见 BoxShear1 示例		

名称	combineObj(varargin)		
功能	将多个结构体合并成一个结构体		
输入	varargin：多个结构体参数		
输出	合并后的结构体		
示例	botBoxObj=mfs.combineObj(botBoxObj, botRingObj)，详见 BoxShear1 示例		

名称	cutBoxObj(sampleObj, width, length, height)		
功能	以样品原点为中心，从样品对象中切取特定长宽高的块体		
输入	sampleObj：样品结构体； width, length, height：切取的宽长高		
输出	切割得到的块体结构体		
示例	obj=mfs.cutBoxObj(sampleObj, 1, 1, 1)		

名称	divideObj(obj, pX, pY, pZ)		
功能	用三个顶点定义的三角面来切分结构体，生成两个结构体		
输入	obj：结构体名称 pX, pY, pZ：均为 3×1 的矩阵，表示三角形的 3 个顶点坐标		
输出	切割出的两个新结构体		
示例	[obj1, obj2]=mfs.divideObj(obj, pX, pY, pZ)		

名称	denseModel(Rrate, F, varargin)
功能	将结构体对象加密重叠
输入	Rrate：单元间距和直径比 F：生成结构体的函数文件 varargin：F 的输入参数
输出	加密后的结构体
示例	botTubeObj=mfs.denseModel(Rrate, @mfs.makeTube, tubeR+(1-Rrate)*ballR*2, botTubeH, ballR)，详见 BoxShear1 示例

名称	filterObj(obj, f)
功能	利用过滤器选择结构体中单元，并生成新的结构体
输入	obj：结构体参数 f：过滤器布尔矩阵（值为 1 则选中）
输出	筛选得到的新结构体
示例	sphereObj=mfs.filterObj(sampleObj, sphereFilter)

名称	getObjCenter(obj)
功能	获取结构体的中心
输入	obj：结构体名称
输出	包括中心 X、Y、Z 坐标信息的结构体
示例	objCenter=mfs.getObjCenter(sampleobj)

名称	getObjFrame(obj)
功能	获取结构体在六个方向的边界，以及宽长高
输入	obj：结构体名称
输出	结构体在六个方向的边界，以及宽长高
示例	frame=mfs.getObjFrame(obj)

名称	image2RegionFilter(fileName, imH, imW)
功能	根据图片信息生成过滤器矩阵
输入	filename：图片文件名（黑白图片） imH，imW：图片高度和宽度（图片大小需要与模型大小匹配）
输出	区块布尔矩阵
示例	regionFilter=mfs.image2RegionFilter('slope/slopepack.png', imH, imW)，详见 BoxWord 和 3DSlope2 示例

名称	intervalObj(obj, dx, dy, dz, num)
功能	沿 dX、dY、dZ 的间隔重复生成 num 个 obj
输入	obj：结构体名称 dX, dY, dZ：生成的结构体间隔； num：生成的结构体个数
输出	复制得到的结构体
示例	obj=mfs.intervalObj(pile, 1, 0, 0, 5)

名称	move(obj, varargin)
功能	移动结构体
输入	obj：结构体名称 varargin：一个输入参数时，为包含 X、Y、Z 坐标的数组；三个输入参数时，为 X、Y、Z 坐标
输出	移动后的结构体
示例	obj=mfs.move(obj, 1, 1, 1)

名称	moveObj2Origin(obj)
功能	将结构体的中心移动到原点
输入	obj：结构体名称
输出	移动后的结构体
示例	botTubeObj=mfs.moveObj2Origin(botTubeObj)，详见 BoxShear1 示例

名称	makeLine(dir, length, ballR)
功能	沿 X、Y、Z 某一方向生成一条线
输入	dir：方向，可取字符串'X', 'Y', 'Z' length：长度 ballR：单元半径
输出	线结构体
示例	Line=mfs.makeLine('X', 5, 0.1)

名称	makeBox(boxW, boxL, boxH, ballR)
功能	做一个块体结构体
输入	boxW：块体宽度 boxL：块体长度 boxH：块体高度 ballR：单元半径
输出	块体结构体
示例	boxObj=mfs.makeBox(1, 1, 1, 0.2)

名称	make3Dfrom2D(obj2D, height, ballR)
功能	将二维的物体拉伸成三维
输入	obj2D：二维结构体 height：拉成三维结构体的高 ballR：单元半径
输出	三维结构体
示例	tubeObj=mfs.make3Dfrom2D(circleObj, 5, 0.1)

名称	Obj2Build(obj, varargin)
功能	将结构体转化成 build 对象
输入	obj：结构体名称 varargin：可选参数，定义 build 中的 mNum
输出	build 对象
示例	d=Obj2Build(obj, 1000)

名称	rotateCopy(obj, dAngle, num, varargin)
功能	将结构体以原点为中心在 XY 平面上旋转复制
输入	obj：结构体名称 dAngle：旋转角度 num：复制次数 varargin：可取'XY', 'YZ', 'XZ'指定旋转的平面，无输入参数时在默认'XY'平面旋转复制
输出	复制得到的结构体
示例	planeObj=mfs.rotateCopy(planeObj, 60, 6)，详见 BoxShear1 示例

名称	rotate(obj, type, angle)
功能	将结构体沿特定方向转到一定角度（在二维模型中，旋转后再运行 d.mo.aY(:)=0， 防止浮点误差出错）
输入	obj：结构体 type：方向可选'XY', 'YZ', 'XZ' angle：旋转角度
输出	旋转后的结构体
示例	obj=mfs.rotate(obj1, 'XZ', 30)，详见 BoxSlopeNet2 示例

名称	setBondByPolygon(d, PX, PY, PZ, type)
功能	利用多顶点定义的多边形面来切割或胶结模型
输入	d：build 对象 PX，PY，PZ：空间多边形的顶点坐标，三者均为 n×1 的矩阵 type：'glue'，胶结单元；'break'，断开连接；'no'，不改变连接
输出	对应于 nBall 的连接过滤器矩阵
示例	d.setBondByPolygon(d, PX, PY, PZ, 'break')，详见 Box3DJointStress3 示例

名称	setBondByTriangle(d, pX, pY, pZ, type)
功能	利用三角面切割或胶结模型
输入	d：build 对象 pX，pY，pZ：空间三角形的顶点坐标，如三者均为 3×1 的矩阵 type：'glue'，胶结单元；'break'，断开连接；'no'，不改变连接
输出	对应于 nBall 的连接过滤器矩阵
示例	d.setBondByTriangle(d, pX, pY, pZ, 'break')，详见 Box3DJointStress3 示例

Tool_Cut 类的函数

用于存储数字高程层面，并利用两个或更多层面来切割模型，以及生成节理和裂隙。

名称	addSurf(para)
功能	根据离散点的坐标生成层面（三角网格），见 MATLAB 命令'scatteredInterpolant'
输入	para：支持两种输入数据：输入包括 X、Y、Z 信息的结构体；输入 X、Y、Z 信息的矩阵[X, Y, Z]，或者[X, Y, Z, X, Y, Z, …]，可为二维或三维数据。若为二维数据，需在 XZ 平面上
输出	无
示例	C.addSurf(lSurf)，详见 BoxModel2 示例

名称	delSurf(surfIds)
功能	删除层面
输入	surfIds：层面编号数组
输出	无
示例	C.delSurf(1)

名称	getTriangle(Id)
功能	将 SurfTri 中的三角面转到 TriangleX、TriangleY、TriangleZ 中
输入	Id：SurfTri 的 Id
输出	无
示例	C.getTriangle(1)，详见 Box3DjointStress3 示例

名称	getSurfTri(Id, rate)
功能	根据 Surf 中离散点生成三角面并记录在 SurfTri 中
输入	Id：Surf 的 Id rate：比率
输出	无
示例	C.getSurfTri(1, 1)，详见 Box3DJointStress3 示例

名称	setTriangle(PX, PY, PZ)
功能	将 X、Y、Z 坐标数据赋到对象 TriangleX、TriangleY、TriangleZ
输入	PX、PY、PZ：X、Y、Z 的坐标数据
输出	无
示例	C.setTriangle(TriX2, TriY2, TriZ2)，详见 Box3DJointStress3 示例

名称	setLayer(gNameCells, surfIds)
功能	用层面来切割指定组
输入	gNameCells 组名，surfIds 层面的编号
输出	无
示例	C.setLayer({'sample'}, [1, 2, 3, 4])，详见 BoxModel2 示例

名称	showTriangle()
功能	显示 TriangleX，Y，Z 中的三角形
输入	无
输出	三角面图像
示例	C.showTriangle()，详见 Box3DJointStress3 示例

名称	Tool_Cut(d)
功能	初始化切割对象
输入	d：build 对象
输出	无
示例	C=Tool_Cut(d)，详见 BoxModel2 示例

附录 C　常见问题解答

1. Q: 在建模过程中出现报错: 无法从 gpuArray 转换为 double, 是什么原因?

A: 出错原因为在进行非迭代计算操作时没有关闭 GPU, 此时需要在出错代码前关闭 GPU, 运行命令 d.mo.setGPU('off')。

2. Q: 怎么样可以加速模型的运动过程?

A: 建议适当增大默认的标准时间步 d.mo.dT, 但时间步不要超过标准时间步的 4 倍。使用命令:

```
d.mo.dT=d.mo.dT*4;
```

3. Q: 将结构体导入模型后, 为什么结构体在平衡过程中发生"爆炸"?

A: 采用结构体建模, 当把结构体导入模型后, 如果单元间的重叠量太大, 颗粒间会产生巨大的应力, 并导致结构体模型爆炸和破坏。因此, 在添加结构体之后, 通常需要利用 setClump 命令将其设为团簇颗粒。

4. Q: 为什么在平衡模型后颗粒会"爆炸"和飞出边界?

A: 有如下几种可能。

(1) 在第二步材料设置步骤完成后, 颗粒刚度通常会增大, 并导致颗粒间作用力急剧增加, 此时需要使用 balanceBondedModel (或 balanceBondedModel0) 命令进行强制胶结平衡, 防止颗粒因相互作用力过大而飞走。如不考虑重力作用, 在第一步建立堆积模型后, 采用 reduceGravity 命令消减重力作用, 可减少上述的应力突变。

(2) 在模型加载过程中, 当压力太大或颗粒刚度太小时, 颗粒变形过大, 导致颗粒被完全"压扁", 穿过并飞出边界。

(3) 在二维模型中, 前后边界会被取消, 所有单元的 Y 坐标都必须为 0。如出现大量单元飞出四个边界, 需要检查单元的 Y 坐标是否为 0, 特别是导入结构体后, 要确认新加单元的 Y 坐标都为 0。建议可以在迭代计算前加上 d.mo.aY(:) = 0 命令, 使所有单元 Y 坐标为 0。

5. Q: d.Mats 中记录的材料微观力学参数与 d.mo 中记录的微观力学参数为什么不同?

A: 材料微观力学参数与单元半径相关(见第 1 章转换公式和 3.4.1 节), d.Mats 中记录的是建立指定单元直径时 (如 Mats{1}.d) 的单元参数, d.mo 记录了每个颗粒的微观参数且用于实际计算。

6. Q: MatDEM 的窗口界面可以修改吗?

A: MatDEM 中所有的窗口元件都可以在程序中修改。先输入 clc, 数据栏会显示 handles, 其中包括所有的窗口控件, 然后用 MATLAB 的 set 命令可以修改窗口的各种参数，例如，set(handles.figure1, 'Name', 'My MatDEM')命令可以修订窗口左上的名字。通过这种方法，可以在 MatDEM 中自行增加按钮或新的窗口，具体帮助文件和示例将在后面版本的 MatDEM 中提供。

7. Q：二次开发函数循环语句中运行 return 为什么有时会出错？

A：二次开发函数的 for、if、while 和 switch 语句中不能运行 return 语句，会被自动改成 break，可以通过 if-else 语句实现 return 的效果，例如：

```
a=55;
if a>100
    return;
end
fs.disp('a is <=100');
```

此时在 MatDEM 中会出现错误，可以改成如下形式：

```
a=55;
if a<=100
    fs.disp('a is <=100');
end
```

8. Q：为什么程序定义材料泊松比不能大于 0.2？

A：MatDEM 材料的初始设置基本转换公式允许的最大泊松比是 0.2。对于大泊松比的岩石和材料（如橡胶），其泊松比通常来自于其特定的结构，需要通过特定的堆积形成较大的泊松比（详见 1.6.1 节）。当直接设置材料泊松比为 0.2 时，实际得到的泊松比会大于这个值，因此，material.rate 中泊松比对应的默认系数为 0.8（详见 3.4 节）。

9. Q：为什么把保存好的数据加载到软件中后，无法在后处理中查看？

A：在迭代计算中，在保存文件前，通常会使用 d.clearData 函数来压缩数据，当加载到软件中时，需要使用 d.calculateData 来重新计算出数据。如果原数据保存在 GPU 中，那么还需要使用 d.mo.setGPU('off')命令。

10. Q：为什么连续使用 d.delElement 会出错？

A：因为 d.delElement 会将指定编号的单元删除，并建立一个新 d 对象，此时 d 中的单元编号已经变化，需重新获得所要删除的单元编号。如果要一次删除多个组，可以将这些组编号合成一个编号数组，并放入 d.delElement 函数中。

11. Q：为什么保存大文件时会出现如下报错：

```
>位置: f.runFileCommandCells, 行: 225
>代码行: 33, save(['TempModel/' B.name '1.mat'],'B','d');
>错误: 关闭文件 D:\MatDEM1.32-2\TempModel\BoxStruct1.mat 时出错。
文件可能已损坏。
```

A：当单元数达到数百万时，保存的.mat 文件可能达到 GB 级别，由于默认的 save 命令仅支持 2GB 以下的文件。此时需要声明保存文件的版本为 v7.3，即使用 save('abc.mat', '-v7.3')命令。同时，在保存文件前，也可以使用 d.clearData(1)命令来压缩数据。

12. Q：为什么 MATLAB 的 length 函数不能使用？

A：MatDEM 中可以运行 MATLAB 的 length 函数来获得矩阵的长度。在运行代码时，MATLAB 函数会被新定义的参数所覆盖，当定义 length = 100 后，无法再通过运行 length 函数来获得矩阵长度，并可能导致报错。

更多问题请访问 http://matdem.com，加入 MatDEM 在线讨论组。